清华

开发者书库

Arduino Case
in Action

Applications of IoT

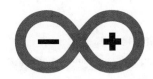

Arduino
项目开发

物联网应用

李永华　曲明哲◎编著
Li Yonghua　Qu Mingzhe

清华大学出版社

北京

内 容 简 介

本书系统论述了 Arduino 开源硬件的架构、原理、开发方法及 13 个完整的项目设计案例。全书共 14 章,内容包括 Arduino 设计基础、绘图仪项目设计、智能行李箱项目设计、导游自拍照无人机实验项目设计、Arduino Phone 项目设计、智能快递箱项目设计、智能机房环境监控项目设计、手势控制机械爪项目设计、联网型烟雾报警器项目设计、智能手写数字识别项目设计、智能垃圾桶项目设计、空中鼠项目设计、解魔方项目设计和智能计步器项目设计。

在编排方式上,全书侧重对创新产品的项目设计过程进行介绍,分别从需求分析、设计与实现等角度论述硬件电路、软件设计、传感器和功能模块等,并剖析产品的功能、使用、电路连接和程序代码等。

本书可作为高校电子信息类专业"开源硬件设计""电子系统设计""创新创业"等课程的教材,也可作为创客及智能硬件爱好者的参考用书,还可作为从事物联网、创新开发和设计专业人员的技术参考书。

图书在版编目(CIP)数据

Arduino 项目开发:物联网应用/李永华,曲明哲编著.—北京:清华大学出版社,2019(2022.12重印)
(清华开发者书库)
ISBN 978-7-302-52689-6

Ⅰ. ①A… Ⅱ. ①李… ②曲… Ⅲ. ①单片微型计算机－程序设计 Ⅳ. ①TP368.1

中国版本图书馆 CIP 数据核字(2019)第 057424 号

责任编辑:盛东亮
封面设计:李召霞
责任校对:时翠兰
责任印制:曹婉颖

出版发行:清华大学出版社
   网 址:http://www.tup.com.cn,http://www.wqbook.com
   地 址:北京清华大学学研大厦 A 座   邮 编:100084
   社 总 机:010-83470000   邮 购:010-62786544
   投稿与读者服务:010-62776969,c-service@tup.tsinghua.edu.cn
   质量反馈:010-62772015,zhiliang@tup.tsinghua.edu.cn
   课件下载:http://www.tup.com.cn,010-83470236
印 装 者:三河市君旺印务有限公司
经 销:全国新华书店
开 本:186mm×240mm   印 张:24.5   字 数:549 千字
版 次:2019 年 8 月第 1 版   印 次:2022 年 12 月第 4 次印刷
定 价:89.00 元

产品编号:082664-01

前言
PREFACE

物联网、智能硬件和大数据技术给社会带来了巨大的冲击,个性化、定制化和智能化的硬件设备成为未来的发展趋势。"中国制造 2025"计划、德国的"工业 4.0"及美国的"工业互联网"都是将人、数据和机器连接起来,其本质是工业的深度信息化,为未来智能社会的发展提供制造技术基础。

在"大众创业,万众创新"的时代背景下,人才的培养方法和模式也应该满足当前的时代需求。作者依据当今信息社会的发展趋势,结合 Arduino 开源硬件及智能硬件的发展要求,采取激励创新的工程教育方法,培养可以适应未来工业 4.0 发展的人才就显得相当重要。因此,作者试图探索基于创新工程教育的基本方法,并将其提炼为适合我国国情、具有自身特色的创新实践教材。本书是对实际教学中应用智能硬件的创新工程教学经验的总结,包括具体的创新方法和开发案例,希望对教育教学及工业界有所帮助,起到抛砖引玉的作用。

本书的内容和素材主要来源于作者所在学校近几年承担的教育部和北京市的教育、教学改革项目和成果,也是北京邮电大学信息工程专业的同学们创新产品的设计成果。书中系统地介绍了如何利用 Arduino 平台进行产品开发,包括相关的设计、实现与产品应用,主要内容包括 Arduino 设计基础,生活便捷类开发案例、人机交互类开发案例等。

本书由北京邮电大学创新创业教育精品课程项目资助,同时也得到了教育部电子信息类专业教学指导委员会、信息工程专业国家第一类特色专业建设项目、信息工程专业国家第二类特色专业建设项目、教育部 CDIO 工程教育模式研究与实践项目、教育部本科教学工程项目、信息工程专业北京市特色专业建设、北京市教育教学改革项目的大力支持。在此一并表示感谢!

为了便于读者高效学习,及时掌握 Arduino 开发方法,本书配套提供项目设计的硬件电路图、程序代码、实现过程中出现的问题及解决方法,可供读者举一反三,二次开发。

由于作者水平有限,书中不妥之处在所难免,衷心希望各位读者多提宝贵意见,以便作者进一步修改和完善。

李永华
于北京邮电大学
2019 年 3 月

目 录
CONTENTS

第 1 章

Arduino 设计基础

1.1 开源硬件简介

电子电路是人类社会发展的重要成果,在早期的硬件设计和实现上都是公开的,包括电子设备、电器设备、计算机设备以及各种外围设备的设计原理图。大家认为公开是十分正常的事情,所以早期公开的设计图并不称为开源。1960 年左右,很多公司根据自身利益选择了闭源,由此出现了贸易壁垒、技术壁垒、专利版权等问题,以及不同公司之间的互相起诉现象。例如,国内外的 IT 公司之间由于知识产权而法庭相见的案例屡见不鲜。虽然这种做法在一定程度上有利于公司自身的利益,但不利于小公司或者个体创新者的发展。特别是在互联网进入 Web 2.0 的个性化时代后,更加需要开放、免费和开源的开发系统。

因此,在"大众创业,万众创新"的时代背景下,Web 2.0 时代的开发者开始思考是否可以重新对硬件进行开源。从最初很小的东西发展到现在,已经有 3D 打印机、开源的单片机系统等,电子爱好者、发烧友及广大的创客一直致力于开源的研究,推动开源的发展。一般认为,开源硬件是指采取与开源软件相同的方式设计的各种电子硬件的总称。也就是说,开源硬件是考虑对软件以外的领域进行开源,是开源文化的一部分。开源硬件可以自由传播硬件设计的各种详细信息,如电路图、材料清单和开发板布局数据。通常使用开源软件来驱动开源的硬件系统。本质上,共享逻辑设计、可编程的逻辑元件重构也是一种开源硬件,通过硬件描述语言代码实现电路图共享。硬件描述语言通常用于芯片系统、可编程逻辑阵列,或直接用在专用集成电路中,也称为硬件描述语言模块或 IP cores。

众所周知,Android 就是开源软件之一。开源硬件和开源软件类似,通过开源软件可以更好地理解开源硬件,就是在之前已有硬件的基础之上进行二次开发。二者也有差别,体现在复制成本上,开源软件的成本几乎是零,而开源硬件的复制成本较高。另外,开源硬件延伸着开源软件代码的定义,软件、电路原理图、材料清单、设计图等都使用开源许可协议,自由使用分享,完全以开源的方式去授权,避免了以往 DIY 分享的授权问题;同时,开源硬件把开源软件常用的 GPL、CC 等协议规范带到硬件分享领域,为开源硬件的发展提供了标准。

1.2 Arduino 开源硬件

本节主要介绍 Arduino 开源硬件的各种开发板和扩展板的使用方法、Arduino 开发板的特性以及 Arduino 开源硬件的总体情况,以便更好地应用 Arduino 开源硬件进行开发创作。

1.2.1 Arduino 开发板

Arduino 开发板是基于开放原始代码简化的 I/O 平台,并且使用类似 Java、C/C++语言的开发环境,可以快速使用 Arduino 语言与 Flash 或 Processing 软件,完成各种创新作品。Arduino 开发板可以使用各种电子元件,如传感器、显示设备、通信设备、控制设备或其他可用设备。

Arduino 开发板也可以独立使用,成为与其他软件沟通的平台,如 Flash、Processing、Max/MSP、VVVV 或其他互动软件。Arduino 开发板的种类很多,包括 Arduino UNO、YUN、DUE、Leonardo、Tre、Zero、Micro、Esplora、MEGA、Mini、NANO、Fio、Pro 及 LilyPad Arduino。随着开源硬件的发展,将会出现更多的开源产品。下面介绍几种典型的 Arduino 开发板。

Arduino UNO 是 Arduino USB 接口系列的常用版本,是 Arduino 平台的参考标准模板,如图 1-1 所示。Arduino UNO 的处理器核心是 ATmega328,具有 14 个数字 I/O 引脚(其中 6 个可作为 PWM 输出)、6 个模拟输入引脚、1 个 16MHz 晶体振荡器、1 个 USB 接口、1 个电源插座、1 个 ICSP 插头和 1 个复位按钮。

如图 1-2 所示,Arduino YUN 是一款基于 ATmega32U4 和 Atheros AR9331 的开发板。Atheros AR9331 可以运行基于 Linux 和 OpenWRT 的操作系统 Linino。这款单片机开发板具有内置的 Ethernet、WiFi、1 个 USB 接口、1 个 Micro 插槽、20 个数字 I/O 引脚(其中 7 个可以用于 PWM、12 个可以用于模数转换)、1 个 Micro USB 接口、1 个 ICSP 插头和 3 个复位开关。

图 1-1　Arduino UNO

图 1-2　Arduino YUN

如图 1-3 所示，Arduino DUE 是一块基于 Atmel SAM3X8E CPU 的微控制器板。它是第一块基于 32 位 ARM 核心的 Arduino 开发板，有 54 个数字 I/O 引脚（其中 12 个可用于 PWM 输出）、12 个模拟输入引脚、4 个 UART 硬件串口、84MHz 的时钟频率、1 个 USB OTG 接口、2 个数模转换、2 个 TWI、1 个电源插座、1 个 SPI 接口、1 个 JTAG 接口、1 个复位按键和 1 个擦写按键。

如图 1-4 所示，Arduino MEGA 2560 开发板也是采用 USB 接口的核心开发板，它的最大特点就是具有多达 54 个数字 I/O 引脚，特别适合需要大量 I/O 引脚的设计。Arduino MEGA 2560 开发板的处理器核心是 ATmega2560，具有 54 个数字 I/O 引脚（其中 16 个可作为 PWM 输出）、16 个模拟输入、4 个 UART 接口、1 个 16MHz 晶体振荡器、1 个 USB 接口、1 个电源插座、1 个 ICSP 插头和 1 个复位按钮。Arduino MEGA 2560 开发板也能兼容为 Arduino UNO 设计的扩展板。目前，Arduino MEGA 2560 开发板已经发布到第 3 版。与前两版相比，第 3 版有以下新的特点。

图 1-3　Arduino DUE

图 1-4　Arduino MEGA 2560

（1）在 AREF 处增加了两个引脚 SDA 和 SCL，支持 I2C 接口；增加 IOREF 和 1 个预留引脚，以便将来扩展板能够兼容 5V 和 3.3V 核心板；改进了复位电路设计；USB 接口芯片由 ATmega16U2 替代 ATmega8U2。

（2）第 3 版可以通过三种方式供电：外部直流电源通过电源插座供电；电池连接电源连接器的 GND 和 VIN 引脚供电；USB 接口直接供电。而且，它能自动选择供电方式。

电源引脚说明如下。

VIN：当外部直流电源接入电源插座时，可以通过 VIN 向外部供电，也可以通过此引脚向 Arduino MEGA 2560 开发板直接供电；VIN 供电时将忽略从 USB 或者其他引脚接入的电源。

5V：通过稳压器或 USB 的 5V 电压，为 Arduino MEGA 2560 开发板上的 5V 芯片供电。

3.3V：通过稳压器产生的 3.3V 电压，最大驱动电流为 50mA。

GND：接地引脚。

如图 1-5 所示，Arduino Leonardo 是一款基于 ATmega32U4 的开发板。它有 20 个数字 I/O 引脚（其中 7 个可用作 PWM 输出、12 个可用作模拟输入）、1 个 16MHz 晶体振荡器、1 个 Micro USB 连接、1 个电源插座、1 个 ICSP 头和 1 个复位按钮。它具有支持微控制器所需的一切功能,只需通过 USB 电缆将其连至计算机,或者通过电源适配器、电池为其供电即可使用。

　　Leonardo 与先前的所有开发板都不同,ATmega32U4 具有内置式 USB 通信,从而无须二级处理器。这样,除了虚拟(CDC)串行/通信端口,Leonardo 还可以充当计算机的鼠标和键盘,它对开发板的性能也会产生影响。

　　如图 1-6 所示,Arduino Ethernet 是一款基于 ATmega328 的开发板。它有 14 个数字 I/O 引脚、6 个模拟输入、1 个 16MHz 晶体振荡器、1 个 RJ45 连接、1 个电源插座、1 个 ICSP 头和 1 个复位按钮。引脚 10、11、12 和 13 只能用于连接以太网模块,不能用作他用。可用引脚只有 9 个,其中 4 个可用作 PWM 输出。

图 1-5　Arduino Leonardo

图 1-6　Arduino Ethernet

　　Arduino Ethernet 没有板载 USB 转串口驱动器芯片,但是有 1 个 WIZnet 以太网接口,该接口与以太扩展板相同。板载 microSD 读卡器可用于存储文件,能够通过 SD 库进行访问。引脚 10 留作 WIZnet 接口,SD 卡的 SS 在引脚 4 上。引脚 6 串行编程头与 USB 串口适配器兼容,与 FTDI USB 电缆、SparkFun 和 Adafruit FTDI 式基本 USB 转串口分线板也兼容。它支持自动复位,从而无须按下开发板上的复位按钮即可上传程序代码。当插入 USB 转串口适配器时,Arduino Ethernet 由适配器供电。

　　Arduino Robot 是一款有轮子的 Arduino 开发板,如图 1-7 所示。Arduino Robot 有控制板和电机板,每个开发板上都有 1 个处理器,共 2 个处理器。电机板控制电机,控制板读取传感器的数据并决定如何操作。每个开发板都是完整的 Arduino 开发板,用 Arduino IDE 进行编程。直流电机板和控制板都是基于 ATmega32U4 的开发板。Arduino Robot 将它的一些引脚映射到板载的传感器和制动器上。

图 1-7　Arduino Robot

　　Arduino Robot 编程的步骤与 Arduino Leonardo 类似,2 个处理器都有内置式 USB 通信,无须二级处理器,可以充当计算机的虚拟(CDC)串行/通信端口。Arduino Robot 有一系列预焊接连接器,所有连接器都标注在开发板上,通过 Arduino Robot 库映射到指定的端口上,从而可使用标准 Arduino 函数。在 5V 电压下,每个引脚都可以提供或接受最高 40mA 的电流。

如图 1-8 所示,Arduino NANO 是一款小巧、全面、基于 ATmega328 的开发板,与 Arduino Duemilanove 的功能类似,但封装不同,没有直流电源插座且采用 Mini-B USB 电缆。Arduino NANO 开发板上的 14 个数字引脚都可用作输入或输出,利用函数 pinMode()、digitalWrite()和 digitalRead()可以对它们操作。工作电压为 5V,每个引脚都可以提供或接受最高 40mA 的电流,都有 1 个 20～

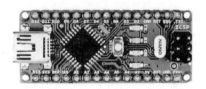

图 1-8　Arduino NANO

50kΩ 的内部上拉电阻器(默认情况下断开)。Arduino NANO 有 8 个模拟输入,每个模拟输入都提供 10 位的分辨率(即 1024 个不同的数值)。默认情况下,它们的电压为 0～5V,可以利用函数 analogReference()改变其电压范围的上限值。模拟引脚 6 和 7 不能用作数字引脚。

1.2.2　Arduino 扩展板

在 Arduino 开源硬件系列中,除了主要开发板之外,还有与之配合使用的各种扩展板,可以插到开发板上增加额外的功能。选择适合的扩展板,可以增强系统开发的功能。常见的扩展板有 Arduino Ethernet Shield、Arduino GSM Shield、Arduino Motor Shield、Arduino 9 Axes Motion Shield 等。

Arduino Ethernet Shield(以太网扩展板)如图 1-9 所示,有 1 个标准的有线 RJ45 连接,具有集成式线路变压器和以太网供电功能,可将 Arduino 开发板连接到互联网。它基于 WIZnet W5500 以太网芯片,提供网络(IP)堆栈,支持 TCP 和 UDP 协议,可以同时支持 8 个套接字连接,使用以太网库写入程序代码。

以太网扩展板利用贯穿扩展板的长绕线排与 Arduino 开发板连接,保持引脚布局完整无缺,以便其他扩展板堆叠其上。它有 1 个板载 micro-SD 卡槽,可用于存储文件,且与 Arduino UNO 开发板和 Arduino MEGA 开发板兼容,可通过 SD 库访问板载 micro-SD 读卡器。以太网扩展板带有 1 个供电(PoE)模块,可从传统的 5 类电缆获取电力。

Arduino GSM Shield 如图 1-10 所示,为了连接蜂窝网络,扩展板需要一张由网络运营商提供的 SIM 卡。它通过移动通信网将 Arduino 开发板连接到互联网,可拨打/接听语音电话和发送/接收 SMS 信息。

图 1-9　Arduino Ethernet Shield

图 1-10　Arduino GSM Shield

GSM Shield 采用 Quectel 的无线调制解调器 M10,利用 AT 命令与开发板通信。GSM Shield 利用数字引脚 2、3 与 M10 进行软件串行通信,引脚 2 连接 M10 的 TX 引脚,引脚 3 连接 M10 的 RX 引脚,调制解调器的 PWRKEY 引脚连接引脚 7。

M10 是一款四频 GSM/GPRS 调制解调器,其工作频率分别为 GSM850MHz、GSM900MHz、DCS1800MHz 和 PCS1900MHz。它通过 GPRS 连接支持 TCP/UDP 和 HTTP。其中 GPRS 数据下行链路和上行链路的最大传输速率为 85.6Kb/s。

Arduino Motor Shield 如图 1-11 所示,用于驱动电感负载(如继电器、螺线管、直流和步进电动机)的双全桥驱动器 L298。Arduino Motor Shield 可以驱动 2 个直流电机,并能独立控制每个电机的速度和方向。因此,它有 2 条独立的通道,即 A 和 B,每条通道使用 4 个开发板引脚驱动或感应电机,所以 Arduino Motor Shield 使用的引脚共 8 个。它不仅可以单独驱动 2 个直流电机,也可以将它们合并起来驱动 1 个双极步进电机。

Arduino 9 Axes Motion Shield 如图 1-12 所示。它采用德国博世传感器技术有限公司推出的 BNO055 绝对方向传感器。这是一个使用系统级封装,集成三轴 14 位加速计、三轴 16 位陀螺仪、三轴地磁传感器,并运行 BSX3.0 FusionLib 软件的 32 位微控制器。BNO055 在三个垂直的轴上具有三维加速度、角速度和磁场强度数据。

图 1-11　Arduino Motor Shield

图 1-12　Arduino 9 Axes Motion Shield

另外,它还提供传感器融合信号,如四元数、欧拉角、旋转矢量、线性加速度、重力矢量。结合智能中断引擎,可以基于慢动作或误动作识别、任何动作(斜率)检测、高 g 检测等项触发中断。

Arduino 9 Axes Motion Shield 兼容 UNO、YUN、Leonardo、Ethernet、MEGA 和 DUE 开发板。在使用 Arduino 9 Axes Motion Shield 时,要根据使用的开发板将中断桥和重置桥焊接在正确的位置。

1.3　Arduino 软件开发平台

本节主要介绍 Arduino 开发环境的特点及使用方法,包括 Arduino 开发环境的安装,以及简单的硬件系统与软件调试方法。

1.3.1　Arduino 平台特点

作为目前最流行的开源硬件开发平台,Arduino 具有非常多的优点,正是这些优点使得 Arduino 平台得以广泛地应用,包括:

(1) 开放源代码的电路图设计和程序开发界面,可免费下载,也可依需求自己修改;Arduino 可使用 ICSP 线上烧录器,将 Bootloader 烧入新的 IC 芯片;可依据官方电路图,简化 Arduino 模组,完成独立运作的微处理控制。

(2) 可以非常简便地与传感器或各式各样的电子元件连接(如红外线、超声波、热敏电阻、光敏电阻、伺服电机等);支持多样的互动程序,如 Flash、Max/Msp、VVVV、PD、C、Processing 等;使用低价格的微处理控制器;USB 接口无须外接电源;可提供 9V 直流电源输入以及多样化的 Arduino 扩展模块。

(3) 在应用方面,可通过各种各样的传感器来感知环境,并通过控制灯光、直流电机和其他装置来反馈并影响环境;可以方便地连接以太网扩展模块进行网络传输,使用蓝牙传输、WiFi 传输、无线摄像头控制等多种应用。

1.3.2　Arduino IDE 的安装

Arduino IDE 是 Arduino 开放源代码的集成开发环境。它的界面友好,语法简单且方便下载程序,这使得 Arduino 的程序开发变得非常便捷。作为一款开放源代码的软件,Arduino IDE 也是由 Java、Processing、AVR-GCC 等开放源代码的软件写成的。Arduino IDE 的另一个特点是跨平台的兼容性,适用于 Windows、Mac OS X 以及 Linux。2011 年 11 月 30 日,Arduino 官方正式发布了 Arduino 1.0 版本,可以下载不同操作系统的压缩包,也可以在 GitHub 上下载源代码重新编译自己的 Arduino IDE。安装过程如下:

(1) 从 Arduino 官网下载最新版本 IDE,下载界面如图 1-13 所示。在下载界面选择适合自己计算机操作系统的安装包。这里以 64 位 Windows 7 系统中的安装过程为例进行介绍。

(2) 双击 EXE 文件选择安装,弹出如图 1-14 所示的界面。单击"是"按钮,弹出如图 1-15 所示的界面。

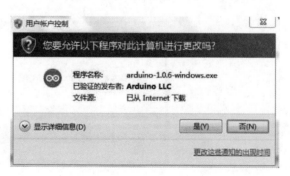

图 1-13　Arduino 下载界面　　　　　　　　图 1-14　Arduino 安装界面

（3）单击 I Agree 按钮同意协议，弹出如图 1-16 所示的界面。

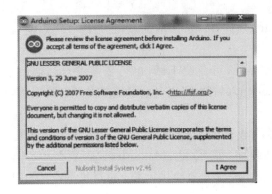

图 1-15 Arduino 协议界面   图 1-16 Arduino 选择安装组件

（4）选择需要安装的组件，单击 Next 按钮，弹出如图 1-17 所示的界面。

（5）选择安装位置，单击 Install 按钮，弹出如图 1-18 所示的界面。

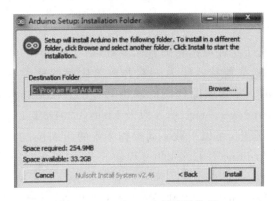
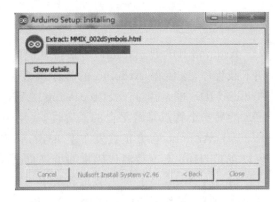

图 1-17 Arduino 选择安装位置   图 1-18 Arduino 安装过程

（6）安装 USB 驱动，如图 1-19 所示。

图 1-19 Arduino 安装 USB 驱动

（7）安装完成，如图1-20所示。

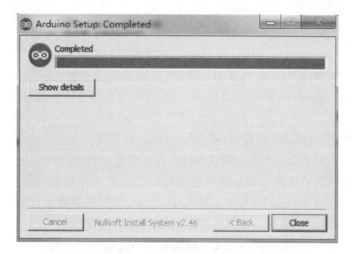

图1-20　Arduino安装完成

（8）进入Arduino IDE开发界面，如图1-21所示。

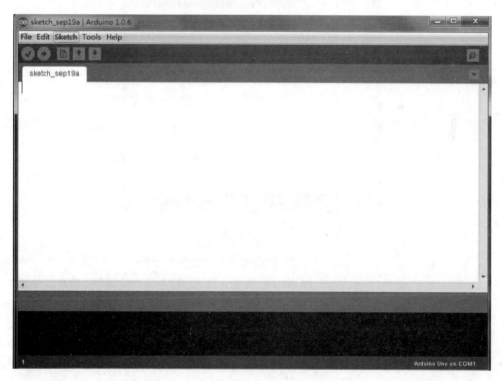

图1-21　Arduino IDE开发界面

1.3.3 Arduino IDE 的使用

首次使用 Arduino IDE 时,需要将 Arduino 开发板通过 USB 线连接到计算机,计算机会为 Arduino 开发板安装驱动程序,并分配相应的 COM 端口,如 COM1、COM2 等。不同的计算机和系统分配的 COM 端口是不一样的,所以安装完毕要在计算机的硬件管理中查看 Arduino 开发板被分配到了哪个 COM 端口。这个端口就是计算机与 Arduino 开发板的通信端口。

Arduino 开发板的驱动安装完毕,需要在 Arduino IDE 中设置相应的端口和开发板类型。方法如下:Arduino 集成开发环境启动后,在菜单栏中选择"工具"→"端口"命令,进行端口设置,设置为计算机硬件管理中分配的端口;然后,在菜单栏中选择"工具"→"开发板"命令,选择 Arduino 开发板的类型,如 UNO、DUE、YUN 等前面介绍过的开发板。这样,计算机就可以与开发板进行通信。工具栏显示的功能如图 1-22 所示。

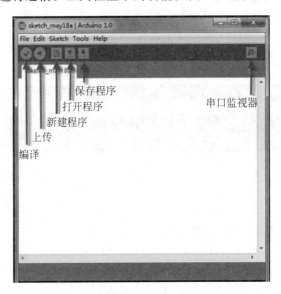

图 1-22 Arduino IDE 的工具栏功能

在 Arduino IDE 中带有很多种示例,包括基本的、数字的、模拟的、控制的、通信的、传感器的、字符串的、存储卡的、音频的、网络的示例等。下面介绍一个最简单、具有代表性的例子——Blink,以便于读者快速熟悉 Arduino IDE,进而开发出新的产品。

在菜单栏中选择"文件"→"示例"→01Basic→Blink 命令,这时在主编辑窗口会出现可以编辑的程序。这个 Blink 范例程序的功能是控制 LED 的亮灭。在 Arduino 编译环境中,是以 C/C++的风格来编写的。程序的前几行是注释行,介绍程序的作用及相关声明等;然后是变量的定义;最后是 Arduino 程序的两个函数,即 void setup()和 void loop()。void setup()中的代码会在导通电源时执行一次,void loop()中的代码会不断重复执行。由于在 Arduino UNO 开发板的引脚 13 上有 LED,所以定义整型变量 LED=13,用于函数的控制。

另外,程序中用了一些函数,pinMode()是设置引脚的作用为输入还是输出;delay()是设置延迟的时间,单位为毫秒;digitalWrite()是向LED变量写入相关的值,使得引脚13的LED电平发生变化,即HIGH或者LOW,这样LED就会根据延迟时间交替地亮灭。

完成程序编辑之后,在工具栏中找到存盘按钮,将程序进行存盘。然后,在工具栏中找到上传按钮,单击该按钮将被编辑后的程序上传到Arduino开发板中,使得开发板按照修改后的程序运行。同时,还可以单击工具栏中的串口监视器,观察串口数据的传输情况。它是非常直观、高效的调试工具。

主编辑窗口中的程序如下:

```
/ *
  Blink 例程,重复开关 LED 各 1s
 * /
//多数 Arduino 开发板的引脚 13 有 LED
//定义引脚名称
int led = 13;
//setup()程序运行一次
void setup() {
//初始化数字引脚为输出
  pinMode(led, OUTPUT);
}
//loop()程序不断重复运行
void loop() {
  digitalWrite(led, HIGH);                    //开 LED(高电平)
  delay(1000);                                //等待 1s
  digitalWrite(led, LOW);                     //关 LED(低电平)
  delay(1000);                                //等待 1s
}
```

当然,目前还有其他支持Arduino的开发环境,如SonxunStudio。它是由松迅科技开发的集成开发环境,目前只支持Windows系统的Arduino系统开发,包括Windows XP以及Windows 7,使用方法与Arduino IDE大同小异。由于篇幅的关系,这里不再赘述。

1.4　Arduino 编程语言

Arduino编程语言是建立在C/C++语言基础上的,即以C/C++语言为基础,把AVR单片机(微控制器)相关的一些寄存器参数设置等进行函数化,以利于开发者更加快速地使用。其主要使用的函数包括数字I/O引脚操作函数、模拟I/O引脚操作函数、高级I/O引脚操作函数、时间函数、中断函数、串口通信函数和数学函数等。

1.4.1　Arduino 编程基础

关键字:if、if…else、for、switch、case、while、do…while、break、continue、return、goto。
语法符号:每条语句以";"结尾,每段程序以"{ }"括起来。

数据类型：boolean、char、int、unsigned int、long、unsigned long、float、double、string、array、void。

常量：HIGH 或者 LOW，表示数字 I/O 引脚的电平，HIGH 表示高电平(1)，LOW 表示低电平(0)；INPUT 或者 OUTPUT，表示数字 I/O 引脚的方向，INPUT 表示输入(高阻态)，OUTPUT 表示输出(AVR 能提供 5V 电压，40mA 电流)；TRUE 或者 FALSE，TRUE 表示真(1)，FALSE 表示假(0)。

程序结构：主要包括两部分，即 void setup()和 void loop()。其中，前者是声明变量及引脚名称(如 int val；int ledPin=13)，在程序开始时使用，初始化变量和引脚模式，调用库函数等[如 pinMode(ledPin,OUTPUT)]；后者用在函数 setup()之后，不断地循环执行，是 Arduino 的主体。

1.4.2　数字 I/O 引脚的操作函数

1. pinMode(pin,mode)

pinMode 函数用于配置引脚以及设置输出或输入模式，是一个无返回值函数。该函数有两个参数：pin 和 mode。pin 参数表示要配置的引脚；mode 参数表示设置该引脚的模式为 INPUT(输入)或 OUTPUT(输出)。

INPUT 用于读取信号，OUTPUT 用于输出控制信号。pin 的范围是数字引脚 0～13，也可以把模拟引脚(A0～A5)作为数字引脚使用，此时编号为 14 的引脚对应模拟引脚 0，编号为 19 的引脚对应模拟引脚 5。该函数一般会放在 setup()里，先设置再使用。

2. digitalWrite(pin,value)

digitalWrite 函数的作用是设置引脚的输出电压为高电平或低电平，也是一个无返回值的函数。

pin 参数表示所要设置的引脚；value 参数表示输出的电压为 HIGH(高电平)或 LOW(低电平)。

注意：使用前必须先用 pinMode 设置。

3. digitalRead(pin)

digitalRead 函数在引脚设置为输入的情况下，可以获取引脚的电压情况：HIGH(高电平)或者 LOW(低电平)。

数字 I/O 引脚的操作函数使用例程如下：

```
int button = 9;                    //设置引脚9为按钮输入引脚
int LED = 13;                      //设置引脚13为LED输出引脚,内部连接开发板上的LED
void setup()
{ pinMode(button,INPUT);           //设置为输入
pinMode(LED,OUTPUT);               //设置为输出
}
void loop()
{ if(digitalRead(button) == LOW)   //如果读取高电平
        digitalWrite(LED,HIGH);    //引脚13输出高电平
```

```
    else
        digitalWrite(LED,LOW);     //否则输出低电平
}
```

1.4.3 模拟I/O引脚的操作函数

1. analogReference(type)

analogReference 函数用于配置模拟引脚的参考电压。它有三种类型：DEFAULT 是默认模式，参考电压是 5V；INTERNAL 是低电压模式，使用片内基准电压源 2.56V；EXTERNAL 是扩展模式，通过 AREF 引脚获取参考电压。

注意：若不使用该函数，默认参考电压是 5V。若使用 AREF 作为参考电压，需接一个 5kΩ 的上拉电阻。

2. analogRead(pin)

analogRead 函数用于读取引脚的模拟量电压值，每读取一次需要花 $100\mu s$ 的时间。参数 pin 表示所要获取模拟量电压值的引脚，返回为 int 型。它的精度为 10 位，返回值为 $0\sim1023$。

注意：函数参数 pin 的取值是 $0\sim5$，对应开发板上的模拟引脚 A0～A5。

3. analogWrite(pin,value)

analogWrite 函数是通过 PWM(Pulse-Width Modulation，脉冲宽度调制)的方式在引脚上输出一个模拟量。图 1-23 所示为 PWM 输出的一般形式，也就是在一个脉冲的周期内高电平所占的比例。它主要应用于 LED 亮度控制、直流电机转速控制等方面。

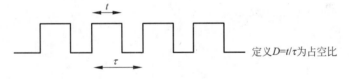

图 1-23　占空比的定义

注：PWM 波形的特点是波形频率恒定，占空比 D 可以改变。

Arduino 中 PWM 的频率约为 490Hz，Arduino UNO 开发板支持以下数字引脚（不是模拟输入引脚）作为 PWM 模拟输出：3、5、6、9、10、11。开发板带 PWM 输出的都有"～"号。

注意：PWM 输出位数为 8 位，即 $0\sim255$。

模拟 I/O 引脚的操作函数使用例程如下：

```
int sensor = A0;              //引脚 A0 读取电位器
int LED = 11;                 //引脚 11 输出 LED
void setup()
{ Serial.begin(9600);
}
```

```
void loop()
{ int v;
  v = analogRead(sensor);
  Serial.println(v,DEC);        //可以观察读取的模拟量
  analogWrite(LED,v/4);         //读回的值范围是0~1023,结果除以4才能得到0~255的区间值
}
```

1.4.4 高级I/O引脚的操作函数

函数 PulseIn(pin,state,timeout)用于读取引脚脉冲的时间长度,脉冲可以是 HIGH 或者 LOW。如果是 HIGH,该函数将先等引脚变为高电平,然后开始计时,直到变为低电平停止计时。返回脉冲持续的时间,单位为 ms(毫秒),如果超时没有读到时间,则返回 0。

例程说明:做一个按钮脉冲计时器,测量按钮的持续时间,看谁的反应最快,即谁按按钮时间最短,按钮接在引脚 3。程序如下:

```
int button = 3;
int count;
void setup()
{
pinMode(button,INPUT);
}
void loop()
{ count = pulseIn(button,HIGH);
    if(count!= 0)
    { Serial.println(count,DEC);
      count = 0;
    }
}
```

1.4.5 时间函数

1. delay()

delay 函数是延时函数,参数是延时的时长,单位是 ms。应用延时函数的典型例程是跑马灯的应用,使用 Arduino 开发板控制 4 个 LED 依次点亮。程序如下:

```
void setup()
{
pinMode(6,OUTPUT);          //定义为输出
pinMode(7,OUTPUT);
pinMode(8,OUTPUT);
pinMode(9,OUTPUT);
}
void loop()
```

```
{
int i;
for(i = 6;i < = 9;i++)          //依次循环 4 盏灯
{
digitalWrite(i,HIGH);          //点亮 LED
delay(1000);                   //持续 1s
digitalWrite(i,LOW);           //熄灭 LED
delay(1000);                   //持续 1s
}
}
```

2. delayMicroseconds()

delayMicroseconds()也是延时函数,单位是 μs(微秒),1ms = 1000μs。该函数可以产生更短的延时。

3. millis()

millis()为计时函数。应用该函数可以获取单片机通电到现在运行的时间长度,单位是 ms。系统最长的记录时间为 9h22min,超出则从 0 开始。返回值是 unsigned long 型。

该函数适合作为定时器使用,不影响单片机的其他工作(而使用 delay()函数期间无法进行其他工作)。计时时间函数使用示例(延时 10s 后自动点亮 LED)程序如下:

```
int LED = 13;
unsigned long i,j;
void setup()
{
pinMode(LED,OUTPUT);
i = millis();                   //读入初始值
}
void loop()
{
j = millis();                   //不断读入当前时间值
    if((j - i)>10000)           //如果延时超过 10s,点亮 LED
      {
      digitalWrite(LED,HIGH);
      }
    else digitalWrite(LED,LOW);
}
```

4. micros()

micros()也是计时函数。该函数返回开机到现在运行的时间长度,单位为 μs。返回值是 unsigned long 型,70min 溢出。程序如下:

```
unsigned long time;
void setup()
{
```

```
Serial.begin(9600);
}
void loop()
{
Serial.print("Time: ");
time = micros();                //读取当前的微秒值
Serial.println(time);           //打印开机到目前运行的微秒值
delay(1000);                    //延时 1s
}
```

以下例程为跑马灯的另一种实现方式：

```
int LED = 13;
unsigned long i,j;
void setup()
{
pinMode(LED,OUTPUT);
i = micros();                   //读入初始值
}
void loop()
{
j = micros();                   //不断读入当前时间值
    if((j - i)> 1000000)        //如果延时超过 10s,点亮 LED
      {
      digitalWrite(LED,HIGH);
        }
    else digitalWrite(LED,LOW);
}
```

1.4.6 中断函数

什么是中断？实际上,中断在人们的日常生活中常见。

如图 1-24 所示,你在看书,电话铃响,于是在书上做记号,去接电话,与对方通话；门铃响了,有人敲门,然后让打电话的对方稍等一下,接着去开门,并在门旁与来访者交谈,谈话结束,关好门；回到电话机旁,继续通话,接完电话后再回来从做记号的地方接着看书。

同样的道理,在单片机中也存在中断概念,如图 1-25 所示。在计算机或者单片机中,中断是由于某个随机事件的发生,计算机暂停主程序的运行,转去执行另一程序(随机事件),处理完毕又自动返回主程序继续运行的过程。也就是说,高优先级的任务中断了低优先级的任务。在计算机中,中断包括如下几部分。

中断源：引起中断的原因,或能发生中断申请的来源。

主程序：计算机现行运行的程序。

中断服务子程序：处理突发事件的程序。

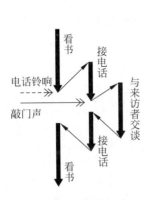

图 1-24 中断的概念

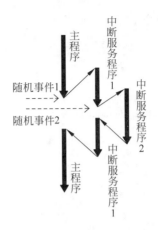

图 1-25 单片机中的中断

1. attachinterrupt()(interrupt,function,mode)

attachinterrupt()函数用于设置中断,函数有 3 个参数,分别表示中断源、中断处理函数和触发模式。中断源可选 0 或者 1,对应 2 或者 3 号数字引脚。中断处理函数是一段子程序,当中断发生时执行该子程序部分。触发模式有 4 种类型:LOW(低电平触发)、CHANGE(变化时触发)、RISING(低电平变为高电平触发)、FALLING(高电平变为低电平触发)。例程功能如下:

引脚 2 接按钮开关,引脚 4 接 LED1(红色),引脚 5 接 LED2(绿色)。在例程中,LED3 为板载的 LED,每秒闪烁一次。使用中断 0 来控制 LED1,中断 1 来控制 LED2。按下按钮,立即响应中断,由于中断响应速度快,LED3 不受影响,继续闪烁。使用不同的 4 个参数,例程 1 试验 LOW 和 CHANGE 参数,例程 2 试验 RISING 和 FALLING 参数。

例程 1:

```
volatile int state1 = LOW, state2 = LOW;
int LED1 = 4;
int LED2 = 5;
int LED3 = 13;                          //使用板载的 LED
void setup()
{
  pinMode(LED1,OUTPUT);
  pinMode(LED2,OUTPUT);
  pinMode(LED3,OUTPUT);
  attachInterrupt(0,LED1_Change,LOW);        //低电平触发
  attachInterrupt(1,LED2_Change,CHANGE);     //任意电平变化触发
}
void loop()
{
  digitalWrite(LED3,HIGH);
  delay(500);
```

```
        digitalWrite(LED3,LOW);
        delay(500);
    }
    void LED1_Change()
    {
        state1 = !state1;
        digitalWrite(LED1,state1);
        delay(100);
    }
    void LED2_Change()
    {
      state2 = !state2;
      digitalWrite(LED2,state2);
      delay(100);
    }
```

例程 2：

```
volatile int state1 = LOW,state2 = LOW;
int LED1 = 4;
int LED2 = 5;
int LED3 = 13;
void setup()
{
    pinMode(LED1,OUTPUT);
    pinMode(LED2,OUTPUT);
    pinMode(LED3,OUTPUT);
    attachInterrupt(0,LED1_Change,RISING);     //电平上升沿触发
    attachInterrupt(1,LED2_Change,FALLING);    //电平下降沿触发
}
void loop()
{
    digitalWrite(LED3,HIGH);
    delay(500);
    digitalWrite(LED3,LOW);
    delay(500);
}
void LED1_Change()
{
    state1 = !state1;
    digitalWrite(LED1,state1);
    delay(100);
}
void LED2_Change()
{
    state2 = !state2;
    digitalWrite(LED2,state2);
```

```
delay(100);
}
```

2. detachInterrupt()(interrupt)

detachInterrupt()函数用于取消中断,参数 interrupt 表示所要取消的中断源。

1.4.7 串口通信函数

串行通信接口(serial interface)使数据一位一位地顺序传送,其特点是通信线路简单,只要一对传输线就可以实现双向通信的接口,如图 1-26 所示。

串行通信接口出现在 1980 年前后,数据传输率是 115～230Kb/s。串行通信接口出现的初期是为了实现计算机外设的通信,初期串口一般用来连接鼠标和外置 Modem、老式摄像头和写字板等设备。

由于串行通信接口(COM)不支持热插拔及传输速率较低,因此目前部分新主板和大部分便携计算机已开始取消该

图 1-26 串行通信接口

接口,串口多用于工控和测量设备以及部分通信设备中,包括各种传感器采集装置、GPS 信号采集装置、多个单片机通信系统、门禁刷卡系统的数据传输、机械手控制和操纵面板控制直流电机等,特别是广泛应用于低速数据传输的工程应用。主要函数如下:

1. Serial.begin()

Serial.begin()函数用于设置串口的波特率,即数据的传输速率,指每秒传输的符号个数。一般的波特率有 9600、19200、57600、115200 等。例如:

```
Serial.begin(57 600)
```

2. Serial.available()

Serial.available()函数用来判断串口是否收到数据,函数的返回值为 int 型,不带参数。

3. Serial.read()

Serial.read()函数不带参数,只将串口数据读入。返回值为串口数据,int 型。

4. Serial.print()

Serial.print()函数向串口发送数据,可以发送变量,也可以发送字符串。例如:

```
Serial.print("today is good");
Serial.print(x,DEC);              //以十进制发送变量 x
Serial.print(x,HEX);              //以十六进制发送变量 x
```

5. Serial.println()

Serial.println()函数与 Serial.print()类似,只是多了换行功能。

串口通信函数使用例程:

```
int x = 0;
void setup()
```

```
{ Serial.begin(9600);                      //波特率为 9600
}
void loop()
{
  if(Serial.available())
    {   x = Serial.read();
        Serial.print("I have received:");
        Serial.println(x,DEC);             //输出并换行
    }
delay(200);
}
```

1.4.8　Arduino 的库函数

与 C 语言和 C++ 一样，Arduino 也有相关的库函数提供给开发者使用。这些库函数的使用，与 C 语言的头文件使用类似，需要 ♯include 语句，可将函数库加入 Arduino 的 IDE 编辑环境中，如 ♯include "Arduino.h" 语句。

在 Arduino 开发中，主要库函数的类别如下：数学库主要包括数学计算；EEPROM 库函数用于向 EEPROM 中读写数据；Ethernet 库函数用于以太网的通信；LiquidCrystal 库函数用于液晶屏幕的显示操作；Firmata 库函数实现 Arduino 与计算机串口之间的编程协议；SD 库函数用于读写 SD 卡；Servo 库函数用于舵机的控制；Stepper 库函数用于步进电机控制；WiFi 库函数用于 WiFi 的控制和使用等。诸如此类的库函数非常多，还包括一些 Arduino 爱好者自己开发的库函数。例如下列数学库函数：

```
min(x,y);                                  //求两者最小值
max(x,y);                                  //求两者最大值
abs(x);                                    //求绝对值
sin(rad);                                  //求正弦值
cos(rad);                                  //求余弦值
tan(rad);                                  //求正切值
random(small,big);                         //求两者之间的随机数
```

数学库函数 random(small,big)，返回值为 long，举例如下：

```
long x;
x = random(0,100);                         //可以生成 0～100 的整数
```

1.5　Arduino 硬件设计平台

电子设计自动化(Electronic Design Automation，EDA)是 20 世纪 90 年代初，从计算机辅助设计(CAD)、计算机辅助制造(CAM)、计算机辅助测试(CAT)和计算机辅助工程(CAE)的概念发展而来的。EDA 设计工具的出现使电路设计的效率和可操作性都得到了

大幅度的提升。本书针对 Arduino 平台的学习,主要介绍和使用 Fritzing 工具,并配以详细的示例操作说明。当然,很多软件也支持 Arduino 平台的开发,在此不再一一罗列。

　　Fritzing 是一款支持多国语言的电路设计软件,可以同时提供面包板、原理图、印制开发板(PCB)图三种视图设计,设计者可以采用任意一种视图进行电路设计,软件都会自动同步生成其他两种视图。此外,Fritzing 软件还能用来生成制板厂生产所需用的 greber 文件、PDF、图片和 CAD 格式文件,这些都极大地普及和推广了 Fritzing 的使用。下面将对软件的使用说明进行介绍,有关 Fritzing 的安装和启动请参考相关的书籍或者网络。

1.5.1　Fritzing 软件简介

1. 主界面

　　总体来说,Fritzing 软件的主界面由两部分构成,如图 1-27 所示。一部分是图中左边框内的项目视图部分,用于显示设计者开发的电路,包含面包板图、原理图和 PCB 三种视图;另一部分是图中右边框内的工具栏部分,包含软件的元件库、指示栏、导航栏、撤销历史栏和层次栏等子工具栏,是设计者主要操作和使用的地方。

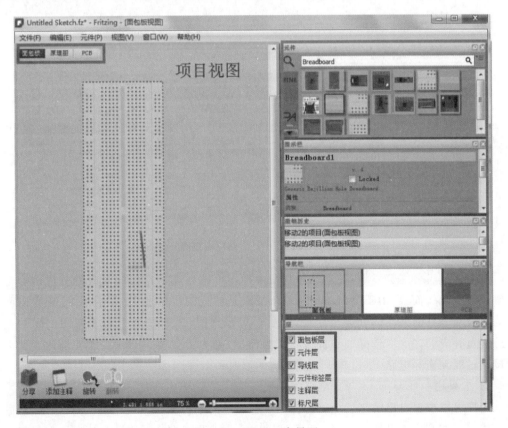

图 1-27　Fritzing 主界面

2．项目视图

设计者可以在项目视图中自由选择面包板、原理图或 PCB 视图进行开发,也可以利用项目视图框中的视图切换器快捷轻松地在这三种视图中进行切换。视图切换器如图 1-27 中右侧中部框图部分所示。此外,还可以利用工具栏中的导航栏进行快速切换,这将在工具栏部分进行详细说明。下面分别给出这三种视图的操作界面,按从上到下的顺序依次是面包板视图、原理图视图和 PCB 视图,分别如图 1-28~图 1-30 所示。

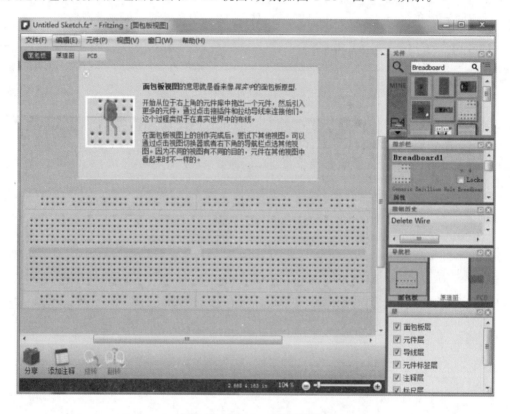

图 1-28　Fritzing 面包板视图

细心的读者可能会发现,在这三种视图中操作可选项和工具栏中对应的分栏内容都只有细微的变化。而且,由于 Fritzing 的三个视图是默认同步生成的,在本书中,首先以面包板为模板对软件的共性部分进行介绍,然后再对原理图、PCB 图与面包板视图之间的差异部分进行补充。之所以选择面包板视图作为模板,是为了方便 Arduino 硬件设计者从电路原理图过渡到实际电路,尽量减少可能出现的连线和引脚连接错误。

3．工具栏

用户可以根据自己的兴趣爱好选择工具栏显示的各种窗口,单击窗口下拉菜单,然后选中希望出现在右边工具栏的分栏;也可以将这些分栏设置成单独的浮窗。为了方便初学者迅速掌握 Fritzing 软件,本书将详细介绍各个工具栏的作用。

图 1-29 Fritzing 原理图视图

图 1-30 Fritzing PCB 视图

1) 元件库

元件库中包含了许多电子元件,这些电子元件是按容器分类盛放的。Fritzing 软件一共包含 8 个元件库,分别是 Fritzing 的核心库、设计者自定义的库和其他 6 个库。这 8 个库是设计者进行电路设计前所必须掌握的,下面将进行详细的介绍。

(1) MINE。MINE 元件库是设计者自定义元件放置的容器。如图 1-31 所示,设计者可以在这部分添加一些常用元件或软件缺少的元件。具体操作将在后面进行详细说明。

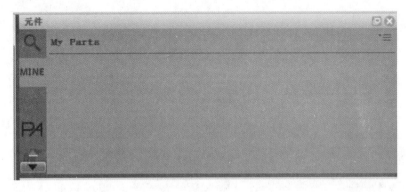

图 1-31　MINE 元件库

(2) Arduino。Arduino 元件库主要放置与 Arduino 相关的开发板,是 Arduino 设计者需要特别关心的元件库。这个元件库中包含 9 种开发板,分别是 Arduino、Arduino UNO R3、Arduino MEGA、Arduino Mini、Arduino NANO、Arduino Pro Mini 3.3V、Arduino Fio、Arduino LilyPad、Arduino Ethernet Shield,如图 1-32 所示。

图 1-32　Arduino 元件库

(3) Parallax。Parallax 元件库中主要包含 Parallax 的微控制器 Propeller 40 和 8 款 BASIC Stamp 微控制器开发板,如图 1-33 所示。该系列微控制器是由美国 Parallax 公司开发的,这些微控制器与其他微控制器的区别主要是在 ROM 内存中内建了一套小型、特有的 BASIC 编程语言直译器 PBASIC,为 BASIC 语言的设计者降低了嵌入式设计的门槛。

图 1-33　Parallax 元件库

（4）Picaxe。Picaxe 元件库中主要包括 Picaxe 系列的低价位单片机、电可擦只读存储器、实时时钟控制器、串行接口、舵机驱动等元件，如图 1-34 所示。Picaxe 系列芯片也是基于 BASIC 语言，设计者可以迅速掌握。

图 1-34　Picaxe 元件库

（5）SparkFun。SparkFun 也是 Arduino 设计者重点关注的元件库，其中包含了许多 Arduino 的扩展板。此外，这个元件库中还包含了一些传感器和 LilyPad 系列的相关元件，如图 1-35 所示。

（6）Snootlab。Snootlab 元件库包含 4 块开发板，分别是 Arduino 的 LCD 扩展板、SD 卡扩展板、接线柱扩展板和舵机的扩展驱动板，如图 1-36 所示。

（7）Contributed Parts。Contributed Parts 元件库包含带开关电位表盘、开关、LED、反相施密特触发器和放大器等，如图 1-37 所示。

（8）Core。Core 元件库包含许多平常会用到的基本元件，如 LED、电阻、电容、电感、晶体管等，还有常见的输入元件、输出元件、集成电路元件、电源、连接、微控器等。此外，Core 元件库中还包含面包板视图、原理图视图和 PCB 视图的格式以及工具（主要包含笔记和尺子）的选择，如图 1-38 所示。

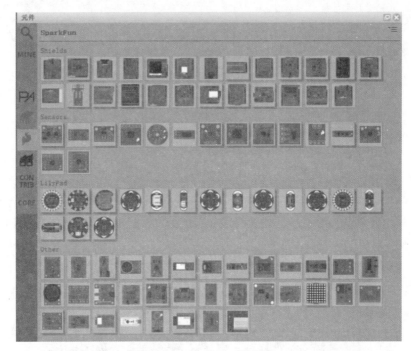

图 1-35　SparkFun 元件库

图 1-36　Snootlab 元件库

图 1-37　Contributed Parts 元件库

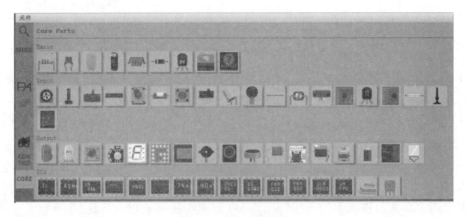

图 1-38　Core 元件库

2）指示栏

指示栏会给出元件库或项目视图中鼠标所选定元件的详细信息,包括该元件的名称、标签,以及在三种视图下的形态、类型、属性和连接数等。设计者可以根据这些信息加深对元件的理解,或者检验所选定的元件是否是自己所需要的,甚至能在项目视图中选定相关元件后直接在指示栏中修改元件的某些基本属性,如图 1-39 所示。

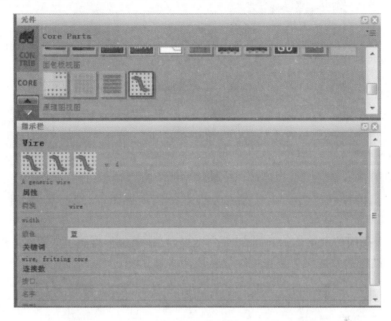

图 1-39　指示栏

3）撤销历史栏

撤销历史栏中详细记录了设计步骤,并将这些步骤按照时间的先后顺序依次进行排列,先显示最近发生的步骤,如图 1-40 所示。设计者可以利用这些记录步骤回到之前的任一设计状态,这为开发工作带来了极大的便利。

图 1-40　撤销历史栏

4）导航栏

导航栏中提供了对面包板视图、原理图视图和 PCB 视图的预览。设计者可以在导航栏中任意选定三种视图中的某一视图进行查看，如图 1-41 所示。

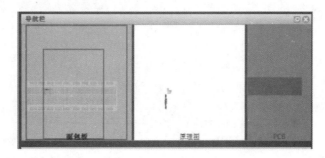

图 1-41　导航栏

5）层

不同的视图有不同的层结构。详细了解层结构有助于读者进一步理解这三种视图和提升设计者对它们的操作能力。下面将依次给出面包板视图、原理图视图、PCB 视图的层结构。

（1）面包板视图的层结构。从图 1-42 中可以看出，面包板视图一共包含 6 层，设计者可以通过选中层结构前边的矩形复选框在项目视图中显示相应的层。

图 1-42　面包板视图的层结构

（2）原理图视图的层结构。从图 1-43 中可以看出，原理图视图一共包含 7 层。

图 1-43　原理图视图的层结构

（3）PCB视图的层结构。PCB视图是层结构最多的视图。从图1-44中可以看出，PCB视图具有15层结构。由于篇幅有限，本书不再对这些层结构进行详解。

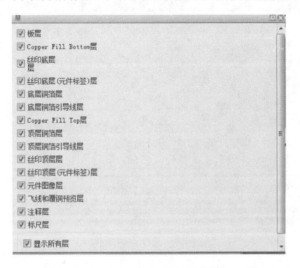

图1-44　PCB视图的层结构

1.5.2　Fritzing使用方法

1. 查看元件库已有元件

设计者在查看元件库中的元件时，既可以选择按图标形式查看，也可以选择按列表形式查看，其界面分别如图1-45和图1-46所示。

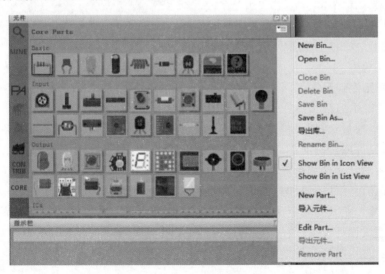

图1-45　元件图标形式

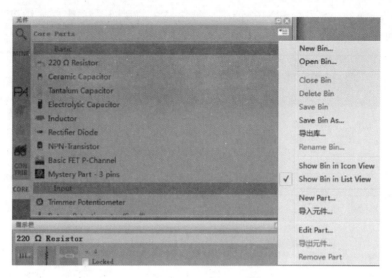

图 1-46　元件列表形式

设计者可以直接在对应的元件库中寻找所需要的元件,但由于 Fritzing 所带的库和元件数目都相对比较多,所以在有些情况下,设计者可能很难确定元件所在的具体位置。这时设计者就可以利用元件库中自带的搜索功能,从库中找出所需要的元件,这个方法能极大地提升设计者的工作效率。在此,举一个简单的例子进行说明。例如,设计者要寻找 Arduino UNO 开发板,那么,在搜索栏输入 Arduino UNO 开发板,按下 Enter 键,就会自动显示相应的搜索结果,如图 1-47 所示。

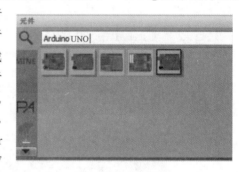

图 1-47　查找元件

2. 添加新元件到元件库

1) 从头开始添加新元件

设计者可以通过选择"元件"→"新建"命令进入添加新元件的界面,如图 1-48 所示;也可以通过单击元件库右侧的 New Part 选项进入该界面,如图 1-49 所示。无论采用哪一种方式,最终进入的新元件编辑界面都如图 1-50 所示。

设计者可在新元件的添加界面填写相关的信息,如新元件的名称、属性、连接等,并导入相应的视图图片。尤其要注意添加连接,然后单击"保存"按钮,便能创建新的元件。但是在开发过程中,建议设计者尽量在已有的库元件基础上进行修改,创建用户需要的新元件,这样可以减少工作量,提高开发效率。

2) 从已有元件添加新元件

关于如何基于已有的元件添加新元件,下面举两个简单的例子进行说明。

(1) 针对 ICs、电阻、引脚等标准元件。例如,现在设计者需要一个 2.2kΩ 的电阻,可是

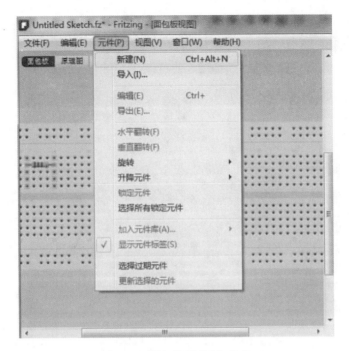

图 1-48 添加新元件(方式 1)

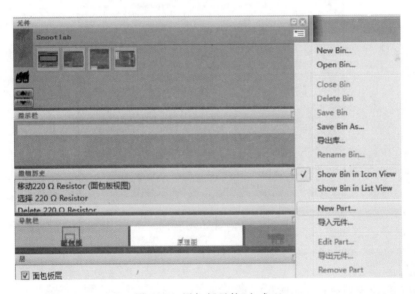

图 1-49 添加新元件(方式 2)

在 Core 元件库中只有 220Ω 的标准电阻,这时,创建新电阻最简单的方法就是先将 Core 元件库中 220Ω 的通用电阻添加到面包板上,然后选定该电阻,直接在右边的指示栏中将电阻值修改为 2.2kΩ,如图 1-51 所示。

图 1-50　新元件添加界面

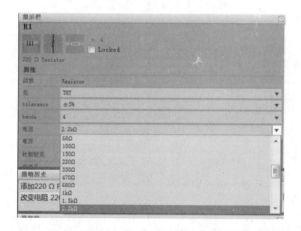

图 1-51　修改元件属性

　　除此之外,选定元件后,也可以选择"元件"→"编辑"命令完成元件参数的修改,如图 1-52 所示。

　　然后进入元件编辑界面,如图 1-53 所示。

　　将 resistance 相应的数值改为 2200Ω,单击"另存为新元件"按钮,即可成功创建一个 2200Ω 的电阻,如图 1-54 所示。

　　此外,在选定元件后,右击元件,在弹出的快捷菜单中选择"编辑"命令,也可进入元件编辑界面,如图 1-55 所示。

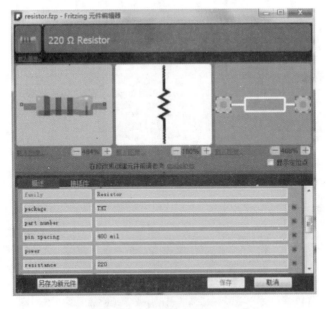

图 1-52　修改元件参数

图 1-53　元件编辑界面(1)

基于其他标准添加新元件的操作都与此类似,如改变引脚数、修改接口数目等,在此不再赘述。

(2)相对复杂的元件。完成了基本元件的介绍后,下面介绍一个相对复杂的例子。在这个例子中,要添加一个自定义元件——SparkFun T5403 气压仪,如图 1-56 所示。

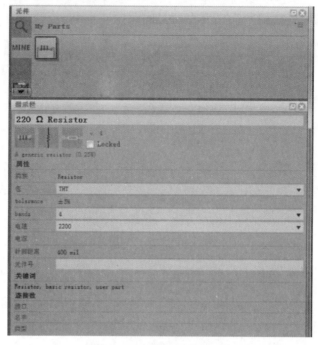

图 1-54　元件编辑界面(2)

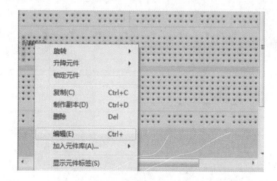

图 1-55　元件编辑界面(3)

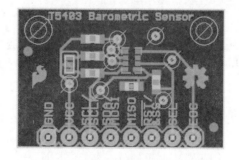

图 1-56　SparkFun T5403 的 PCB 图

在元件库中寻找该元件,在搜索框中输入 T5403,如图 1-57 所示。

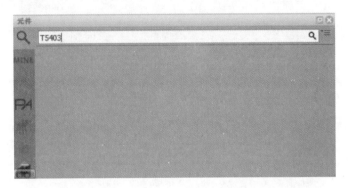

图 1-57 SparkFun T5403 搜寻图

若没有发现该元件,则可以在该元件所在的库中寻找是否有类似的元件(根据名称得知,SparkFun T5403 是 SparkFun 系列的元件),如图 1-58 所示。

图 1-58 SparkFun 系列元件

若发现还是没有与自定义元件相类似的,则可以选择从标准的集成电路 ICs 开始,选择 Core 元件库,找到 ICs 栏,将 IC 元件添加到面包板中,如图 1-59 和图 1-60 所示。

图 1-59 Core ICs

选定该 IC 元件,在指示栏中查看该元件的属性。将元件的名字命名为自定义元件的名字 T5403 Barometer Breakout,并将引脚数修改成所需要的数量。在本例中,需要的引脚数为 8,如图 1-61 所示。

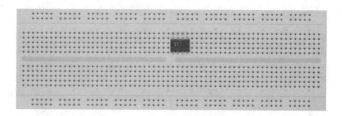

图 1-60　添加 ICs 到面包板

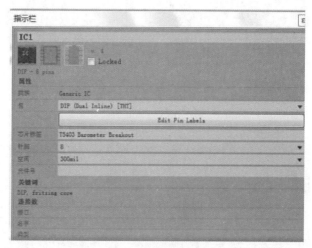

(a) 元件名称修改

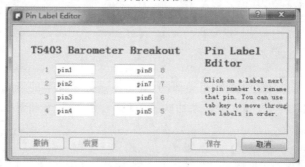

(b) 引脚数量修改

图 1-61　自定义元件的参数修改

修改之后,面包板上的元件如图 1-62 所示。

右击面包板视图中的 IC 元件,在弹出的快捷菜单中选择"编辑"命令,会出现如图 1-63 所示的编辑窗口。设计者需要根据自定义元件的特性修改图中的 6 个部分,分别是元件图标、面包板视图、原理图视图、PCB 视图、描述和接插件。这部分的修改大都是细节性的问题,在此不再赘述,读者可参考下

图 1-62　T5403 Barometer Breakout

面的链接进行深入学习：https://learn.sparkfun.com/tutorials/make-your-own-fritzing-parts。

图 1-63　T5403 Barometer Breakout 编辑窗口

3. 添加新元件库

设计者不仅可以创建自定义的新元件，也可以根据需求创建自定义的元件库，并对元件库进行管理。在设计电路结构前，可以将所需的电路元件列一张清单，并将所需要的元件都添加到自定义库中，为后续的电路设计提高效率。添加新元件库时，只需选择图 1-46 所示的元件栏中 New Bin 命令，便会出现如图 1-64 所示的界面。

如图 1-64 所示，给自定义的元件库取名为 Arduino Project，单击 OK 按钮，新的元件库便成功创建，如图 1-65 所示。

图 1-64　添加新元件库　　　　　　图 1-65　成功创建新元件库

4. 添加或删除元件

下面主要介绍如何将元件库中的元件添加到面包板视图中。当需要添加某个元件时，可以先在元件库相应的子库中寻找所需要的元件，然后在目标元件的图标上单击选定元件，拖动至面包板上的目的位置，松开鼠标左键即可将元件插入面包板。需要特别注意的是，在放置元件时，一定要确保元件的引脚已经成功插入面包板。如果插入成功，则元件引脚所在的连线会显示绿色；如果插入不成功，则元件的引脚会显示红色。如图 1-66 所示，左边表示添加成功，右边表示添加失败。

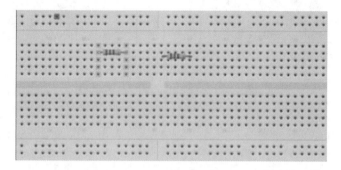

图 1-66　引脚状态图

如果在放置元件的过程中操作有误，则直接单击选定目标元件，然后再单击 Delete 按钮，即可将元件从视图上删除。

5. 添加元件间连线

添加元件间的连线是用 Fritzing 绘制电路图必不可少的过程，接下来将对连线的方法给出详细的介绍。连线的时候将想要连接的引脚拖动到要连接的目的引脚后松开即可。这里需要注意的是，只有当连接线段的两端都显示绿色时（图 1-67 中左边），才代表导线连接成功；若连线的两端显示红色（图 1-67 中右边），则表示连接出现问题。

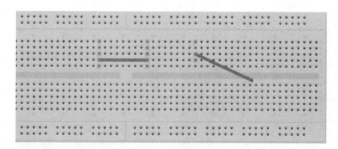

图 1-67　连线状态图

此外，为了使电路更清晰，设计者还能根据自己的需求在导线上设置拐点，使导线根据设计者的喜好而改变连线角度和方向。具体方法如下：光标处即为拐点处，设计者能自由拖动光标来移动拐点的位置。此外，设计者也可以先选定导线，然后将鼠标光标放在想设置的拐点处，右击，在弹出的快捷菜单中选择"添加拐点"命令即可，如图 1-68 所示。

图 1-68　拐点添加图

除此之外,在连线的过程中,设计者还可以更改导线的颜色,不同的颜色将帮助设计者更好地掌握绘制的电路。具体的修改方法为选定要更改颜色的导线,然后右击,从弹出的快捷菜单中选择"连线颜色"命令,如图 1-69 所示。

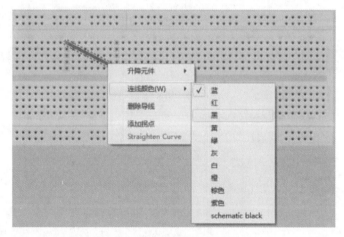

图 1-69　导线颜色修改图

1.5.3　Arduino 电路设计

本节将通过一个具体示例系统地介绍如何利用 Fritzing 软件绘制一幅完整的 Arduino 电路图,即用 Arduino 主板控制 LED 的亮灭。整体效果如图 1-70 所示。

下面介绍 Arduino Blink 例程的电路图详细设计步骤。

首先打开软件并新建一个项目,具体操作为单击软件的运行图标,在软件的主界面选择 "文件"→"新建"命令,如图 1-71 所示。

完成项目新建后,先进行保存。选择"文件"→"另存为"命令,出现如图 1-72 所示的界面, 在该对话框中输入保存的文件名和路径,然后单击"保存"按钮,即可完成对新建项目的保存。

一般来说,在绘制电路前,设计者应该先对开发环境进行设置。这里的开发环境主要指 设计者选择使用的面包板型号、原理图和 PCB 视图的各种类型。因为本书以面包板视图为 重点,并在 Core 元件库中选好开发所用的面包板类型和尺寸,如图 1-73 所示。

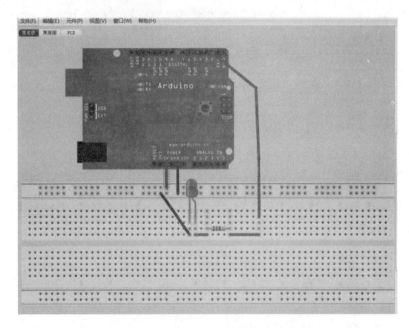

图 1-70　Arduino Blink 示例整体效果图

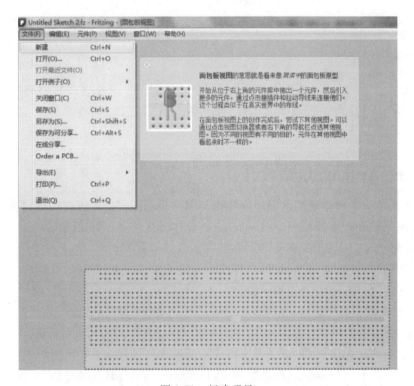

图 1-71　新建项目

图 1-72 保存项目

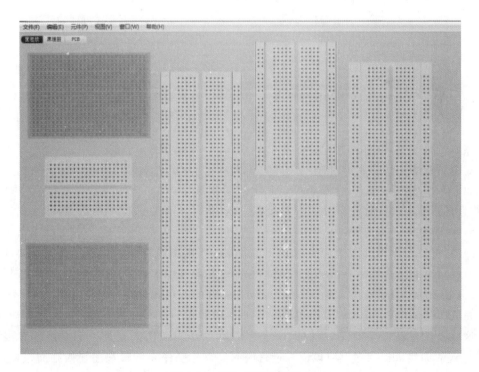

图 1-73 面包板类型和尺寸

由于本例中所需的元件数较少,因此此处省去建立自定义元件库的步骤,直接先将所有的元件都放置在面包板上,如图 1-74 所示。在本例中,需要 1 块 Arduino 开发板、1 个 LED 和 1 个 220Ω 电阻。

图 1-74　元件的放置

然后进行连线,即可得到最终的效果图,如图 1-75 所示。

在编辑视图中切换到原理图,会看到如图 1-76 所示的界面。

此时布线还没有完成,开发者可以单击编辑视图下方的自动布线,但要注意自动布线后,检查是否所有的元件全部完成。对没有完成的,开发者要进行手动布线,即手动连接引脚间的连线,如图 1-77 所示。

同理,可以在编辑视图中切换到 PCB 视图,观察 PCB 视图下的电路。此时也要注意编辑视图窗口下方是否提示布线未完成,如果是,开发者可以单击下面的"自动布线"按钮进行处理,也可以手动进行布线。这里,将直接给出最终的效果图,如图 1-78 所示。

完成所有操作后,就可以修改电路中各元件的属性。在本例中不需要修改任何值,在此略过这部分。完成所有步骤后,根据需求导出所需要的文档或文件。下面将以导出一个 PDF 格式的面包板视图为例对该流程进行说明。首先确保将编辑视图切换到面包板视图,然后选择"文件"→"导出"→"作为图像"→PDF 命令,如图 1-79 所示。输出的最终 PDF 格式文件如图 1-80 所示。

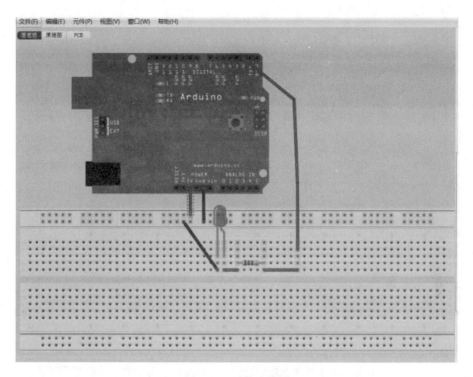

图 1-75　元件连线图

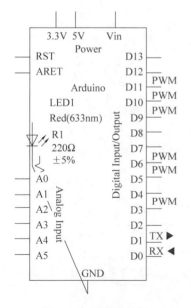

图 1-76　原理图界面

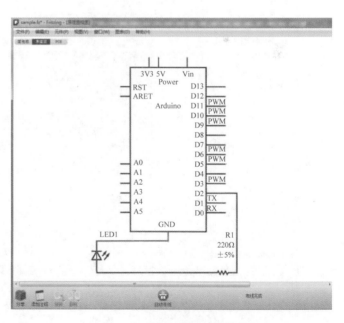

图 1-77　原理图自动布线图

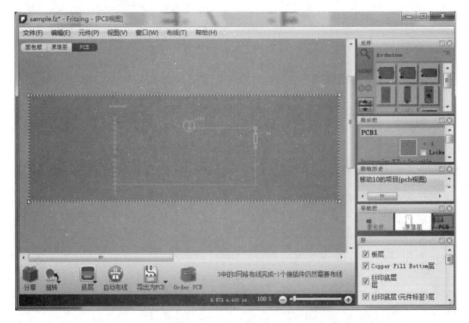

图 1-78　PCB 视图效果图

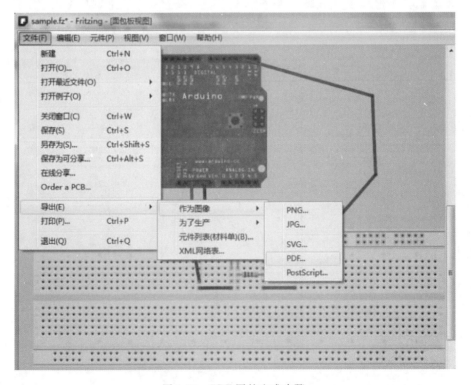

图 1-79　PDF 图的生成步骤

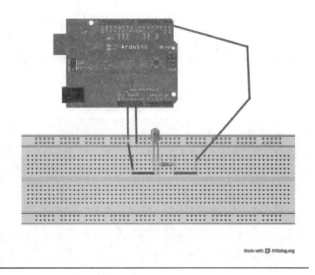

图 1-80 面包板的 PDF 图

1.5.4 Arduino 开发平台样例与编程

Fritzing 软件不但能很好地支持 Arduino 开发平台的电路设计,而且提供了对 Arduino 开发平台样例电路的支持,如图 1-81 所示。用户可以选择"文件"→"打开例子"命令,然后选择相应的 Arduino,如此层层推进,最终选择想打开的样例电路。

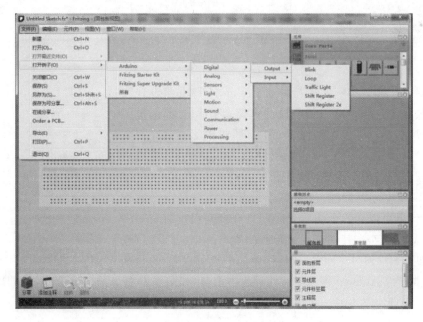

图 1-81 Fritzing 支持 Arduino 样例电路

这里以 Arduino 数字化中的交通灯为例进行说明。选择"元件"→"打开例子"→Arduino→Digital→Output→Traffic Light 命令,就能在 Fritzing 软件的编辑视图中得到如图 1-82 所示的 Arduino 样例电路。需要注意的是,不管在哪种视图中进行操作,打开的样例电路都会将编辑视图切换到面包板视图。如果想要获得相应的原理图视图或 PCB 视图,则可以在打开的样例电路中从面包板视图切换到目标视图。

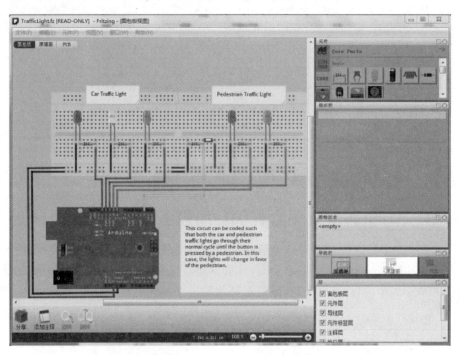

图 1-82　Arduino 交通灯样例

除了对 Arduino 样例的支持外,Fritzing 还将电路设计和编程脚本放在了一起。对于每个设计电路,Fritzing 都提供了一个编程界面,用户可以在编程界面中编写将要下载到微控制器的脚本。具体操作如图 1-83 所示,选择"窗口"→"打开编程窗口"命令,即可进入编程界面,如图 1-84 所示。

从图 1-84 中可以发现,虽然每个设计电路只有一个编程界面,但设计者可以在一个编程界面创造许多编程窗口编写不同版本的脚本,从而在其中选择最合适的脚本。单击"新建"按钮即可创建新编程窗口。而且,从编程界面中也可以看出,目前 Fritzing 主要支持 Arduino 和 Picaxe 两种脚本语言,如图 1-85 所示。设计者在选定脚本的编程语言后,就只能编写该语言的脚本,并将脚本保存成相应类型的文件格式。同理,选定编程语言后,设计者也只能打开同种类型的脚本。

图 1-83　编程界面进入步骤

图 1-84　编程界面

选定脚本语言后,设计者还应该选择串行端口。从 Fritzing 界面可以看出,该软件一共有两个默认端口,分别是 COM1 和 LPT1,如图 1-86 所示。当设计者将相应的微控制器连接到 USB 端口时,软件里会增加一个新的设备端口,然后可以根据自己的需求选择相应的端口。

图 1-85　支持编程语言　　　　　　　　　　　　　　图 1-86　支持端口

值得注意的是,虽然 Fritzing 提供了脚本编写器,但是它并没有内置编译器,所以设计者必须自行安装额外的编程软件将编写的脚本转换成可执行文件。但是,Fritzing 提供了和编程软件交互的方法,设计者可以通过单击图 1-84 所示的"程序"按钮获取相应的可执行文件信息,所有这些内容都将显示在下面的控制端。

第 2 章

绘图仪项目设计

本项目使用 Arduino 开发板实现绘图功能,使用签字笔芯将图片或文字绘制在纸上。

2.1 功能及总体设计

本项目通过将图片或文字转换为切割机/打印机通用的路径文件(G Code),Arduino 开发板通过串口接收到路径文件后,分别控制 X 轴和 Y 轴的步进电机,从而控制笔头在纸上移动,绘出图形。

要实现上述功能需将作品分成两部分进行设计,即软件设计和硬件设计。软件设计包括路径生成模块、传输模块、步进电机控制模块、存储设置模块和运动控制模块等。硬件设计包括绘图仪整体框架设计、步进电机固定设计、笔头固定设计和轴移动设计等。

1. 整体框架图

整体框架如图 2-1 所示。计算机通过串口向 Arduino 开发板传输数据并供电,Arduino 开发板使用 CNC Shield 扩展板控制两个 A4988 步进电机驱动并最终控制 42 步进电机。12V 直流电源通过 CNC Shield 扩展板为两个 42 步进电机供电。

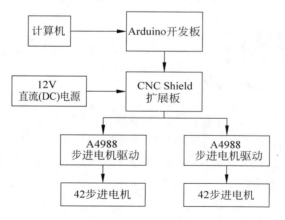

图 2-1　整体框架图

本章根据杨天明、楚岳霖项目设计整理而成。

2．系统流程图

系统流程如图 2-2 所示。计算机使用 Grbl Controller 操控 Arduino 开发板，通过串口以 115 200 的波特率与 Arduino 开发板建立通信，加载生成路径文件，如果没有现有的路径文件，则需要通过 Inkscape 和相关插件将图片或文字转化为路径文件。路径文件加载成功之后，通过 Grbl Controller 看到路线规划，根据路径文件的规格调整步进电机相关的设置后，开始绘图，绘图完成后笔头自动归位，绘图结束。

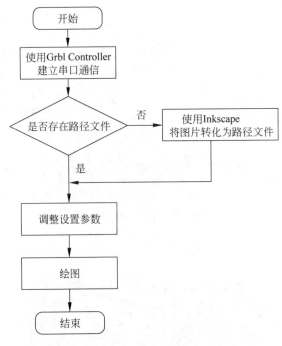

图 2-2 系统流程图

3．总电路图

总电路如图 2-3 所示。CNC Shield 扩展板直接堆叠在开发板上，两个 A4988 步进电机驱动分别堆叠在 CNC Shield 扩展板的 X 轴和 Y 轴接口。两个 42 步进电机的 2B、2A、1A、1B 引脚分别接到 CNC Shield 上 X 轴和 Y 轴的 2B、2A、1A、1B 引脚。CNC Shield 的电源引脚接口外接 12V 直流电源。引脚连线如表 2-1 所示。

表 2-1 引脚连线表

元件及引脚名		Arduino 开发板引脚
Arduino 扩展板	所有引脚	所有引脚——对应
元件及引脚名		Arduino 扩展板引脚
A4988 步进电机驱动 1	所有引脚	X 轴
A4988 步进电机驱动 2	所有引脚	Y 轴

续表

元件及引脚名		A4988 步进电机驱动
42 步进电机	2B	2B
	2A	2A
	1B	1B
	1A	1A

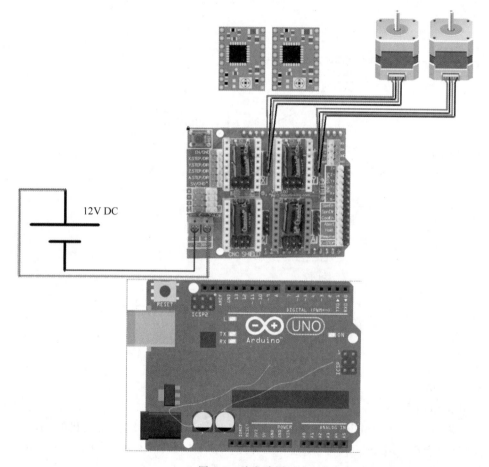

图 2-3　总电路图

2.2　模块介绍

本项目主要包括主程序模块、串口通信模块、指令接收及指令队列模块、设置及存储模块、状态探测模块、步进电机控制模块、轴运动控制模块、G 代码处理模块和绘图模块。下面分别给出各模块的功能介绍及相关代码。

2.2.1 主程序模块

该模块提供了各模块之间的联系,按流程调用各模块。

1. 功能介绍

library.h 为项目的头文件,包括需要的标准库文件和各个模块的库文件。main.c 对系统进行初始化,调用串口通信、设置步进电机等模块的初始化函数,然后调用 protocol_main_loop()等待接收指令。cpu_map.h 对 ATmega328p 进行映射,方便调用寄存器。shared.h 和 shared.c 定义了系统中使用到的公共定义、变量和函数。

2. 相关代码

```
//library.h
# ifndef library_h
# define library_h
//标准库
# include <avr/io.h>
# include <avr/pgmspace.h>
# include <avr/interrupt.h>
# include <avr/wdt.h>
# include <util/delay.h>
# include <math.h>
# include <inttypes.h>
# include <string.h>
# include <stdlib.h>
# include <stdint.h>
# include <stdbool.h>
//模块库
# include "config.h"                    //设置相关
# include "shared.h"                    //共享的定义、变量、函数
# include "settings.h"                  //参数相关设置
# include "defaults.h"                  //默认设置
# include "cpu_map.h"                   //CPU 映射
# include "eeprom.h"                    //EEPROM 内容存储
# include "gcode.h"                     //G Code 解读代码
# include "motion_control.h"            //运动控制
# include "planner.h"                   //指令队列缓存
# include "print.h"                     //格式化输出字符串
# include "probe.h"                     //系统状态探测
# include "protocol.h"                  //控制执行协议
# include "serial.h"                    //发送/接收串口通信
# include "spindle_control.h"           //主轴控制模块
# include "stepper.h"                   //步进电机驱动
# endif
//main.c
# include "library.h"
//系统全局变量结构
```

```
system_t sys;
int main(void){
    //初始化系统
    serial_init();                              //设置波特率和中断
    settings_init();                            //从内存中加载设置
    stepper_init();                             //配置步进电机和中断计时器
    system_init();                              //配置引脚
    memset(&sys, 0, sizeof(system_t));
    sys.abort = true;
    sei();                                      //中断
    //加电后初始化循环
    for(;;){
        serial_reset_read_buffer();
        gc_init();
        spindle_init();
        probe_init();
        plan_reset();
        st_reset();
        //同步系统位置
        plan_sync_position();
        gc_sync_position();
        //重置系统变量
        sys.abort = false;
        sys_rt_exec_state = 0;
        sys_rt_exec_alarm = 0;
        sys.suspend = false;
        //主循环
        protocol_main_loop();
    }
    return 0;
}
# ifndef cpu_map_h
# define cpu_map_h
# define PLATFORM "ATmega328p"
# define SERIAL_RX USART_RX_vect
# define SERIAL_UDRE USART_UDRE_vect
# define STEP_DDR DDRD
# define STEP_PORT PORTD
# define X_STEP_BIT 2
# define Y_STEP_BIT 3
# define STEP_MASK ((1 << X_STEP_BIT)|(1 << Y_STEP_BIT))
# define DIRECTION_DDR DDRD
# define DIRECTION_PORT PORTD
# define X_DIRECTION_BIT 5
# define Y_DIRECTION_BIT 6
# define DIRECTION_MASK ((1 << X_DIRECTION_BIT)|(1 << Y_DIRECTION_BIT))
# define STEPPERS_DISABLE_DDR DDRB
```

```
# define STEPPERS_DISABLE_PORT PORTB
# define STEPPERS_DISABLE_BIT 0
# define STEPPERS_DISABLE_MASK (1 << STEPPERS_DISABLE_BIT)
# define SPINDLE_ENABLE_DDR DDRB
# define SPINDLE_ENABLE_PORT PORTB
# ifdef VARIABLE_SPINDLE
# ifdef USE_SPINDLE_DIR_AS_ENABLE_PIN
  # define SPINDLE_ENABLE_BIT 5
# else
  # define SPINDLE_ENABLE_BIT 3
# endif
# else
  # define SPINDLE_ENABLE_BIT 4
# endif
# ifndef USE_SPINDLE_DIR_AS_ENABLE_PIN
  # define SPINDLE_DIRECTION_DDR DDRB
  # define SPINDLE_DIRECTION_PORT PORTB
  # define SPINDLE_DIRECTION_BIT 5
# endif
//定义输入引脚
# define CONTROL_DDR DDRC
# define CONTROL_PIN PINC
# define CONTROL_PORT PORTC
# define RESET_BIT 0                         //引脚 A0
# define FEED_HOLD_BIT 1                      //引脚 A1
# define CYCLE_START_BIT 2                    //引脚 A2
# define CONTROL_INT PCIE1
# define CONTROL_INT_vect PCINT1_vect
# define CONTROL_PCMSK PCMSK1
# define CONTROL_MASK ((1 << RESET_BIT)|(1 << FEED_HOLD_BIT)|(1 << CYCLE_START_BIT))
# define CONTROL_INVERT_MASK CONTROL_MASK
# define PROBE_DDR DDRC
# define PROBE_PIN PINC
# define PROBE_PORT PORTC
# define PROBE_BIT 5
# define PROBE_MASK (1 << PROBE_BIT)
# ifdef VARIABLE_SPINDLE
# define PWM_MAX_VALUE 255.0
# define TCCRA_REGISTER TCCR2A
# define TCCRB_REGISTER TCCR2B
# define OCR_REGISTER OCR2A
# define COMB_BIT COM2A1
# define WAVE0_REGISTER WGM20
# define WAVE1_REGISTER WGM21
# define WAVE2_REGISTER WGM22
# define WAVE3_REGISTER WGM23
# define SPINDLE_PWM_DDR DDRB
```

```
# define SPINDLE_PWM_PORT PORTB
# define SPINDLE_PWM_BIT 3
# endif
# endif
//shared.h
# ifndef shared_h
# define shared_h
# define false 0
# define true 1
//轴定义
# define N_AXIS 2                          //轴数量
# define X_AXIS 0
# define Y_AXIS 1
//XY步进电机定义
# ifdef COREXY
# define A_MOTOR X_AXIS
# define B_MOTOR Y_AXIS
# endif
//定义参数
# define MM_PER_INCH (25.40)
# define INCH_PER_MM (0.0393701)
# define TICKS_PER_MICROSECOND (F_CPU/1000000)
# define clear_vector(a) memset(a, 0, sizeof(a))
# define clear_vector_float(a) memset(a, 0.0, sizeof(float) * N_AXIS)
# define clear_vector_long(a) memset(a, 0.0, sizeof(long) * N_AXIS)
# define max(a,b) (((a)>(b)) ? (a) : (b))
# define min(a,b) (((a)<(b)) ? (a) : (b))
# define bit(n) (1 << n)
# define bit_true_atomic(x,mask) {uint8_t sreg = SREG; cli(); (x) |= (mask); SREG = sreg; }
# define bit_false_atomic(x,mask) {uint8_t sreg = SREG; cli(); (x) & = ~(mask); SREG = sreg; }
# define bit_toggle_atomic(x,mask) {uint8_t sreg = SREG; cli(); (x) ^ = (mask); SREG = sreg; }
# define bit_true(x,mask) (x) |= (mask)
# define bit_false(x,mask) (x)& = ~(mask)
# define bit_istrue(x,mask) ((x & mask) != 0)
# define bit_isfalse(x,mask) ((x & mask) == 0)
uint8_t read_float(char * line, uint8_t * char_counter, float * float_ptr);
//延迟函数
void delay_ms(uint16_t ms);
void delay_us(uint32_t us);
float hypot_f(float x, float y);
# endif
//shared.c
# include "library.h"
# define MAX_INT_DIGITS 8                    //最大位数
uint8_t read_float(char * line, uint8_t * char_counter, float * float_ptr)
{
    char * ptr = line + * char_counter;
```

```
unsigned char c;
//找到第一个字符用指针指向它
c = * ptr++;
bool isnegative = false;
if (c == '-') {
  isnegative = true;
  c = * ptr++;
} else if (c == '+') {
  c = * ptr++;
}
uint32_t intval = 0;
int8_t exp = 0;
uint8_t ndigit = 0;
bool isdecimal = false;
while(1) {
  c -= '0';
  if (c <= 9) {
    ndigit++;
    if (ndigit <= MAX_INT_DIGITS) {
      if (isdecimal) { exp--; }
      intval = (((intval << 2) + intval) << 1) + c;
    } else {
      if (!(isdecimal)) { exp++; }          //丢弃溢出字符
    }
  } else if (c == (('.' - '0') & 0xff) && !(isdecimal)) {
    isdecimal = true;
  } else {
    break;
  }
  c = * ptr++;
}
//如果没有数据就返回
if (!ndigit) { return(false); };
//整型转浮点
float fval;
fval = (float)intval;
if (fval != 0) {
  while (exp <= -2) {
    fval *= 0.01;
    exp += 2;
  }
}
if (exp < 0) {
    fval *= 0.1;
} else if (exp > 0) {
    do {
      fval *= 10.0;
    } while (--exp > 0);
```

```
        }
      }
      if (isnegative) {
        * float_ptr = - fval;
      } else {
        * float_ptr = fval;
      }
      * char_counter = ptr - line - 1;
      return(true);
    }
    void delay_ms(uint16_t ms)
    {
      while ( ms -- ) { _delay_ms(1); }
    }
    void delay_us(uint32_t us)
    {
      while (us) {
        if (us < 10) {
          _delay_us(1);
          us -- ;
        } else if (us < 100) {
          _delay_us(10);
          us -= 10;
        } else if (us < 1000) {
          _delay_us(100);
          us -= 100;
        } else {
          _delay_ms(1);
          us -= 1000;
        }
      }
    }
    //斜边计算函数
    float hypot_f(float x, float y) { return(sqrt(x * x + y * y)); }
```

2.2.2　串口通信模块

使用上位机 Grbl Controller 与 Arduino 开发板进行通信,并传输指令以及 G Code 控制步进电机的行为。

1. 功能介绍

serial.h 和 serial.c 通过 RX/TX 串口传输指令。

2. 相关代码

```
//serial.h
# ifndef serial_h
# define serial_h
```

```c
#ifndef RX_BUFFER_SIZE
  #define RX_BUFFER_SIZE 128
#endif
#ifndef TX_BUFFER_SIZE
  #define TX_BUFFER_SIZE 64
#endif
#define SERIAL_NO_DATA 0xff
#ifdef ENABLE_XONXOFF
  #define RX_BUFFER_FULL 96
  #define RX_BUFFER_LOW 64
  #define SEND_XOFF 1
  #define SEND_XON 2
  #define XOFF_SENT 3
  #define XON_SENT 4
  #define XOFF_CHAR 0x13
  #define XON_CHAR 0x11
#endif
void serial_init();
//写 1byte 数据到 TX buffer 中
void serial_write(uint8_t data);
//读取 buffer 中最前方的 1byte 数据
uint8_t serial_read();
//清空读取 buffer
void serial_reset_read_buffer();
//返回数据量
uint8_t serial_get_rx_buffer_count();
//返回已完成数据量
uint8_t serial_get_tx_buffer_count();
#endif
//serial.c
#include "library.h"
uint8_t serial_rx_buffer[RX_BUFFER_SIZE];
uint8_t serial_rx_buffer_head = 0;
volatile uint8_t serial_rx_buffer_tail = 0;
uint8_t serial_tx_buffer[TX_BUFFER_SIZE];
uint8_t serial_tx_buffer_head = 0;
volatile uint8_t serial_tx_buffer_tail = 0;
#ifdef ENABLE_XONXOFF
  volatile uint8_t flow_ctrl = XON_SENT;
#endif
//返回 RX buffer 中的数据
uint8_t serial_get_rx_buffer_count()S{
    uint8_t rtail = serial_rx_buffer_tail;
    if (serial_rx_buffer_head >= rtail) { return(serial_rx_buffer_head - rtail); }
    return (RX_BUFFER_SIZE - (rtail - serial_rx_buffer_head));
}
//返回 RX buffer 中完成的数据
```

```
uint8_t serial_get_tx_buffer_count(){
    uint8_t ttail = serial_tx_buffer_tail;
    if (serial_tx_buffer_head >= ttail) { return(serial_tx_buffer_head - ttail); }
    return (TX_BUFFER_SIZE - (ttail - serial_tx_buffer_head));
}
void serial_init(){
    //设置波特率
    #if BAUD_RATE < 57600
        uint16_t UBRR0_value = ((F_CPU/(8L * BAUD_RATE)) - 1)/2;
        UCSR0A &= ~(1 << U2X0);
    #else
        uint16_t UBRR0_value = ((F_CPU/(4L * BAUD_RATE)) - 1)/2;
        UCSR0A |= (1 << U2X0);
    #endif
    UBRR0H = UBRR0_value >> 8;
    UBRR0L = UBRR0_value;
    UCSR0B |= 1 << RXEN0;
    UCSR0B |= 1 << TXEN0;
    UCSR0B |= 1 << RXCIE0;
}
void serial_write(uint8_t data){
    uint8_t next_head = serial_tx_buffer_head + 1;
    if(next_head == TX_BUFFER_SIZE){
        next_head = 0;
    }
    while(next_head == serial_tx_buffer_tail){
        if(sys_rt_exec_state & EXEC_RESET){
            return;
        }
    }
    serial_tx_buffer[serial_tx_buffer_head] = data;
    serial_tx_buffer_head = next_head;
    UCSR0B |= (1 << UDRIE0);
}
ISR(SERIAL_UDRE){
    uint8_t tail = serial_tx_buffer_tail;
    #ifdef ENABLE_XONXOFF
        if (flow_ctrl == SEND_XOFF) {
            UDR0 = XOFF_CHAR;
            flow_ctrl = XOFF_SENT;
        }
        else if (flow_ctrl == SEND_XON) {
            UDR0 = XON_CHAR;
            flow_ctrl = XON_SENT;
        }else
    #endif{
    //发送数据
```

```
        UDR0 = serial_tx_buffer[tail];
        tail++;
        if (tail == TX_BUFFER_SIZE) { tail = 0; }
        serial_tx_buffer_tail = tail;
        }
        if(tail == serial_tx_buffer_head){
            UCSR0B& = ~(1 << UDRIE0);
        }
    }
//读取 buffer 中队首数据
uint8_t serial_read(){
    uint8_t tail = serial_rx_buffer_tail;
    if(serial_rx_buffer_head == tail){
        return SERIAL_NO_DATA;
    }
    else{
        uint8_t data = serial_rx_buffer[tail];
        tail++;
    if(tail == RX_BUFFER_SIZE) { tail = 0; }
    serial_rx_buffer_tail = tail;
    #ifdef ENABLE_XONXOFF
      if ((serial_get_rx_buffer_count()< RX_BUFFER_LOW) && flow_ctrl == XOFF_SENT) {
        flow_ctrl = SEND_XON;
        UCSR0B |= (1 << UDRIE0);
      }
    #endif
    return data;
  }
}
//中断
ISR(SERIAL_RX){
    uint8_t data = UDR0;
    uint8_t next_head;
    switch (data) {
        case CMD_STATUS_REPORT:
            bit_true_atomic(sys_rt_exec_state, EXEC_STATUS_REPORT);
            break;
        case CMD_CYCLE_START:
            bit_true_atomic(sys_rt_exec_state, EXEC_CYCLE_START);
            break;
        case CMD_FEED_HOLD:
            bit_true_atomic(sys_rt_exec_state, EXEC_FEED_HOLD);
            break;
        case CMD_RESET:
            mc_reset();
            break;
        default:
```

```
            next_head = serial_rx_buffer_head + 1;
            if (next_head == RX_BUFFER_SIZE) { next_head = 0; }
            if (next_head != serial_rx_buffer_tail) {
              serial_rx_buffer[serial_rx_buffer_head] = data;
              serial_rx_buffer_head = next_head;
    #ifdef ENABLE_XONXOFF
          if ((serial_get_rx_buffer_count() >= RX_BUFFER_FULL) && flow_ctrl == XON_SENT) {
          flow_ctrl = SEND_XOFF;
          UCSR0B |= (1 << UDRIE0);
          }
      #endif
    }
  }
}
//重置读取 buffer
void serial_reset_read_buffer() {
    serial_rx_buffer_tail = serial_rx_buffer_head;
    #ifdef ENABLE_XONXOFF
        flow_ctrl = XON_SENT;
    #endif
}
```

2.2.3 指令队列模块

通过 Grbl Controller 发送系统指令和控制指令，Arduino 开发板接收到指令后放入指令队列顺序执行。

1. 功能介绍

system.h 和 system.c 接收系统指令，参考 Grbl 控制命令。protocol.h 和 protocol.c 接收控制指令，包括运行、暂停、取消等指令，参考 Grbl 控制命令。planner.h 和 planner.c 指令不实时执行，先进入指令队列中，按顺序进行执行。

2. 相关代码

```
//system.h
#ifndef system_h
#define system_h
#include "library.h"
//定义系统映射图
#define EXEC_STATUS_REPORT bit(0)        //位掩码 00000001
#define EXEC_CYCLE_START bit(1)          //位掩码 00000010
#define EXEC_CYCLE_STOP bit(2)           //位掩码 00000100
#define EXEC_FEED_HOLD bit(3)            //位掩码 00001000
#define EXEC_RESET bit(4)               //位掩码 00010000
#define EXEC_SAFETY_DOOR bit(5)          //位掩码 00100000
#define EXEC_MOTION_CANCEL bit(6)        //位掩码 01000000
#define EXEC_CRITICAL_EVENT bit(0)       //位掩码 00000001
```

```
# define EXEC_ALARM_ABORT_CYCLE bit(3)        //位掩码 00001000
# define EXEC_ALARM_PROBE_FAIL bit(4)         //位掩码 00010000
//定义系统状态图
# define STATE_IDLE 0
# define STATE_ALARM bit(0)
# define STATE_CHECK_MODE bit(1)
# define STATE_HOMING bit(2)
# define STATE_CYCLE bit(3)
# define STATE_HOLD bit(4)
# define STATE_SAFETY_DOOR bit(5)
# define STATE_MOTION_CANCEL bit(6)
//定义系统暂停
# define SUSPEND_DISABLE 0
# define SUSPEND_ENABLE_HOLD bit(0)
# define SUSPEND_ENABLE_READY bit(1)
# define SUSPEND_ENERGIZE bit(2)
# define SUSPEND_MOTION_CANCEL bit(3)
//系统全局变量
typedef struct{
    uint8_t abort;
    uint8_t state;
    uint8_t suspend;
    int32_t position[N_AXIS];
    int32_t probe_position[N_AXIS];
    uint8_t probe_succeeded;
}system_t;
extern system_t sys;
volatile uint8_t sys_probe_state;
volatile uint8_t sys_rt_exec_state;
volatile uint8_t sys_rt_exec_alarm;
//初始化系统
void system_init();
uint8_t system_execute_line(char * line);
void system_execute_startup(char * line);
float system_convert_axis_steps_to_mpos(int32_t * steps, uint8_t idx);
void system_convert_array_steps_to_mpos(float * position, int32_t * steps);
# ifdef COREXY
  int32_t system_convert_corexy_to_x_axis_steps(int32_t * steps);
  int32_t system_convert_corexy_to_y_axis_steps(int32_t * steps);
# endif
# endif
//system.c
# include "library.h"
void system_init()
{
  CONTROL_DDR & = ~(CONTROL_MASK);                //配置输入引脚
  # ifdef DISABLE_CONTROL_PIN_PULL_UP
```

```
      CONTROL_PORT & = ~ (CONTROL_MASK);
    # else
      CONTROL_PORT |= CONTROL_MASK;
    # endif
    CONTROL_PCMSK |= CONTROL_MASK;
    PCICR |= (1 << CONTROL_INT);                    //修改中断
  }
  ISR(CONTROL_INT_vect)
  {
    uint8_t pin = (CONTROL_PIN & CONTROL_MASK);
    # ifndef INVERT_ALL_CONTROL_PINS
      pin ^= CONTROL_INVERT_MASK;
    # endif
    //任何控制指令输入都可以触发
    if (pin) {
      if (bit_istrue(pin,bit(RESET_BIT))) {
        mc_reset();
      } else if (bit_istrue(pin,bit(CYCLE_START_BIT))) {
        bit_true(sys_rt_exec_state, EXEC_CYCLE_START);
      }
    }
  }
  //执行启动脚本
  void system_execute_startup(char * line)
  {
    uint8_t n;
    for (n = 0; n < N_STARTUP_LINE; n++) {
      if (!(settings_read_startup_line(n, line))) {
        report_status_message(STATUS_SETTING_READ_FAIL);
      } else {
        if (line[0] != 0) {
          printString(line);
          report_status_message(gc_execute_line(line));
        }
      }
    }
  }
  uint8_t system_execute_line(char * line)
  {
    uint8_t char_counter = 1;
    uint8_t helper_var = 0;
    float parameter, value;
    switch( line[char_counter] ) {
      case 0 : report_grbl_help(); break;
      case '$': case 'G': case 'C': case 'X':
        if ( line[(char_counter + 1)] != 0 ) { return(STATUS_INVALID_STATEMENT); }
        switch( line[char_counter] ) {
```

```
    case '$' :                              //打印设置
      if ( sys.state & (STATE_CYCLE | STATE_HOLD) )
          { return(STATUS_IDLE_ERROR); }
      else { report_grbl_settings(); }
          break;
    case 'G' :                              //打印 G Code 打印模式
          report_gcode_modes();
          break;
    case 'C' :                              //检查 G Code 代码模式
      if ( sys.state == STATE_CHECK_MODE ) {
        mc_reset();
        report_feedback_message(MESSAGE_DISABLED);
      } else {
        if (sys.state) { return(STATUS_IDLE_ERROR); }
        sys.state = STATE_CHECK_MODE;
        report_feedback_message(MESSAGE_ENABLED);
      }
      break;
    case 'X' :                              //关闭警报锁
      if (sys.state == STATE_ALARM) {
        report_feedback_message(MESSAGE_ALARM_UNLOCK);
        sys.state = STATE_IDLE;
      }
      break;
  }
  break;
default :
  if ( !(sys.state == STATE_IDLE || sys.state == STATE_ALARM) )
      { return(STATUS_IDLE_ERROR); }
  switch( line[char_counter] ) {
    case '#' :
      if ( line[++char_counter] != 0 ) { return(STATUS_INVALID_STATEMENT); }
      else { report_ngc_parameters(); }
      break;
    case 'I' :                              //打印信息
      if ( line[++char_counter] == 0 ) {
        settings_read_build_info(line);
        report_build_info(line);
      } else {                              //存储启动行
        if(line[char_counter++] != '=') { return(STATUS_INVALID_STATEMENT); }
        helper_var = char_counter;
        do {
          line[char_counter - helper_var] = line[char_counter];
        } while (line[char_counter++] != 0);
        settings_store_build_info(line);
      }
      break;
    case 'R' :                              //恢复默认设置
      if (line[++char_counter] != 'S') { return(STATUS_INVALID_STATEMENT); }
      if (line[++char_counter] != 'T') { return(STATUS_INVALID_STATEMENT); }
```

```
        if (line[++char_counter] != ' = ') { return(STATUS_INVALID_STATEMENT); }
        if (line[char_counter + 2] != 0) { return(STATUS_INVALID_STATEMENT); }
        switch (line[++char_counter]) {
          case ' $ ': settings_restore(SETTINGS_RESTORE_DEFAULTS); break;
          case ' # ': settings_restore(SETTINGS_RESTORE_PARAMETERS); break;
          case ' * ': settings_restore(SETTINGS_RESTORE_ALL); break;
          default: return(STATUS_INVALID_STATEMENT);
        }
        report_feedback_message(MESSAGE_RESTORE_DEFAULTS);
        mc_reset();
        break;
    case 'N' :
        if ( line[++char_counter] == 0 ) {
          for (helper_var = 0; helper_var < N_STARTUP_LINE; helper_var++) {
            if (!(settings_read_startup_line(helper_var, line))) {
              report_status_message(STATUS_SETTING_READ_FAIL);
            } else {
              report_startup_line(helper_var, line);
            }
          }
          break;
        } else {
          if (sys.state != STATE_IDLE) { return(STATUS_IDLE_ERROR); }
          helper_var = true;
        }
    default :
        if(!read_float(line, &char_counter, &parameter))
          { return(STATUS_BAD_NUMBER_FORMAT); }
        if(line[char_counter++] != ' = ') { return(STATUS_INVALID_STATEMENT); }
        if (helper_var) {
          helper_var = char_counter;
          do {
            line[char_counter - helper_var] = line[char_counter];
          } while (line[char_counter++] != 0);
          helper_var = gc_execute_line(line);
          if (helper_var) { return(helper_var); }
          else {
            helper_var = trunc(parameter);
            settings_store_startup_line(helper_var, line);
          }
        } else {
          if(!read_float(line, &char_counter, &value))
            { return(STATUS_BAD_NUMBER_FORMAT); }
          if((line[char_counter] != 0) || (parameter > 255))
            { return (STATUS_INVALID_STATEMENT); }
          return (settings_store_global_setting((uint8_t)parameter, value));
        }
    }
  }
```

```
        return (STATUS_OK);
    }
    float system_convert_axis_steps_to_mpos(int32_t * steps, uint8_t idx)
    {
        float pos;
        #ifdef COREXY
            if (idx == X_AXIS) {
                pos = (float)system_convert_corexy_to_x_axis_steps(steps)/settings.steps_per_mm[A_MOTOR];
            } else if (idx == Y_AXIS) {
                pos = (float)system_convert_corexy_to_y_axis_steps(steps)/settings.steps_per_mm[B_MOTOR];
            } else {
                pos = steps[idx]/settings.steps_per_mm[idx];
            }
        #else
            pos = steps[idx]/settings.steps_per_mm[idx];
        #endif
        return(pos);
    }
    void system_convert_array_steps_to_mpos(float * position, int32_t * steps)
    {
        uint8_t idx;
        for (idx = 0; idx < N_AXIS; idx++) {
            position[idx] = system_convert_axis_steps_to_mpos(steps, idx);
        }
        return;
    }
    //计算 X/Y 轴运动
    #ifdef COREXY
        int32_t system_convert_corexy_to_x_axis_steps(int32_t * steps){
            return ((steps[A_MOTOR] + steps[B_MOTOR])/2 );
        }
        int32_t system_convert_corexy_to_y_axis_steps(int32_t * steps){
            return ((steps[A_MOTOR] - steps[B_MOTOR])/2 );
        }
    #endif
    //protocol.h
    #ifndef protocol_h
    #define protocol_h
    //读取队列大小
    #ifndef LINE_BUFFER_SIZE
    #define LINE_BUFFER_SIZE 80
    #endif
    //启动主循环
    void protocol_main_loop();
    //实时命令执行
    void protocol_execute_realtime();
```

```
//执行自动循环
void protocol_auto_cycle_start();
//同步队列
void protocol_buffer_synchronize();
#endif
//protocol.c
#include "library.h"
//定义不同对话类型
#define COMMENT_NONE 0
#define COMMENT_TYPE_PARENTHESES 1
#define COMMENT_TYPE_SEMICOLON 2
static char line[LINE_BUFFER_SIZE];                //执行行号
//执行一行
static void protocol_execute_line(char * line) {
  protocol_execute_realtime();
  if (sys.abort) { return; }
  #ifdef REPORT_ECHO_LINE_RECEIVED
    report_echo_line_received(line);
  #endif
  if (line[0] == 0) {
    report_status_message(STATUS_OK);
  } else if (line[0] == '$') {
    //'$' 系统指令
    report_status_message(system_execute_line(line));
  } else if (sys.state == STATE_ALARM) {
    report_status_message(STATUS_ALARM_LOCK);
  } else {
    report_status_message(gc_execute_line(line));
  }
}
void protocol_main_loop()
{
  //打印初始信息
  report_init_message();
  //警报
  if (sys.state == STATE_ALARM) {
    report_feedback_message(MESSAGE_ALARM_LOCK);
  } else {
    system_execute_startup(line);
  }
  uint8_t comment = COMMENT_NONE;
  uint8_t char_counter = 0;
  uint8_t c;
  for (;;) {
    while((c = serial_read()) != SERIAL_NO_DATA) {
      if ((c == '\n') || (c == '\r')) {          //行结束标志
        line[char_counter] = 0;                  //设置字符终止标志
```

```
      protocol_execute_line(line);          //执行
      comment = COMMENT_NONE;
      char_counter = 0;
    } else {
      if (comment != COMMENT_NONE) {        //忽略无效对话
        if (c == ')') {
          if (comment == COMMENT_TYPE_PARENTHESES) { comment = COMMENT_NONE; }
        }
      } else {
        if (c <= ' ') {
        } else if (c == '/') {
        } else if (c == '(') {
          comment = COMMENT_TYPE_PARENTHESES;
        } else if (c == ';') {
          comment = COMMENT_TYPE_SEMICOLON;
        } else if (char_counter >= (LINE_BUFFER_SIZE - 1)) {
          report_status_message(STATUS_OVERFLOW);
          comment = COMMENT_NONE;
          char_counter = 0;
        } else if (c >= 'a' && c <= 'z') {    //大小写转化
          line[char_counter++] = c - 'a' + 'A';
        } else {
          line[char_counter++] = c;
        }
      }
    }
  }
  protocol_auto_cycle_start();           //自动循环
  protocol_execute_realtime();           //实时执行
  if (sys.abort) { return; }
}
return;
}
void protocol_execute_realtime()
{
  uint8_t rt_exec;
  do {                                    //系统暂停循环
  rt_exec = sys_rt_exec_alarm;
  if (rt_exec) {
    sys.state = STATE_ALARM;
    if (rt_exec & EXEC_ALARM_HARD_LIMIT) {
      report_alarm_message(ALARM_HARD_LIMIT_ERROR);
    } else if (rt_exec & EXEC_ALARM_SOFT_LIMIT) {
      report_alarm_message(ALARM_SOFT_LIMIT_ERROR);
    } else if (rt_exec & EXEC_ALARM_ABORT_CYCLE) {
      report_alarm_message(ALARM_ABORT_CYCLE);
    } else if (rt_exec & EXEC_ALARM_PROBE_FAIL) {
```

```
      report_alarm_message(ALARM_PROBE_FAIL);
    }
    if (rt_exec & EXEC_CRITICAL_EVENT) {
      report_feedback_message(MESSAGE_CRITICAL_EVENT);
      bit_false_atomic(sys_rt_exec_state,EXEC_RESET);
      do {
      } while (bit_isfalse(sys_rt_exec_state,EXEC_RESET));
    }
    bit_false_atomic(sys_rt_exec_alarm,0xFF);      //情况警报
  }
  //检查并执行实时命令
  rt_exec = sys_rt_exec_state;
  if (rt_exec) {
    //系统终止
    if (rt_exec & EXEC_RESET) {
      sys.abort = true;
      return;
    }
    //执行并报告串口填充
    if (rt_exec & EXEC_STATUS_REPORT) {
      report_realtime_status();
      bit_false_atomic(sys_rt_exec_state,EXEC_STATUS_REPORT);
    }
    //保持状态
    if (rt_exec & (EXEC_MOTION_CANCEL | EXEC_FEED_HOLD)) {
      //状态检查
      if ((sys.state == STATE_IDLE) || (sys.state & (STATE_CYCLE | STATE_MOTION_CANCEL | STATE
_HOLD))) {
        if (sys.state == STATE_CYCLE) {
          st_update_plan_block_parameters();      //让步进电机模块保持状态
          sys.suspend = SUSPEND_ENABLE_HOLD;
        }
        if (sys.state == STATE_IDLE) { sys.suspend = SUSPEND_ENABLE_READY; }
        if (rt_exec & EXEC_MOTION_CANCEL) {
          if (sys.state == STATE_CYCLE) { sys.state = STATE_MOTION_CANCEL; }
          sys.suspend |= SUSPEND_MOTION_CANCEL;
        }
      }
      bit_false_atomic(sys_rt_exec_state,(EXEC_MOTION_CANCEL | EXEC_FEED_HOLD));
    }
    //步进电机中断判断
    if (rt_exec & EXEC_CYCLE_START) {
      if (!(rt_exec & (EXEC_FEED_HOLD | EXEC_MOTION_CANCEL))) {
        if ((sys.state == STATE_IDLE) || ((sys.state & (STATE_HOLD | STATE_MOTION_CANCEL)) &&
            (sys.suspend & SUSPEND_ENABLE_READY))) {
          if (sys.suspend & SUSPEND_ENERGIZE) {
            //延迟主轴的命令
```

```
              if (gc_state.modal.spindle != SPINDLE_DISABLE) {
                 spindle_set_state(gc_state.modal.spindle, gc_state.spindle_speed);
              }
           }
         if (plan_get_current_block() && bit_isfalse(sys.suspend, SUSPEND_MOTION_CANCEL)) {
            sys.state = STATE_CYCLE;
            st_prep_buffer();
            st_wake_up();
         } else {
            sys.state = STATE_IDLE;
         }
         sys.suspend = SUSPEND_DISABLE;
      }
    }
    bit_false_atomic(sys_rt_exec_state, EXEC_CYCLE_START);
  }
  //重新初始化
  if (rt_exec & EXEC_CYCLE_STOP) {
    if (sys.state & (STATE_HOLD) && !(sys.soft_limit)) {
      if (sys.suspend & SUSPEND_ENERGIZE) {
        spindle_stop();
        coolant_stop();
      }
      bit_true(sys.suspend, SUSPEND_ENABLE_READY);
    } else {
      sys.suspend = SUSPEND_DISABLE;
      sys.state = STATE_IDLE;
    }
    bit_false_atomic(sys_rt_exec_state, EXEC_CYCLE_STOP);
  }
}
if (sys.state & (STATE_CYCLE | STATE_HOLD | STATE_MOTION_CANCEL)) { st_prep_buffer(); }
}
//同步
void protocol_buffer_synchronize()
{
  protocol_auto_cycle_start();
  do {
    protocol_execute_realtime();
    if (sys.abort) { return;
  } while (plan_get_current_block() || (sys.state == STATE_CYCLE));
}
void protocol_auto_cycle_start() { bit_true_atomic(sys_rt_exec_state, EXEC_CYCLE_START); }
//planner.h
#ifndef planner_h
#define planner_h
#ifndef BLOCK_BUFFER_SIZE
```

```
#ifdef USE_LINE_NUMBERS
    #define BLOCK_BUFFER_SIZE 16
  #else
    #define BLOCK_BUFFER_SIZE 18
  #endif
#endif
//结构定义
typedef struct {
  uint8_t direction_bits;
  uint32_t steps[N_AXIS];
  uint32_t step_event_count;
  float entry_speed_sqr;
  float max_entry_speed_sqr;
  float max_junction_speed_sqr;
  float nominal_speed_sqr;
  float acceleration;
  float millimeters;
  #ifdef USE_LINE_NUMBERS
    int32_t line_number;
  #endif
} plan_block_t;
//初始化运动系统
void plan_reset();
#ifdef USE_LINE_NUMBERS
  void plan_buffer_line(float * target, float feed_rate, uint8_t invert_feed_rate, int32_t
line_number);
#else
  void plan_buffer_line(float * target, float feed_rate, uint8_t invert_feed_rate);
#endif
void plan_discard_current_block();
plan_block_t * plan_get_current_block();
uint8_t plan_next_block_index(uint8_t block_index);
float plan_get_exec_block_exit_speed();
void plan_sync_position();
void plan_cycle_reinitialize();
uint8_t plan_get_block_buffer_count();
uint8_t plan_check_full_buffer();
#endif
#include "library.h"
#define SOME_LARGE_VALUE 1.0E+38
//静态变量
static plan_block_t block_buffer[BLOCK_BUFFER_SIZE];
static uint8_t block_buffer_tail;
static uint8_t block_buffer_head;
static uint8_t next_buffer_head;
static uint8_t block_buffer_planned;
//定义队列变量
```

```c
typedef struct {
  int32_t position[N_AXIS];
  float previous_unit_vec[N_AXIS];
  float previous_nominal_speed_sqr;
} planner_t;
static planner_t pl;
uint8_t plan_next_block_index(uint8_t block_index)
{
  block_index++;
  if (block_index == BLOCK_BUFFER_SIZE) { block_index = 0; }
  return(block_index);
}
static uint8_t plan_prev_block_index(uint8_t block_index)
{
  if (block_index == 0) { block_index = BLOCK_BUFFER_SIZE; }
  block_index--;
  return(block_index);
}
static void planner_recalculate()
{
  uint8_t block_index = plan_prev_block_index(block_buffer_head);
  if (block_index == block_buffer_planned) { return; }
  float entry_speed_sqr;
  plan_block_t * next;
  plan_block_t * current = &block_buffer[block_index];
  current->entry_speed_sqr = min(current->max_entry_speed_sqr,
  2 * current->acceleration * current->millimeters);
  block_index = plan_prev_block_index(block_index);
  if (block_index == block_buffer_planned) {
    if (block_index == block_buffer_tail) { st_update_plan_block_parameters(); }
  } else {
    while (block_index != block_buffer_planned) {
      next = current;
      current = &block_buffer[block_index];
      block_index = plan_prev_block_index(block_index);
          if (block_index == block_buffer_tail) { st_update_plan_block_parameters(); }
      if (current->entry_speed_sqr != current->max_entry_speed_sqr) {
        entry_speed_sqr = next->entry_speed_sqr + 2 * current->acceleration * current->
millimeters;
        if (entry_speed_sqr < current->max_entry_speed_sqr) {
          current->entry_speed_sqr = entry_speed_sqr;
        } else {
          current->entry_speed_sqr = current->max_entry_speed_sqr;
        }
      }
    }
  }
```

```
        next = &block_buffer[block_buffer_planned];
        block_index = plan_next_block_index(block_buffer_planned);
        while (block_index != block_buffer_head) {
            current = next;
            next = &block_buffer[block_index];
            if (current -> entry_speed_sqr < next -> entry_speed_sqr) {
                entry_speed_sqr = current -> entry_speed_sqr + 2 * current -> acceleration * current ->
millimeters;
                if (entry_speed_sqr < next -> entry_speed_sqr) {
                    next -> entry_speed_sqr = entry_speed_sqr;
                    block_buffer_planned = block_index;
                }
            }
            if (next -> entry_speed_sqr == next -> max_entry_speed_sqr) { block_buffer_planned =
block_index; }
            block_index = plan_next_block_index( block_index );
        }
    }
//队列重置
void plan_reset()
{
    memset(&pl, 0, sizeof(planner_t));
    block_buffer_tail = 0;
    block_buffer_head = 0;
    next_buffer_head = 1;
    block_buffer_planned = 0;
}
//取消指令块
void plan_discard_current_block()
{
    if (block_buffer_head != block_buffer_tail) {
        uint8_t block_index = plan_next_block_index( block_buffer_tail );
        if (block_buffer_tail == block_buffer_planned) { block_buffer_planned = block_index; }
        block_buffer_tail = block_index;
    }
}
//获得当前指令块
plan_block_t * plan_get_current_block()
{
    if (block_buffer_head == block_buffer_tail) { return(NULL); }
    return(&block_buffer[block_buffer_tail]);
}
float plan_get_exec_block_exit_speed()
{
    uint8_t block_index = plan_next_block_index(block_buffer_tail);
    if (block_index == block_buffer_head) { return( 0.0 ); }
    return( sqrt( block_buffer[block_index].entry_speed_sqr ) );
```

```
}
uint8_t plan_check_full_buffer()
{
  if (block_buffer_tail == next_buffer_head) { return(true); }
  return(false);
}
#ifdef USE_LINE_NUMBERS
  void plan_buffer_line(float * target, float feed_rate, uint8_t invert_feed_rate, int32_t
line_number)
#else
  void plan_buffer_line(float * target, float feed_rate, uint8_t invert_feed_rate)
#endif
{
  plan_block_t * block = &block_buffer[block_buffer_head];
  block -> step_event_count = 0;
  block -> millimeters = 0;
  block -> direction_bits = 0;
  block -> acceleration = SOME_LARGE_VALUE;
  #ifdef USE_LINE_NUMBERS
    block -> line_number = line_number;
  #endif
  //计算初始参数
  int32_t target_steps[N_AXIS];
  float unit_vec[N_AXIS], delta_mm;
  uint8_t idx;
  #ifdef COREXY
    target_steps[A_MOTOR] = lround(target[A_MOTOR] * settings.steps_per_mm[A_MOTOR]);
    target_steps[B_MOTOR] = lround(target[B_MOTOR] * settings.steps_per_mm[B_MOTOR]);
    block -> steps[A_MOTOR] = labs((target_steps[X_AXIS] - pl.position[X_AXIS]) + (target_
steps[Y_AXIS] - pl.position[Y_AXIS]));
    block -> steps[B_MOTOR] = labs((target_steps[X_AXIS] - pl.position[X_AXIS]) - (target_
steps[Y_AXIS] - pl.position[Y_AXIS]));
  #endif
  for (idx = 0; idx < N_AXIS; idx++) {
    #ifdef COREXY
      if ( !(idx == A_MOTOR) && !(idx == B_MOTOR) ) {
        target_steps[idx] = lround(target[idx] * settings.steps_per_mm[idx]);
        block -> steps[idx] = labs(target_steps[idx] - pl.position[idx]);
      }
      block -> step_event_count = max(block -> step_event_count, block -> steps[idx]);
      if (idx == A_MOTOR) {
        delta_mm = (target_steps[X_AXIS] - pl.position[X_AXIS] + target_steps[Y_AXIS] - pl.
position[Y_AXIS])/settings.steps_per_mm[idx];
      } else if (idx == B_MOTOR) {
        delta_mm = (target_steps[X_AXIS] - pl.position[X_AXIS] - target_steps[Y_AXIS] + pl.
position[Y_AXIS])/settings.steps_per_mm[idx];
      } else {
```

```
      delta_mm = (target_steps[idx] − pl.position[idx])/settings.steps_per_mm[idx];
    }
  #else
    target_steps[idx] = lround(target[idx] * settings.steps_per_mm[idx]);
    block −> steps[idx] = labs(target_steps[idx] − pl.position[idx]);
    block −> step_event_count = max(block −> step_event_count, block −> steps[idx]);
    delta_mm = (target_steps[idx] − pl.position[idx])/settings.steps_per_mm[idx];
  #endif
  unit_vec[idx] = delta_mm;
  //设置方向
  if (delta_mm < 0 ) { block −> direction_bits |= get_direction_pin_mask(idx); }
  block −> millimeters += delta_mm * delta_mm;
}
block −> millimeters = sqrt(block −> millimeters);
if (block −> step_event_count == 0) { return; }
if (feed_rate < 0) { feed_rate = SOME_LARGE_VALUE; }
else if (invert_feed_rate) { feed_rate *= block −> millimeters; }
if (feed_rate < MINIMUM_FEED_RATE) { feed_rate = MINIMUM_FEED_RATE; }
float inverse_unit_vec_value;
float inverse_millimeters = 1.0/block −> millimeters;
float junction_cos_theta = 0;
for (idx = 0; idx < N_AXIS; idx++) {
  if (unit_vec[idx] != 0) {
    unit_vec[idx] *= inverse_millimeters;
    inverse_unit_vec_value = fabs(1.0/unit_vec[idx]);
    feed_rate = min(feed_rate, settings.max_rate[idx] * inverse_unit_vec_value);
    block −> acceleration = min(block −> acceleration, settings.acceleration[idx] * inverse_
unit_vec_value);
    junction_cos_theta −= pl.previous_unit_vec[idx] * unit_vec[idx];
  }
}
if (block_buffer_head == block_buffer_tail) {
  block −> entry_speed_sqr = 0.0;
  block −> max_junction_speed_sqr = 0.0;
} else {
  if (junction_cos_theta > 0.999999) {
    block −> max_junction_speed_sqr = MINIMUM_JUNCTION_SPEED * MINIMUM_JUNCTION_SPEED;
  } else {
    junction_cos_theta = max(junction_cos_theta, − 0.999999);
    float sin_theta_d2 = sqrt(0.5 * (1.0 − junction_cos_theta));
    block −> max_junction_speed_sqr = max( MINIMUM_JUNCTION_SPEED * MINIMUM_JUNCTION_
SPEED, (block −> acceleration * settings.junction_deviation * sin_theta_d2)/(1.0 − sin_theta_d2) );
  }
}
//指令块反馈速度
block −> nominal_speed_sqr = feed_rate * feed_rate;
block −> max_entry_speed_sqr = min(block −> max_junction_speed_sqr, min(block −> nominal_
```

```
speed_sqr,pl.previous_nominal_speed_sqr));
  memcpy(pl.previous_unit_vec, unit_vec, sizeof(unit_vec));
  pl.previous_nominal_speed_sqr = block -> nominal_speed_sqr;
  memcpy(pl.position, target_steps, sizeof(target_steps));
  block_buffer_head = next_buffer_head;
  next_buffer_head = plan_next_block_index(block_buffer_head);
  planner_recalculate();
}
//同步队列位置
void plan_sync_position()
{
  uint8_t idx;
  for (idx = 0; idx < N_AXIS; idx++) {
    # ifdef COREXY
      if (idx == X_AXIS) {
        pl.position[X_AXIS] = system_convert_corexy_to_x_axis_steps(sys.position);
      } else if (idx == Y_AXIS) {
        pl.position[Y_AXIS] = system_convert_corexy_to_y_axis_steps(sys.position);
      } else {
        pl.position[idx] = sys.position[idx];
      }
    # else
      pl.position[idx] = sys.position[idx];
    # endif
  }
}
uint8_t plan_get_block_buffer_count()
{
  if (block_buffer_head >= block_buffer_tail) { return(block_buffer_head - block_buffer_
tail); }
  return(BLOCK_BUFFER_SIZE - (block_buffer_tail - block_buffer_head));
}
void plan_cycle_reinitialize()
{
  st_update_plan_block_parameters();
  block_buffer_planned = block_buffer_tail;
  planner_recalculate();
}
```

2.2.4 设置及存储模块

设置串口连接、步进电机相关参数,并存储到 EEPROM 内存中。

1. 功能介绍

config.h 为串口连接速率等属性设置,defaults.h 为默认的规格设置,settings.h 和 settings.c 为应用设置,eeprom.h 和 eeprom.c 为内存存储设置。

2．相关代码

```
//config.h
# ifndef config_h
# define config_h
# include "library.h"
# define DEFAULTS_GENERIC
//串口波特率
# define BAUD_RATE 115200
# define CPU_MAP_ATMEGA328P                      //Arduino UNO 开发板
//定义特殊字符
# define CMD_STATUS_REPORT '?'
# define CMD_FEED_HOLD '!'
# define CMD_CYCLE_START '～'
# define CMD_RESET 0x18                          //ctrl－x
# define N_STARTUP_LINE 2
# define N_DECIMAL_COORDVALUE_INCH 4
# define N_DECIMAL_COORDVALUE_MM 3
# define N_DECIMAL_RATEVALUE_INCH 1
# define N_DECIMAL_RATEVALUE_MM 0
# define N_DECIMAL_SETTINGVALUE 3
# define MESSAGE_PROBE_COORDINATES
# define ACCELERATION_TICKS_PER_SECOND 100
# define ADAPTIVE_MULTI_AXIS_STEP_SMOOTHING
# define VARIABLE_SPINDLE
# define SPINDLE_MAX_RPM 1000.0
# define SPINDLE_MIN_RPM 0.0
# define MINIMUM_JUNCTION_SPEED 0.0             //mm/min
# define MINIMUM_FEED_RATE 1.0                  //mm/min
# define N_ARC_CORRECTION 12                    //整型(1－255)
# define ARC_ANGULAR_TRAVEL_EPSILON 5E－7       //rad
# define DWELL_TIME_STEP 50                     //整型(1－255)ms
# if defined(USE_SPINDLE_DIR_AS_ENABLE_PIN) && !defined(VARIABLE_SPINDLE)
  # error "USE_SPINDLE_DIR_AS_ENABLE_PIN may only be used with VARIABLE_SPINDLE enabled"
# endif
# if defined(USE_SPINDLE_DIR_AS_ENABLE_PIN) && !defined(CPU_MAP_ATMEGA328P)
  # error "USE_SPINDLE_DIR_AS_ENABLE_PIN may only be used with a 328p processor"
# endif
# endif
//defaults.h
# ifndef defaults_h
# ifdef DEFAULTS_GENERIC
  # define DEFAULT_X_STEPS_PER_MM 250.0
  # define DEFAULT_Y_STEPS_PER_MM 250.0
  # define DEFAULT_X_MAX_RATE 500.0             //mm/min
  # define DEFAULT_Y_MAX_RATE 500.0             //mm/min
  # define DEFAULT_X_ACCELERATION (10.0 * 60 * 60)//10 * 60 * 60 mm/min ^ 2 = 10 mm/s ^ 2
```

```
#define DEFAULT_Y_ACCELERATION (10.0 * 60 * 60) //10 * 60 * 60 mm/min^2 = 10 mm/s^2
#define DEFAULT_X_MAX_TRAVEL 200.0              //mm
#define DEFAULT_Y_MAX_TRAVEL 200.0              //mm
#define DEFAULT_STEP_PULSE_MICROSECONDS 10
#define DEFAULT_STEPPING_INVERT_MASK 0
#define DEFAULT_DIRECTION_INVERT_MASK 0
#define DEFAULT_STEPPER_IDLE_LOCK_TIME 25       //ms(0 - 254)
#define DEFAULT_STATUS_REPORT_MASK ((BITFLAG_RT_STATUS_MACHINE_POSITION)|(BITFLAG_RT_
STATUS_WORK_POSITION))
#define DEFAULT_JUNCTION_DEVIATION 0.01         //mm
#define DEFAULT_ARC_TOLERANCE 0.002             //mm
#define DEFAULT_REPORT_INCHES 0
#define DEFAULT_INVERT_ST_ENABLE 0
#endif
#endif
//settings.h
#ifndef settings_h
#define settings_h
#include "library.h"
#define SETTINGS_VERSION 9
//定义标志掩码
#define BITFLAG_REPORT_INCHES bit(0)
#define BITFLAG_INVERT_ST_ENABLE bit(2)
#define BITFLAG_INVERT_PROBE_PIN bit(7)
#define BITFLAG_RT_STATUS_MACHINE_POSITION bit(0)
#define BITFLAG_RT_STATUS_WORK_POSITION bit(1)
#define BITFLAG_RT_STATUS_PLANNER_BUFFER bit(2)
#define BITFLAG_RT_STATUS_SERIAL_RX bit(3)
//定义设置存储掩码
#define SETTINGS_RESTORE_ALL 0xFF
#define SETTINGS_RESTORE_DEFAULTS bit(0)
#define SETTINGS_RESTORE_PARAMETERS bit(1)
#define SETTINGS_RESTORE_STARTUP_LINES bit(2)
#define SETTINGS_RESTORE_BUILD_INFO bit(3)
//内存相关定义
#define EEPROM_ADDR_GLOBAL 1U
#define EEPROM_ADDR_PARAMETERS 512U
#define EEPROM_ADDR_STARTUP_BLOCK 768U
#define EEPROM_ADDR_BUILD_INFO 942U
#define AXIS_N_SETTINGS 4
#define AXIS_SETTINGS_START_VAL 100
#define AXIS_SETTINGS_INCREMENT 10
//全局常量
typedef struct {
  float steps_per_mm[N_AXIS];
  float max_rate[N_AXIS];
  float acceleration[N_AXIS];
```

```
        float max_travel[N_AXIS];
        uint8_t pulse_microseconds;
        uint8_t step_invert_mask;
        uint8_t dir_invert_mask;
        uint8_t stepper_idle_lock_time;
        uint8_t status_report_mask;
        float junction_deviation;
        float arc_tolerance;
        uint8_t flags;
    } settings_t;
    extern settings_t settings;
    //初始化配置
    void settings_init();
    //重置配置
    void settings_restore(uint8_t restore_flag);
    //创建新的全局设置
    uint8_t settings_store_global_setting(uint8_t parameter, float value);
    //命令行设置存储
    void settings_store_startup_line(uint8_t n, char * line);
    uint8_t settings_read_startup_line(uint8_t n, char * line);
    //存储构造设置
    void settings_store_build_info(char * line);
    //读取构造设置
    uint8_t settings_read_build_info(char * line);
    //写入坐标
    void settings_write_coord_data(uint8_t coord_select, float * coord_data);
    //读取坐标
    uint8_t settings_read_coord_data(uint8_t coord_select, float * coord_data);
    //返回步进电机引脚掩码
    uint8_t get_step_pin_mask(uint8_t i);
    //返回步进电机方向
    uint8_t get_direction_pin_mask(uint8_t i);
    #endif
    //settings.c
    #include "library.h"
    settings_t settings;
    void settings_store_startup_line(uint8_t n, char * line)
    {
        uint32_t addr = n * (LINE_BUFFER_SIZE + 1) + EEPROM_ADDR_STARTUP_BLOCK;
        memcpy_to_eeprom_with_checksum(addr,(char * )line, LINE_BUFFER_SIZE);
    }
    void settings_store_build_info(char * line)
    {
        memcpy_to_eeprom_with_checksum(EEPROM_ADDR_BUILD_INFO,(char * )line, LINE_BUFFER_SIZE);
    }
    void settings_write_coord_data(uint8_t coord_select, float * coord_data)
    {
```

```
    uint32_t addr = coord_select * (sizeof(float) * N_AXIS + 1) + EEPROM_ADDR_PARAMETERS;
    memcpy_to_eeprom_with_checksum(addr,(char * )coord_data, sizeof(float) * N_AXIS);
}
void write_global_settings()
{
    eeprom_put_char(0, SETTINGS_VERSION);
    memcpy_to_eeprom_with_checksum(EEPROM_ADDR_GLOBAL, (char * )&settings, sizeof(settings_t));
}
void settings_restore(uint8_t restore_flag) {
    if (restore_flag & SETTINGS_RESTORE_DEFAULTS) {
        settings.pulse_microseconds = DEFAULT_STEP_PULSE_MICROSECONDS;
        settings.stepper_idle_lock_time = DEFAULT_STEPPER_IDLE_LOCK_TIME;
        settings.step_invert_mask = DEFAULT_STEPPING_INVERT_MASK;
        settings.dir_invert_mask = DEFAULT_DIRECTION_INVERT_MASK;
        settings.status_report_mask = DEFAULT_STATUS_REPORT_MASK;
        settings.junction_deviation = DEFAULT_JUNCTION_DEVIATION;
        settings.arc_tolerance = DEFAULT_ARC_TOLERANCE;
        settings.flags = 0;
        if (DEFAULT_REPORT_INCHES) { settings.flags |= BITFLAG_REPORT_INCHES; }
        if (DEFAULT_INVERT_ST_ENABLE) { settings.flags |=
         BITFLAG_INVERT_ST_ENABLE; }
        settings.steps_per_mm[X_AXIS] = DEFAULT_X_STEPS_PER_MM;
        settings.steps_per_mm[Y_AXIS] = DEFAULT_Y_STEPS_PER_MM;
        settings.max_rate[X_AXIS] = DEFAULT_X_MAX_RATE;
        settings.max_rate[Y_AXIS] = DEFAULT_Y_MAX_RATE;
        settings.acceleration[X_AXIS] = DEFAULT_X_ACCELERATION;
        settings.acceleration[Y_AXIS] = DEFAULT_Y_ACCELERATION;
        settings.max_travel[X_AXIS] = ( - DEFAULT_X_MAX_TRAVEL);
        settings.max_travel[Y_AXIS] = ( - DEFAULT_Y_MAX_TRAVEL);
        write_global_settings();
    }
    if (restore_flag & SETTINGS_RESTORE_PARAMETERS) {
        uint8_t idx;
        float coord_data[N_AXIS];
        memset(&coord_data, 0, sizeof(coord_data));
        for (idx = 0; idx <= SETTING_INDEX_NCOORD; idx++) { settings_write_coord_data(idx, coord_data); }
    }
    if (restore_flag & SETTINGS_RESTORE_STARTUP_LINES) {
        # if N_STARTUP_LINE > 0
        eeprom_put_char(EEPROM_ADDR_STARTUP_BLOCK, 0);
        # endif
        # if N_STARTUP_LINE > 1
        eeprom_put_char(EEPROM_ADDR_STARTUP_BLOCK + (LINE_BUFFER_SIZE + 1), 0);
        # endif
    }
    if (restore_flag & SETTINGS_RESTORE_BUILD_INFO) { eeprom_put_char(EEPROM_ADDR_BUILD_INFO , 0); }
}
```

```
uint8_t settings_read_startup_line(uint8_t n, char * line)
{
    uint32_t addr = n * (LINE_BUFFER_SIZE + 1) + EEPROM_ADDR_STARTUP_BLOCK;
    if (!(memcpy_from_eeprom_with_checksum((char * )line, addr, LINE_BUFFER_SIZE))) {
        line[0] = 0;
        settings_store_startup_line(n, line);
        return(false);
    }
    return(true);
}
uint8_t settings_read_build_info(char * line)
{
    if (!(memcpy_from_eeprom_with_checksum((char * )line, EEPROM_ADDR_BUILD_INFO, LINE_BUFFER_
SIZE))) {
        line[0] = 0;
        settings_store_build_info(line);
        return(false);
    }
    return(true);
}
uint8_t settings_read_coord_data(uint8_t coord_select, float * coord_data)
{
    uint32_t addr = coord_select * (sizeof(float) * N_AXIS + 1) + EEPROM_ADDR_PARAMETERS;
    if (!(memcpy_from_eeprom_with_checksum((char * )coord_data, addr, sizeof(float) * N_AXIS))) {
        clear_vector_float(coord_data);
        settings_write_coord_data(coord_select,coord_data);
        return(false);
    }
    return(true);
}
uint8_t read_global_settings() {
    uint8_t version = eeprom_get_char(0);
    if (version == SETTINGS_VERSION) {
        if (!(memcpy_from_eeprom_with_checksum((char * )&settings, EEPROM_ADDR_GLOBAL, sizeof
(settings_t)))) {
            return(false);
        }
    } else {
        return(false);
    }
    return(true);
}
uint8_t settings_store_global_setting(uint8_t parameter, float value) {
    if (value < 0.0) { return(STATUS_NEGATIVE_VALUE); }
    if (parameter >= AXIS_SETTINGS_START_VAL) {
        parameter -= AXIS_SETTINGS_START_VAL;
        uint8_t set_idx = 0;
```

```
        while (set_idx < AXIS_N_SETTINGS) {
          if (parameter < N_AXIS) {
            switch (set_idx) {
              case 0:
                #ifdef MAX_STEP_RATE_HZ
                  if (value * settings.max_rate[parameter]>(MAX_STEP_RATE_HZ * 60.0)) { return
(STATUS_MAX_STEP_RATE_EXCEEDED); }
                #endif
                settings.steps_per_mm[parameter] = value;
                break;
              case 1:
                #ifdef MAX_STEP_RATE_HZ
                  if (value * settings.steps_per_mm[parameter]>(MAX_STEP_RATE_HZ * 60.0)) { return
(STATUS_MAX_STEP_RATE_EXCEEDED); }
                #endif
                settings.max_rate[parameter] = value;
                break;
              case 2: settings.acceleration[parameter] = value * 60 * 60; break;
              case 3: settings.max_travel[parameter] = -value; break;
            }
            break;
          } else {
            set_idx++;
            if ((parameter < AXIS_SETTINGS_INCREMENT) || (set_idx == AXIS_N_SETTINGS)) { return
(STATUS_INVALID_STATEMENT); }
            parameter -= AXIS_SETTINGS_INCREMENT;
          }
        }
      } else {
        uint8_t int_value = trunc(value);
        switch(parameter) {
          case 0:
            if (int_value < 3) { return(STATUS_SETTING_STEP_PULSE_MIN); }
            settings.pulse_microseconds = int_value; break;
          case 1: settings.stepper_idle_lock_time = int_value; break;
          case 2:
            settings.step_invert_mask = int_value;
            st_generate_step_dir_invert_masks();
            break;
          case 3:
            settings.dir_invert_mask = int_value;
            st_generate_step_dir_invert_masks();
            break;
          case 4:                                    //确保设置更改
            if (int_value) { settings.flags |= BITFLAG_INVERT_ST_ENABLE; }
            else { settings.flags &= ~BITFLAG_INVERT_ST_ENABLE; }
            break;
```

```
      case 5:
        if (int_value) { settings.flags |= BITFLAG_INVERT_LIMIT_PINS; }
        else { settings.flags &= ~BITFLAG_INVERT_LIMIT_PINS; }
        break;
      case 6:
        if (int_value) { settings.flags |= BITFLAG_INVERT_PROBE_PIN; }
        else { settings.flags &= ~BITFLAG_INVERT_PROBE_PIN; }
        break;
      case 10: settings.status_report_mask = int_value; break;
      case 11: settings.junction_deviation = value; break;
      case 12: settings.arc_tolerance = value; break;
      case 13:
        if (int_value) { settings.flags |= BITFLAG_REPORT_INCHES; }
        else { settings.flags &= ~BITFLAG_REPORT_INCHES; }
        break;
      default:
        return(STATUS_INVALID_STATEMENT);
    }
  }
  write_global_settings();
  return(STATUS_OK);
}
//初始化配置
void settings_init() {
  if(!read_global_settings()) {
    report_status_message(STATUS_SETTING_READ_FAIL);
    settings_restore(SETTINGS_RESTORE_ALL);
    report__settings();
  }
}
//返回步进电机引脚掩码
uint8_t get_step_pin_mask(uint8_t axis_idx)
{
  if ( axis_idx == X_AXIS ) { return((1 << X_STEP_BIT)); }
  if ( axis_idx == Y_AXIS ) { return((1 << Y_STEP_BIT)); }
  return;
}
//返回步进电机方向掩码
uint8_t get_direction_pin_mask(uint8_t axis_idx)
{
  if ( axis_idx == X_AXIS ) { return((1 << X_DIRECTION_BIT)); }
  if ( axis_idx == Y_AXIS ) { return((1 << Y_DIRECTION_BIT)); }
  return;
}
//eeprom.h
# ifndef eeprom_h
# define eeprom_h
```

```
unsigned char eeprom_get_char(unsigned int addr);
void eeprom_put_char(unsigned int addr, unsigned char new_value);
void memcpy_to_eeprom_with_checksum(unsigned int destination, char * source, unsigned int size);
int memcpy_from_eeprom_with_checksum(char * destination, unsigned int source, unsigned int size);
# endif
//eeprom.c
# include < avr/io. h >
# include < avr/interrupt. h >
# ifndef EEPE
    # define EEPE EEWE
    # define EEMPE EEMWE
# endif
# define EEPM1 5
# define EEPM0 4
# define EEPROM_IGNORE_SELFPROG
//从内存读取字符
unsigned char eeprom_get_char( unsigned int addr )
{
    do {} while( EECR & (1 << EEPE) );
    EEAR = addr;
    EECR = (1 << EERE);
    return EEDR;
}
//向内存写入字符
void eeprom_put_char( unsigned int addr, unsigned char new_value )
{
    char old_value;
    char diff_mask;
    cli();
    do {} while( EECR & (1 << EEPE) );
    # ifndef EEPROM_IGNORE_SELFPROG
    do {} while( SPMCSR & (1 << SELFPRGEN) );
    # endif
    EEAR = addr;
    EECR = (1 << EERE);
    old_value = EEDR;
    diff_mask = old_value ^ new_value;
    if( diff_mask & new_value ) {
        if( new_value != 0xff ) {
            EEDR = new_value;
            EECR = (1 << EEMPE) |
             (0 << EEPM1) | (0 << EEPM0);
            EECR |= (1 << EEPE);
        } else {
            EECR = (1 << EEMPE) |
             (1 << EEPM0);
```

```
                EECR |= (1 << EEPE);
            }
        } else {
            if( diff_mask ) {
                EEDR = new_value;
                EECR = (1 << EEMPE) | (1 << EEPM1);
                EECR |= (1 << EEPE);
            }
        }
    }
    sei(); //中断
}
void memcpy_to_eeprom_with_checksum(unsigned int destination, char * source, unsigned int
size) {
    unsigned char checksum = 0;
    for(; size > 0; size -- ) {
        checksum = (checksum << 1) || (checksum >> 7);
        checksum += * source;
        eeprom_put_char(destination++, * (source++));
    }
    eeprom_put_char(destination, checksum);
}
int memcpy_from_eeprom_with_checksum(char * destination, unsigned int source, unsigned int size) {
    unsigned char data, checksum = 0;
    for(; size > 0; size -- ) {
        data = eeprom_get_char(source++);
        checksum = (checksum << 1) || (checksum >> 7);
        checksum += data;
        * (destination++) = data;
    }
    return(checksum == eeprom_get_char(source));
}
```

2.2.5 状态探测模块

探测步进电机当前状态,以检验是否正常工作。

1. 功能介绍

通过 probe.h 和 probe.c 获得当前激光笔头的位置。

2. 相关代码

```
//probe.h
# ifndef probe_h
# define probe_h
//定义探测状态
# define PROBE_OFF 0
# define PROBE_ACTIVE 1
//探测初始化
```

```
void probe_init();
void probe_configure_invert_mask(uint8_t is_probe_away);
//返回探测引脚状态
uint8_t probe_get_state();
//探测状态监控
void probe_state_monitor();
#endif
//probe.c
#include "library.h"
uint8_t probe_invert_mask;
void probe_init()
{
  PROBE_DDR &=~(PROBE_MASK);
  #ifdef DISABLE_PROBE_PIN_PULL_UP
    PROBE_PORT &=~(PROBE_MASK);
  #else
    PROBE_PORT |= PROBE_MASK;
  #endif
}
void probe_configure_invert_mask(uint8_t is_probe_away)
{
  probe_invert_mask = 0;
  if (bit_isfalse(settings.flags,BITFLAG_INVERT_PROBE_PIN)) { probe_invert_mask ^= PROBE_MASK; }
  if (is_probe_away) { probe_invert_mask ^= PROBE_MASK; }
}
uint8_t probe_get_state() { return((PROBE_PIN & PROBE_MASK) ^ probe_invert_mask); }
void probe_state_monitor()
{
  if (sys_probe_state == PROBE_ACTIVE) {
    if (probe_get_state()) {
      sys_probe_state = PROBE_OFF;
      memcpy(sys.probe_position, sys.position, sizeof(sys.position));
      bit_true(sys_rt_exec_state, EXEC_MOTION_CANCEL);
    }
  }
}
```

2.2.6 步进电机控制模块

根据系统指令和控制指令驱动步进电机。

1. 功能介绍

stepper.h 和 stepper.c 用来驱动步进电机的工作模式。

2. 相关代码

```
//stepper.h
#ifndef stepper_h
```

```c
#define stepper_h
#ifndef SEGMENT_BUFFER_SIZE
  #define SEGMENT_BUFFER_SIZE 6
#endif
//初始化步进电机
void stepper_init();
//开启步进电机
void st_wake_up();
//停止步进电机
void st_go_idle();
//计算步进电机方向掩码
void st_generate_step_dir_invert_masks();
//重置
void st_reset();
//重新读取buffer
void st_prep_buffer();
//更新指令块常量
void st_update_plan_block_parameters();
#ifdef REPORT_REALTIME_RATE
    float st_get_realtime_rate();
#endif
#endif
//stepper.c
#include "library.h"
#define DT_SEGMENT(1.0/(ACCELERATION_TICKS_PER_SECOND * 60.0))
#define REQ_MM_INCREMENT_SCALAR 1.25
#define RAMP_ACCEL 0
#define RAMP_CRUISE 1
#define RAMP_DECEL 2
#define MAX_AMASS_LEVEL 3
#define AMASS_LEVEL1 (F_CPU/8000)
#define AMASS_LEVEL2 (F_CPU/4000)
#define AMASS_LEVEL3 (F_CPU/2000)
//结构声明
typedef struct {
  uint8_t direction_bits;
  uint32_t steps[N_AXIS];
  uint32_t step_event_count;
} st_block_t;
static st_block_t st_block_buffer[SEGMENT_BUFFER_SIZE - 1];
typedef struct {
  uint16_t n_step;
  uint8_t st_block_index;
  uint16_t cycles_per_tick;
  #ifdef ADAPTIVE_MULTI_AXIS_STEP_SMOOTHING
    uint8_t amass_level;
  #else
```

```
      uint8_t prescaler;
    # endif
} segment_t;
static segment_t segment_buffer[SEGMENT_BUFFER_SIZE];
typedef struct {
   uint32_t counter_x,
            counter_y,
   # ifdef STEP_PULSE_DELAY
     uint8_t step_bits;
   # endif
   uint8_t execute_step;
   uint8_t step_pulse_time;
   uint8_t step_outbits;
   uint8_t dir_outbits;
   # ifdef ADAPTIVE_MULTI_AXIS_STEP_SMOOTHING
     uint32_t steps[N_AXIS];
   # endif
   uint16_t step_count;
   uint8_t exec_block_index;
   st_block_t * exec_block;
   segment_t * exec_segment;
} stepper_t;
static stepper_t st;
//步进电机循环队列
static volatile uint8_t segment_buffer_tail;
static uint8_t segment_buffer_head;
static uint8_t segment_next_head;
//步进电机掩码
static uint8_t step_port_invert_mask;
static uint8_t dir_port_invert_mask;
static volatile uint8_t busy;
static plan_block_t * pl_block;
static st_block_t * st_prep_block;
typedef struct {
   uint8_t st_block_index;
   uint8_t flag_partial_block;
   float steps_remaining;
   float step_per_mm;
   float req_mm_increment;
   float dt_remainder;
   uint8_t ramp_type;
   float mm_complete;
   float current_speed;
   float maximum_speed;
   float exit_speed;
   float accelerate_until;
   float decelerate_after;
```

```
} st_prep_t;
static st_prep_t prep;
void st_wake_up()
{
  if (bit_istrue(settings.flags,BITFLAG_INVERT_ST_ENABLE)) { STEPPERS_DISABLE_PORT |= (1 <<
STEPPERS_DISABLE_BIT); }
  else { STEPPERS_DISABLE_PORT &=~(1 << STEPPERS_DISABLE_BIT); }
  if (sys.state & (STATE_CYCLE | STATE_HOMING)){
    st.dir_outbits = dir_port_invert_mask;
    st.step_outbits = step_port_invert_mask;
    #ifdef STEP_PULSE_DELAY
      st.step_pulse_time = - (((settings.pulse_microseconds + STEP_PULSE_DELAY - 2) * TICKS_
PER_MICROSECOND)>> 3);
      OCR0A = - (((settings.pulse_microseconds) * TICKS_PER_MICROSECOND)>> 3);
    #else
      st.step_pulse_time = - (((settings.pulse_microseconds - 2) * TICKS_PER_MICROSECOND)>> 3);
    #endif
    TIMSK1 |= (1 << OCIE1A);
  }
}
void st_go_idle()
{
  TIMSK1& =~(1 << OCIE1A);
  TCCR1B = (TCCR1B & ~((1 << CS12) | (1 << CS11))) | (1 << CS10);
  busy = false;
  bool pin_state = false;
  if (((settings.stepper_idle_lock_time != 0xff) || sys_rt_exec_alarm)) {
    delay_ms(settings.stepper_idle_lock_time);
    pin_state = true;
  }
  if (bit_istrue(settings.flags,BITFLAG_INVERT_ST_ENABLE)) { pin_state = !pin_state; }
  if (pin_state) { STEPPERS_DISABLE_PORT |= (1 << STEPPERS_DISABLE_BIT); }
  else { STEPPERS_DISABLE_PORT &=~(1 << STEPPERS_DISABLE_BIT); }
}
ISR(TIMER1_COMPA_vect)
{
  if (busy) { return; }
  DIRECTION_PORT = (DIRECTION_PORT & ~DIRECTION_MASK) | (st.dir_outbits & DIRECTION_MASK);
  #ifdef STEP_PULSE_DELAY
    st.step_bits = (STEP_PORT & ~STEP_MASK) | st.step_outbits;
  #else
    STEP_PORT = (STEP_PORT & ~STEP_MASK) | st.step_outbits;
  #endif
  TCNT0 = st.step_pulse_time;
  TCCR0B = (1 << CS01);
  busy = true;
  sei();
```

```
if (st.exec_segment == NULL) {
  if (segment_buffer_head != segment_buffer_tail) {
    st.exec_segment = &segment_buffer[segment_buffer_tail];
    #ifndef ADAPTIVE_MULTI_AXIS_STEP_SMOOTHING
      TCCR1B = (TCCR1B & ~(0x07 << CS10)) | (st.exec_segment -> prescaler << CS10);
    #endif
    OCR1A = st.exec_segment -> cycles_per_tick;
    st.step_count = st.exec_segment -> n_step;
    if ( st.exec_block_index != st.exec_segment -> st_block_index ) {
      st.exec_block_index = st.exec_segment -> st_block_index;
      st.exec_block = &st_block_buffer[st.exec_block_index];
      st.counter_x = st.counter_y = st.counter_z = (st.exec_block -> step_event_count >> 1);
    }
    st.dir_outbits = st.exec_block -> direction_bits ^ dir_port_invert_mask;
    #ifdef ADAPTIVE_MULTI_AXIS_STEP_SMOOTHING
      st.steps[X_AXIS] = st.exec_block -> steps[X_AXIS] >> st.exec_segment -> amass_level;
      st.steps[Y_AXIS] = st.exec_block -> steps[Y_AXIS] >> st.exec_segment -> amass_level;
    #endif
  } else {
    st_go_idle();
    bit_true_atomic(sys_rt_exec_state, EXEC_CYCLE_STOP);
    return;
  }
}
probe_state_monitor();
st.step_outbits = 0;
#ifdef ADAPTIVE_MULTI_AXIS_STEP_SMOOTHING
  st.counter_x += st.steps[X_AXIS];
#else
  st.counter_x += st.exec_block -> steps[X_AXIS];
#endif
if (st.counter_x > st.exec_block -> step_event_count) {
  st.step_outbits |= (1 << X_STEP_BIT);
  st.counter_x -= st.exec_block -> step_event_count;
  if (st.exec_block -> direction_bits & (1 << X_DIRECTION_BIT)) { sys.position[X_AXIS]--; }
  else { sys.position[X_AXIS]++; }
}
#ifdef ADAPTIVE_MULTI_AXIS_STEP_SMOOTHING
  st.counter_y += st.steps[Y_AXIS];
#else
  st.counter_y += st.exec_block -> steps[Y_AXIS];
#endif
if (st.counter_y > st.exec_block -> step_event_count) {
  st.step_outbits |= (1 << Y_STEP_BIT);
  st.counter_y -= st.exec_block -> step_event_count;
  if (st.exec_block -> direction_bits & (1 << Y_DIRECTION_BIT)) { sys.position[Y_AXIS]--; }
  else { sys.position[Y_AXIS]++; }
```

```
    }
    st.step_count--;
    if (st.step_count == 0) {
      st.exec_segment = NULL;
      if ( ++segment_buffer_tail == SEGMENT_BUFFER_SIZE) { segment_buffer_tail = 0; }
    }
    st.step_outbits ^= step_port_invert_mask;
    busy = false;
}
ISR(TIMER0_OVF_vect)
{
  STEP_PORT = (STEP_PORT & ~STEP_MASK) | (step_port_invert_mask & STEP_MASK);
  TCCR0B = 0;
}
# ifdef STEP_PULSE_DELAY
  ISR(TIMER0_COMPA_vect)
  {
    STEP_PORT = st.step_bits;
  }
# endif
void st_generate_step_dir_invert_masks()
{
  uint8_t idx;
  step_port_invert_mask = 0;
  dir_port_invert_mask = 0;
  for (idx = 0; idx < N_AXIS; idx++) {
    if (bit_istrue(settings.step_invert_mask,bit(idx))) { step_port_invert_mask |= get_step_
pin_mask(idx); }
    if (bit_istrue(settings.dir_invert_mask,bit(idx))) { dir_port_invert_mask |= get_
direction_pin_mask(idx); }
  }
}
void st_reset()
{
  st_go_idle();
  memset(&prep, 0, sizeof(st_prep_t));
  memset(&st, 0, sizeof(stepper_t));
  st.exec_segment = NULL;
  pl_block = NULL;
  segment_buffer_tail = 0;
  segment_buffer_head = 0;
  segment_next_head = 1;
  busy = false;
  st_generate_step_dir_invert_masks();
  STEP_PORT = (STEP_PORT & ~STEP_MASK) | step_port_invert_mask;
  DIRECTION_PORT = (DIRECTION_PORT & ~DIRECTION_MASK) | dir_port_invert_mask;
}
```

```
void stepper_init()
{
  STEP_DDR |= STEP_MASK;
  STEPPERS_DISABLE_DDR |= 1 << STEPPERS_DISABLE_BIT;
  DIRECTION_DDR |= DIRECTION_MASK;
  TCCR1B &= ~ (1 << WGM13);
  TCCR1B |= (1 << WGM12);
  TCCR1A &= ~ ((1 << WGM11) | (1 << WGM10));
  TCCR1A &= ~ ((1 << COM1A1) | (1 << COM1A0) | (1 << COM1B1) | (1 << COM1B0));
  TIMSK0 &= ~ ((1 << OCIE0B) | (1 << OCIE0A) | (1 << TOIE0));
  TCCR0A = 0;
  TCCR0B = 0;
  TIMSK0 |= (1 << TOIE0);
  # ifdef STEP_PULSE_DELAY
    TIMSK0 |= (1 << OCIE0A);
  # endif
}
void st_update_plan_block_parameters()
{
  if (pl_block != NULL) {
    prep.flag_partial_block = true;
    pl_block -> entry_speed_sqr = prep.current_speed * prep.current_speed;
    pl_block = NULL;
  }
}
void st_prep_buffer()
{
  if (sys.state & (STATE_HOLD|STATE_MOTION_CANCEL)) {
    if (prep.current_speed == 0.0) { return; }
  }
  while (segment_buffer_tail != segment_next_head) {
    if (pl_block == NULL) {
      pl_block = plan_get_current_block();
      if (pl_block == NULL) { return; }
      if (prep.flag_partial_block) {
        prep.flag_partial_block = false;
      } else {
        if ( ++prep.st_block_index == (SEGMENT_BUFFER_SIZE - 1) ) { prep.st_block_index = 0; }
        st_prep_block = &st_block_buffer[prep.st_block_index];
        st_prep_block -> direction_bits = pl_block -> direction_bits;
        # ifndef ADAPTIVE_MULTI_AXIS_STEP_SMOOTHING
          st_prep_block -> steps[X_AXIS] = pl_block -> steps[X_AXIS];
          st_prep_block -> steps[Y_AXIS] = pl_block -> steps[Y_AXIS];
          st_prep_block -> step_event_count = pl_block -> step_event_count;
        # else
          st_prep_block -> steps[X_AXIS] = pl_block -> steps[X_AXIS]<< MAX_AMASS_LEVEL;
          st_prep_block -> steps[Y_AXIS] = pl_block -> steps[Y_AXIS]<< MAX_AMASS_LEVEL;
```

```
          st_prep_block -> step_event_count = pl_block -> step_event_count << MAX_AMASS_LEVEL;
        #endif
        prep.steps_remaining = pl_block -> step_event_count;
        prep.step_per_mm = prep.steps_remaining/pl_block -> millimeters;
        prep.req_mm_increment = REQ_MM_INCREMENT_SCALAR/prep.step_per_mm;
        prep.dt_remainder = 0.0;
        if (sys.state & (STATE_HOLD|STATE_MOTION_CANCEL)) {
          prep.current_speed = prep.exit_speed;
          pl_block -> entry_speed_sqr = prep.exit_speed * prep.exit_speed;
        }
        else { prep.current_speed = sqrt(pl_block -> entry_speed_sqr); }
      }
      prep.mm_complete = 0.0;
      float inv_2_accel = 0.5/pl_block -> acceleration;
      if (sys.state & (STATE_HOLD|STATE_MOTION_CANCEL)) {
        prep.ramp_type = RAMP_DECEL;
        float decel_dist = pl_block -> millimeters - inv_2_accel * pl_block -> entry_speed_sqr;
        if (decel_dist < 0.0) {
          prep.exit_speed = sqrt(pl_block -> entry_speed_sqr - 2 * pl_block -> acceleration *
pl_block -> millimeters);
        } else {
          prep.mm_complete = decel_dist;
          prep.exit_speed = 0.0;
        }
      } else {
        prep.ramp_type = RAMP_ACCEL;
        prep.accelerate_until = pl_block -> millimeters;
        prep.exit_speed = plan_get_exec_block_exit_speed();
        float exit_speed_sqr = prep.exit_speed * prep.exit_speed;
        float intersect_distance =
        0.5 * (pl_block -> millimeters + inv_2_accel * (pl_block -> entry_speed_sqr - exit_
speed_sqr));
        if (intersect_distance > 0.0) {
          if (intersect_distance < pl_block -> millimeters) {
            prep.decelerate_after = inv_2_accel * (pl_block -> nominal_speed_sqr - exit_
speed_sqr);
            if (prep.decelerate_after < intersect_distance) {
              prep.maximum_speed = sqrt(pl_block -> nominal_speed_sqr);
              if (pl_block -> entry_speed_sqr == pl_block -> nominal_speed_sqr) {
                prep.ramp_type = RAMP_CRUISE;
              } else {
                prep.accelerate_until -= inv_2_accel * (pl_block -> nominal_speed_sqr - pl_
block -> entry_speed_sqr);
              }
            } else {
              prep.accelerate_until = intersect_distance;
              prep.decelerate_after = intersect_distance;
```

```
                prep.maximum_speed = sqrt(2.0 * pl_block -> acceleration * intersect_distance
+ exit_speed_sqr);
            }
        } else {
            prep.ramp_type = RAMP_DECEL;
            prep.maximum_speed = prep.current_speed;
        }
    } else {
        prep.accelerate_until = 0.0;
        prep.maximum_speed = prep.exit_speed;
    }
  }
}
    segment_t * prep_segment = &segment_buffer[segment_buffer_head];
    prep_segment -> st_block_index = prep.st_block_index;
    float dt_max = DT_SEGMENT;
    float dt = 0.0;
    float time_var = dt_max;
    float mm_var;
    float speed_var;
    float mm_remaining = pl_block -> millimeters;
    float minimum_mm = mm_remaining - prep.req_mm_increment;
    if (minimum_mm < 0.0) { minimum_mm = 0.0; }
    do {
      switch (prep.ramp_type) {
        case RAMP_ACCEL:
            speed_var = pl_block -> acceleration * time_var;
            mm_remaining -= time_var * (prep.current_speed + 0.5 * speed_var);
            if (mm_remaining < prep.accelerate_until) {
                mm_remaining = prep.accelerate_until;
                time_var = 2.0 * (pl_block -> millimeters - mm_remaining)/(prep.current_speed +
prep.maximum_speed);
                if (mm_remaining == prep.decelerate_after)
                    { prep.ramp_type = RAMP_DECEL; }
                else { prep.ramp_type = RAMP_CRUISE; }
                prep.current_speed = prep.maximum_speed;
            } else {
                prep.current_speed += speed_var;
            }
            break;
        case RAMP_CRUISE:
            mm_var = mm_remaining - prep.maximum_speed * time_var;
            if (mm_var < prep.decelerate_after) {
                time_var = (mm_remaining - prep.decelerate_after)/prep.maximum_speed;
                mm_remaining = prep.decelerate_after;
                prep.ramp_type = RAMP_DECEL;
            } else {
```

```
                mm_remaining = mm_var;
              }
             break;
          default:
             speed_var = pl_block -> acceleration * time_var;
             if (prep.current_speed > speed_var) {
               mm_var = mm_remaining - time_var * (prep.current_speed - 0.5 * speed_var);
               if (mm_var > prep.mm_complete) {
                 mm_remaining = mm_var;
                 prep.current_speed -= speed_var;
                 break;
               }
             }
             time_var = 2.0 * (mm_remaining - prep.mm_complete)/(prep.current_speed + prep.exit_
speed);
             mm_remaining = prep.mm_complete;
        }
        dt += time_var;
        if (dt < dt_max) { time_var = dt_max - dt; }
        else {
          if (mm_remaining > minimum_mm) {
            dt_max += DT_SEGMENT;
            time_var = dt_max - dt;
          } else {
            break;
          }
        }
      } while (mm_remaining > prep.mm_complete);
float steps_remaining = prep.step_per_mm * mm_remaining;
float n_steps_remaining = ceil(steps_remaining);
float last_n_steps_remaining = ceil(prep.steps_remaining);
prep_segment -> n_step = last_n_steps_remaining - n_steps_remaining;
    if (prep_segment -> n_step == 0) {
      if (sys.state & (STATE_HOLD|STATE_MOTION_CANCEL)) {
        prep.current_speed = 0.0;
        prep.dt_remainder = 0.0;
        prep.steps_remaining = n_steps_remaining;
        pl_block -> millimeters = prep.steps_remaining/prep.step_per_mm;
        plan_cycle_reinitialize();
        return;
      }
    }
    dt += prep.dt_remainder;
    float inv_rate = dt/(last_n_steps_remaining - steps_remaining);
    prep.dt_remainder = (n_steps_remaining - steps_remaining) * inv_rate;
    //计算 CPU 时钟
    uint32_t cycles = ceil( (TICKS_PER_MICROSECOND * 1000000 * 60) * inv_rate );
```

```
//(cycles/step)
#ifdef ADAPTIVE_MULTI_AXIS_STEP_SMOOTHING
  if (cycles < AMASS_LEVEL1) { prep_segment -> amass_level = 0; }
  else {
    if (cycles < AMASS_LEVEL2) { prep_segment -> amass_level = 1; }
    else if (cycles < AMASS_LEVEL3) { prep_segment -> amass_level = 2; }
    else { prep_segment -> amass_level = 3; }
    cycles >> = prep_segment -> amass_level;
    prep_segment -> n_step << = prep_segment -> amass_level;
  }
  if (cycles < (1UL << 16)) { prep_segment -> cycles_per_tick = cycles; }
  //< 65536 (4.1ms @ 16MHz)
  else { prep_segment -> cycles_per_tick = 0xffff; }
#else
  if (cycles < (1UL << 16)) {                    //< 65536 (4.1ms @ 16MHz)
    prep_segment -> prescaler = 1;
    prep_segment -> cycles_per_tick = cycles;
  } else if (cycles < (1UL << 19)) {         //< 524288 (32.8ms@16MHz)
    prep_segment -> prescaler = 2;
    prep_segment -> cycles_per_tick = cycles >> 3;
  } else {
    prep_segment -> prescaler = 3;
    if (cycles < (1UL << 22)) {                //< 4194304 (262ms@16MHz)
      prep_segment -> cycles_per_tick = cycles >> 6;
    } else {
      prep_segment -> cycles_per_tick = 0xffff;
    }
  }
#endif
segment_buffer_head = segment_next_head;
if ( ++segment_next_head == SEGMENT_BUFFER_SIZE ) { segment_next_head = 0; }
if (mm_remaining > prep.mm_complete) {
  pl_block -> millimeters = mm_remaining;
  prep.steps_remaining = steps_remaining;
} else {
  if (mm_remaining > 0.0) {
    prep.current_speed = 0.0;
    prep.dt_remainder = 0.0;
    prep.steps_remaining = ceil(steps_remaining);
    pl_block -> millimeters = prep.steps_remaining/prep.step_per_mm;
    plan_cycle_reinitialize();
    return;
  }
  else {
    pl_block = NULL;
    plan_discard_current_block();
  }
```

```
        }
      }
   }
 # ifdef REPORT_REALTIME_RATE
   float st_get_realtime_rate(){
     if (sys.state & (STATE_CYCLE | STATE_HOLD | STATE_MOTION_CANCEL)){
        return prep.current_speed;
     }
     return 0.0f;
   }
 # endif
```

2.2.7　轴运动控制模块

根据状态探测,控制 X 轴和 Y 轴的工作。

1. 功能介绍

motion_control.h 和 motion_control.c 根据接收的指令控制轴运动,spindle_control.h 和 spindle_control.c 控制主轴的运动。

2. 相关代码

```
//motion_control.h
 # ifndef motion_control_h
 # define motion_control_h
 # ifdef USE_LINE_NUMBERS
void mc_line(float * target, float feed_rate, uint8_t invert_feed_rate, int32_t line_number);
 # else
void mc_line(float * target, float feed_rate, uint8_t invert_feed_rate);
 # endif
 # ifdef USE_LINE_NUMBERS
void mc_arc(float * position, float * target, float * offset, float radius, float feed_rate,
uint8_t invert_feed_rate, uint8_t axis_0, uint8_t axis_1, uint8_t axis_linear, uint8_t is_
clockwise_arc, int32_t line_number);
 # else
void mc_arc(float * position, float * target, float * offset, float radius, float feed_rate,
uint8_t invert_feed_rate, uint8_t axis_0, uint8_t axis_1, uint8_t axis_linear, uint8_t is_
clockwise_arc);
 # endif
//停留在特定的秒数
void mc_dwell(float seconds);
//重置
void mc_reset();
 # endif
//motion_control.c
 # include "library.h"
 # ifdef USE_LINE_NUMBERS
   void mc_line(float * target, float feed_rate, uint8_t invert_feed_rate, int32_t line_
```

```
number)
# else
  void mc_line(float * target, float feed_rate, uint8_t invert_feed_rate)
# endif
{
  if (bit_istrue(settings.flags,BITFLAG_SOFT_LIMIT_ENABLE)) { limits_soft_check(target); }
  if (sys.state == STATE_CHECK_MODE) { return; }
  do {
    protocol_execute_realtime();
    if (sys.abort) { return; }
    if ( plan_check_full_buffer() ) { protocol_auto_cycle_start(); }
    else { break; }
  } while (1);
  # ifdef USE_LINE_NUMBERS
    plan_buffer_line(target, feed_rate, invert_feed_rate, line_number);
  # else
    plan_buffer_line(target, feed_rate, invert_feed_rate);
  # endif
}
# ifdef USE_LINE_NUMBERS
  void mc_arc(float * position, float * target, float * offset, float radius, float feed_rate,
uint8_t invert_feed_rate, uint8_t axis_0, uint8_t axis_1, uint8_t axis_linear, uint8_t is_
clockwise_arc, int32_t line_number)
# else
  void mc_arc(float * position, float * target, float * offset, float radius, float feed_rate,
uint8_t invert_feed_rate, uint8_t axis_0, uint8_t axis_1, uint8_t axis_linear, uint8_t is_
clockwise_arc)
# endif
{
  float center_axis0 = position[axis_0] + offset[axis_0];
  float center_axis1 = position[axis_1] + offset[axis_1];
  float r_axis0 = - offset[axis_0];
  float r_axis1 = - offset[axis_1];
  float rt_axis0 = target[axis_0] - center_axis0;
  float rt_axis1 = target[axis_1] - center_axis1;
  float angular_travel = atan2(r_axis0 * rt_axis1 - r_axis1 * rt_axis0, r_axis0 * rt_axis0 + r_
axis1 * rt_axis1);
  if (is_clockwise_arc) {
    if (angular_travel >= - ARC_ANGULAR_TRAVEL_EPSILON) { angular_travel -= 2 * M_PI; }
  } else {
    if (angular_travel <= ARC_ANGULAR_TRAVEL_EPSILON) { angular_travel += 2 * M_PI; }
  }
  uint16_t segments = floor(fabs(0.5 * angular_travel * radius)/sqrt(settings.arc_tolerance *
(2 * radius - settings.arc_tolerance)) );
  if (segments) {
    if (invert_feed_rate) { feed_rate *= segments; }
    float theta_per_segment = angular_travel/segments;
```

```
        float linear_per_segment = (target[axis_linear] - position[axis_linear])/segments;
        float cos_T = 2.0 - theta_per_segment * theta_per_segment;
        float sin_T = theta_per_segment * 0.16666667 * (cos_T + 4.0);
        cos_T *= 0.5;
        float sin_Ti;
        float cos_Ti;
        float r_axisi;
        uint16_t i;
        uint8_t count = 0;
        for (i = 1; i < segments; i++) {
          if (count < N_ARC_CORRECTION) {
            r_axisi = r_axis0 * sin_T + r_axis1 * cos_T;
            r_axis0 = r_axis0 * cos_T - r_axis1 * sin_T;
            r_axis1 = r_axisi;
            count++;
          } else {
            cos_Ti = cos(i * theta_per_segment);
            sin_Ti = sin(i * theta_per_segment);
            r_axis0 = - offset[axis_0] * cos_Ti + offset[axis_1] * sin_Ti;
            r_axis1 = - offset[axis_0] * sin_Ti - offset[axis_1] * cos_Ti;
            count = 0;
          }
          position[axis_0] = center_axis0 + r_axis0;
          position[axis_1] = center_axis1 + r_axis1;
          position[axis_linear] += linear_per_segment;
          #ifdef USE_LINE_NUMBERS
            mc_line(position, feed_rate, invert_feed_rate, line_number);
          #else
            mc_line(position, feed_rate, invert_feed_rate);
          #endif
          if (sys.abort) { return; }
        }
      }
    #ifdef USE_LINE_NUMBERS
      mc_line(target, feed_rate, invert_feed_rate, line_number);
    #else
      mc_line(target, feed_rate, invert_feed_rate);
    #endif
}
void mc_dwell(float seconds)
{
    if (sys.state == STATE_CHECK_MODE) { return; }
    uint16_t i = floor(1000/DWELL_TIME_STEP * seconds);
    protocol_buffer_synchronize();
    delay_ms(floor(1000 * seconds - i * DWELL_TIME_STEP));
    while (i-- > 0) {
      protocol_execute_realtime();
```

```
    if (sys.abort) { return; }
     _delay_ms(DWELL_TIME_STEP);
   }
}
#ifdef USE_LINE_NUMBERS
  void mc_probe_cycle(float * target, float feed_rate, uint8_t invert_feed_rate, uint8_t is_
probe_away,
     uint8_t is_no_error, int32_t line_number)
#else
  void mc_probe_cycle(float * target, float feed_rate, uint8_t invert_feed_rate, uint8_t is_
probe_away,
     uint8_t is_no_error)
#endif
{
  if (sys.state == STATE_CHECK_MODE) { return; }
  protocol_buffer_synchronize();
  sys.probe_succeeded = false;
  probe_configure_invert_mask(is_probe_away);
  if ( probe_get_state() ) {
    bit_true_atomic(sys_rt_exec_alarm, EXEC_ALARM_PROBE_FAIL);
    protocol_execute_realtime();
  }
  if (sys.abort) { return; }
  #ifdef USE_LINE_NUMBERS
    mc_line(target, feed_rate, invert_feed_rate, line_number);
  #else
    mc_line(target, feed_rate, invert_feed_rate);
  #endif
  sys_probe_state = PROBE_ACTIVE;
  bit_true_atomic(sys_rt_exec_state, EXEC_CYCLE_START);
  do {
    protocol_execute_realtime();
    if (sys.abort) { return; }
  } while (sys.state != STATE_IDLE);
  if (sys_probe_state == PROBE_ACTIVE) {
    if (is_no_error) { memcpy(sys.probe_position, sys.position, sizeof(float) * N_AXIS); }
    else { bit_true_atomic(sys_rt_exec_alarm, EXEC_ALARM_PROBE_FAIL); }
  } else {
    sys.probe_succeeded = true;
  }
  sys_probe_state = PROBE_OFF;
  protocol_execute_realtime();
  if (sys.abort) { return; }
  st_reset();
  plan_reset();
  plan_sync_position();
  system_convert_array_steps_to_mpos(target, sys.position);
```

```c
        # ifdef MESSAGE_PROBE_COORDINATES
          report_probe_parameters();
        # endif
    }
    void mc_reset()
    {
        if (bit_isfalse(sys_rt_exec_state, EXEC_RESET)) {
            bit_true_atomic(sys_rt_exec_state, EXEC_RESET);
            spindle_stop();
            if ((sys.state & (STATE_CYCLE)) || (sys.suspend == SUSPEND_ENABLE_HOLD)) {
                bit_true_atomic(sys_rt_exec_alarm, EXEC_ALARM_ABORT_CYCLE);
                st_go_idle();
            }
        }
    }
    # ifndef spindle_control_h
    # define spindle_control_h
    void spindle_init();
    void spindle_run(uint8_t direction, float rpm);
    void spindle_set_state(uint8_t state, float rpm);
    void spindle_stop();
    # endif
    //spindle_control.c
    # include "library.h"
    void spindle_init()
    {
        # ifdef VARIABLE_SPINDLE
          SPINDLE_PWM_DDR |= (1 << SPINDLE_PWM_BIT);
          SPINDLE_ENABLE_DDR |= (1 << SPINDLE_ENABLE_BIT);
        # endif
        # ifndef USE_SPINDLE_DIR_AS_ENABLE_PIN
          SPINDLE_DIRECTION_DDR |= (1 << SPINDLE_DIRECTION_BIT);
        # endif
        spindle_stop();
    }
    void spindle_stop()
    {
        # ifdef VARIABLE_SPINDLE
          TCCRA_REGISTER &= ~(1 << COMB_BIT);
          # ifdef INVERT_SPINDLE_ENABLE_PIN
            SPINDLE_ENABLE_PORT |= (1 << SPINDLE_ENABLE_BIT);
          # else
            SPINDLE_ENABLE_PORT &= ~(1 << SPINDLE_ENABLE_BIT);
          # endif
        # endif
    }
    void spindle_set_state(uint8_t state, float rpm)
```

```
{
  if (state == SPINDLE_DISABLE) {
    spindle_stop();
  } else {
    # ifndef USE_SPINDLE_DIR_AS_ENABLE_PIN
      if (state == SPINDLE_ENABLE_CW) {
        SPINDLE_DIRECTION_PORT & = ~(1 << SPINDLE_DIRECTION_BIT);
      } else {
        SPINDLE_DIRECTION_PORT |= (1 << SPINDLE_DIRECTION_BIT);
      }
    # endif
      if (rpm <= 0.0) { spindle_stop(); }
      else {
        # define SPINDLE_RPM_RANGE (SPINDLE_MAX_RPM - SPINDLE_MIN_RPM)
        if ( rpm < SPINDLE_MIN_RPM ) { rpm = 0; }
        else {
          rpm -= SPINDLE_MIN_RPM;
          if ( rpm > SPINDLE_RPM_RANGE ) { rpm = SPINDLE_RPM_RANGE; }
        }
        current_pwm = floor( rpm * (PWM_MAX_VALUE/SPINDLE_RPM_RANGE) + 0.5);
        # ifdef MINIMUM_SPINDLE_PWM
          if (current_pwm < MINIMUM_SPINDLE_PWM) { current_pwm = MINIMUM_SPINDLE_PWM; }
        # endif
        OCR_REGISTER = current_pwm;
      }
    # else
      # ifdef INVERT_SPINDLE_ENABLE_PIN
        SPINDLE_ENABLE_PORT & = ~(1 << SPINDLE_ENABLE_BIT);
      # else
        SPINDLE_ENABLE_PORT |= (1 << SPINDLE_ENABLE_BIT);
      # endif
    # endif
  }
}
void spindle_run(uint8_t state, float rpm)
{
  if (sys.state == STATE_CHECK_MODE) { return; }
  protocol_buffer_synchronize();
  spindle_set_state(state, rpm);
}
```

2.2.8　G 代码处理模块

G 代码是 3D 模型进打印机前经过切片器处理而成的一种路径文件,指导固件控制。
本模块用以解读 G 代码。

1．功能介绍

gcode.h 和 gcode.c 将路径文件转化为步进电机的运动指令。

2．相关代码

```
//gcode.h
#include "library.h"
#ifndef gcode_h
#define gcode_h
#define MODAL_GROUP_G0 0 //[G4,G10,G28,G28.1,G30,G30.1,G53,G92,G92.1]
#define MODAL_GROUP_G1 1 //[G0,G1,G2,G3,G38.2,G38.3,G38.4,G38.5,G80]
#define MODAL_GROUP_G2 2 //[G17,G18,G19]
#define MODAL_GROUP_G3 3 //[G90,G91]
#define MODAL_GROUP_G4 4 //[G91.1]
#define MODAL_GROUP_G5 5 //[G93,G94]
#define MODAL_GROUP_G6 6 //[G20,G21]
#define MODAL_GROUP_G12 9 //[G54,G55,G56,G57,G58,G59]
#define MODAL_GROUP_G13 10 //[G61]
#define MODAL_GROUP_M4 11 //[M0,M1,M2,M30]
#define MODAL_GROUP_M7 12 //[M3,M4,M5]
//Modal Group G0：非模态作用
#define NON_MODAL_NO_ACTION 0
#define NON_MODAL_DWELL 1 //G4
#define NON_MODAL_SET_COORDINATE_DATA 2 //G10
#define NON_MODAL_GO_HOME_0 3 //G28
#define NON_MODAL_SET_HOME_0 4 //G28.1
#define NON_MODAL_GO_HOME_1 5 //G30
#define NON_MODAL_SET_HOME_1 6 //G30.1
#define NON_MODAL_ABSOLUTE_OVERRIDE 7 //G53
#define NON_MODAL_SET_COORDINATE_OFFSET 8 //G92
#define NON_MODAL_RESET_COORDINATE_OFFSET 9 //G92.1
//Modal Group G1:运动模式
#define MOTION_MODE_SEEK 0 //G0
#define MOTION_MODE_LINEAR 1 //G1
#define MOTION_MODE_CW_ARC 2 //G2
#define MOTION_MODE_CCW_ARC 3 //G3
#define MOTION_MODE_PROBE_TOWARD 4 //G38.2 NOTE: G38.2, G38.3, G38.4, G38.5
#define MOTION_MODE_PROBE_TOWARD_NO_ERROR 5 //G38.3
#define MOTION_MODE_PROBE_AWAY 6 //G38.4
#define MOTION_MODE_PROBE_AWAY_NO_ERROR 7 //G38.5
#define MOTION_MODE_NONE 8 //G80
//Modal Group G2:平面选择
#define PLANE_SELECT_XY 0 //G17
#define PLANE_SELECT_ZX 1 //G18
#define PLANE_SELECT_YZ 2 //G19
//Modal Group G3：距离模式
#define DISTANCE_MODE_ABSOLUTE 0 //G90
```

```
#define DISTANCE_MODE_INCREMENTAL 1 //G91
//Modal Group G4:弧 IJK 距离模式
#define DISTANCE_ARC_MODE_INCREMENTAL 0 //G91.1
//Modal Group M4:程序流
#define PROGRAM_FLOW_RUNNING 0
#define PROGRAM_FLOW_PAUSED 1 //M0, M1
#define PROGRAM_FLOW_COMPLETED 2 //M2, M30
//Modal Group G5: 进给速度模式
#define FEED_RATE_MODE_UNITS_PER_MIN 0 //G94
#define FEED_RATE_MODE_INVERSE_TIME 1 //G93
//Modal Group G6: 单位模式
#define UNITS_MODE_MM 0 //G21
#define UNITS_MODE_INCHES 1 //G20
//Modal Group G13: 控制模式
#define CONTROL_MODE_EXACT_PATH 0 //G61
//Modal Group M7: 主轴控制
#define SPINDLE_DISABLE 0 //M5
#define SPINDLE_ENABLE_CW 1 //M3
#define SPINDLE_ENABLE_CCW 2 //M4
//定义绘图参数
#define WORD_F 0
#define WORD_I 1
#define WORD_J 2
#define WORD_K 3
#define WORD_L 4
#define WORD_N 5
#define WORD_P 6
#define WORD_R 7
#define WORD_S 8
#define WORD_T 9
#define WORD_X 10
#define WORD_Y 11
#define WORD_Z 12
typedef struct {
  uint8_t motion; //{G0,G1,G2,G3,G38.2,G80}
  uint8_t feed_rate; //{G93,G94}
  uint8_t units; //{G20,G21}
  uint8_t distance; //{G90,G91}
  uint8_t plane_select; //{G17,G18,G19}
  uint8_t tool_length; //{G43.1,G49}
  uint8_t coord_select; //{G54,G55,G56,G57,G58,G59}
  uint8_t program_flow; //{M0,M1,M2,M30}
  uint8_t spindle; //{M3,M4,M5}
} gc_modal_t;
typedef struct {
  float f;
  float ijk[3];
```

```c
    uint8_t l;
    int32_t n;
    float p;
    float r;
    float s;
    uint8_t t;
    float xyz[3];
} gc_values_t;
typedef struct {
    gc_modal_t modal;
    float spindle_speed;
    float feed_rate;
    uint8_t tool;
    int32_t line_number;
    float position[N_AXIS];
the code
    float coord_system[N_AXIS];
    float coord_offset[N_AXIS];
    float tool_length_offset;
} parser_state_t;
extern parser_state_t gc_state;
typedef struct {
    uint8_t non_modal_command;
    gc_modal_t modal;
    gc_values_t values;
} parser_block_t;
extern parser_block_t gc_block;
//初始化解析
void gc_init();
//执行 rs275/ngc/g-code
uint8_t gc_execute_line(char *line);
//设定 g-code 解析位置
void gc_sync_position();
#endif
//gcode.c
#include "library.h"
#define MAX_LINE_NUMBER 9999999
#define AXIS_COMMAND_NONE 0
#define AXIS_COMMAND_NON_MODAL 1
#define AXIS_COMMAND_MOTION_MODE 2
#define AXIS_COMMAND_TOOL_LENGTH_OFFSET 3
//声明结构体 gc
parser_state_t gc_state;
parser_block_t gc_block;
#define FAIL(status) return(status);
void gc_init()
{
```

```
    memset(&gc_state, 0, sizeof(parser_state_t));
    if (!(settings_read_coord_data(gc_state.modal.coord_select,gc_state.coord_system))) {
      report_status_message(STATUS_SETTING_READ_FAIL);
    }
}
void gc_sync_position()
{
    system_convert_array_steps_to_mpos(gc_state.position,sys.position);
}
static uint8_t gc_check_same_position(float * pos_a, float * pos_b)
{
    uint8_t idx;
    for (idx = 0; idx < N_AXIS; idx++) {
      if (pos_a[idx] != pos_b[idx]) { return(false); }
    }
    return(true);
}
uint8_t gc_execute_line(char * line)
{
    /* 步骤 1: 初始化解析器块结构并复制当前 G 代码状态模式 */
    memset(&gc_block, 0, sizeof(parser_block_t));
    memcpy(&gc_block.modal,&gc_state.modal,sizeof(gc_modal_t));
    uint8_t axis_command = AXIS_COMMAND_NONE;
    uint8_t axis_0, axis_1, axis_linear;
    uint8_t coord_select = 0;
    float coordinate_data[N_AXIS];
    float parameter_data[N_AXIS];
    uint8_t axis_words = 0;
    uint8_t ijk_words = 0;
    uint16_t command_words = 0;
    uint16_t value_words = 0;
    /* 步骤 2: 在块行中导入所有 G 代码字 */
    uint8_t word_bit;
    uint8_t char_counter = 0;
    char letter;
    float value;
    uint8_t int_value = 0;
    uint16_t mantissa = 0;
    while (line[char_counter] != 0) {
      letter = line[char_counter];
      if((letter < 'A') || (letter > 'Z')) { FAIL(STATUS_EXPECTED_COMMAND_LETTER); }
      char_counter++;
      if (!read_float(line, &char_counter, &value)) { FAIL(STATUS_BAD_NUMBER_FORMAT); }
      int_value = trunc(value);
      mantissa = round(100 * (value - int_value));
      switch(letter) {
        case 'G':
```

```
switch(int_value) {
  case 10: case 28: case 30: case 92:
    if (mantissa == 0) {
      if { FAIL(STATUS_GCODE_AXIS_COMMAND_CONFLICT); }
      axis_command = AXIS_COMMAND_NON_MODAL;
    }
  case 4: case 53:
    word_bit = MODAL_GROUP_G0;
    switch(int_value) {
     case 4:
      gc_block.non_modal_command = NON_MODAL_DWELL;
      break; //G4
     case10:
       gc_block.non_modal_command = NON_MODAL_SET_COORDINATE_DATA; break; //G10
     case 28:
       switch(mantissa) {
         case 0:
          gc_block.non_modal_command = NON_MODAL_GO_HOME_0;
          break; //G28
         case 10:
          gc_block.non_modal_command = NON_MODAL_SET_HOME_0;
          break; //G28.1
         default: FAIL(STATUS_GCODE_UNSUPPORTED_COMMAND);
       }
       mantissa = 0;
       break;
     case 30:
       switch(mantissa) {
         case 0:
         gc_block.non_modal_command = NON_MODAL_GO_HOME_1;
         break; //G30
         case 10:
         gc_block.non_modal_command = NON_MODAL_SET_HOME_1;
         break; //G30.1
         default: FAIL(STATUS_GCODE_UNSUPPORTED_COMMAND);
       }
       mantissa = 0; //设置为 0 以指示有效的非整数 G 命令
       break;
case53:gc_block.non_modal_command = NON_MODAL_ABSOLUTE_OVERRIDE;
break; //G53
case 92: switch(mantissa)
{
case 0:
 gc_block.non_modal_command = NON_MODAL_SET_COORDINATE_OFFSET;
 break; //G92
case 10:
   gc_block.non_modal_command = NON_MODAL_RESET_COORDINATE_OFFSET;
```

```
          break; //G92.1
          default: FAIL(STATUS_GCODE_UNSUPPORTED_COMMAND);
          }
        mantissa = 0;
        break;
        }
    break;
    case 0: case 1: case 2: case 3: case 38:
      if (axis_command) { FAIL(STATUS_GCODE_AXIS_COMMAND_CONFLICT); }
      axis_command = AXIS_COMMAND_MOTION_MODE;
    case 80:
      word_bit = MODAL_GROUP_G1;
      switch(int_value) {
        case 0: gc_block.modal.motion = MOTION_MODE_SEEK; break; //G0
        case 1: gc_block.modal.motion = MOTION_MODE_LINEAR; break; //G1
        case 2: gc_block.modal.motion = MOTION_MODE_CW_ARC; break; //G2
        case 3: gc_block.modal.motion = MOTION_MODE_CCW_ARC; break; //G3
        case 38:
        switch(mantissa) {
          case 20:
            gc_block.modal.motion = MOTION_MODE_PROBE_TOWARD;
            break; //G38.2
          case 30:
           gc_block.modal.motion = MOTION_MODE_PROBE_TOWARD_NO_ERROR;
           break; //G38.3
          case 40:
            gc_block.modal.motion = MOTION_MODE_PROBE_AWAY;
            break; //G38.4
           case 50:
             gc_block.modal.motion = MOTION_MODE_PROBE_AWAY_NO_ERROR;
             break; //G38.5
           default: FAIL(STATUS_GCODE_UNSUPPORTED_COMMAND);
           }
          mantissa = 0;
          break;
      case 80: gc_block.modal.motion = MOTION_MODE_NONE; break; //G80
      }
    break;
  case 17: case 18: case 19:
    word_bit = MODAL_GROUP_G2;
    switch(int_value) {
              case 17: gc_block.modal.plane_select = PLANE_SELECT_XY; break;
              case 18: gc_block.modal.plane_select = PLANE_SELECT_ZX; break;
              case 19: gc_block.modal.plane_select = PLANE_SELECT_YZ; break;
              }
            break;
  case 90: case 91:
```

```
             if (mantissa == 0) {
           word_bit = MODAL_GROUP_G3;
          if (int_value == 90) { gc_block.modal.distance = DISTANCE_MODE_ABSOLUTE; }
          else { gc_block.modal.distance = DISTANCE_MODE_INCREMENTAL; } //G91
                } else {
                    word_bit = MODAL_GROUP_G4;
                    if ((mantissa != 10) || (int_value == 90))
                       { FAIL(STATUS_GCODE_UNSUPPORTED_COMMAND); }
                    mantissa = 0;
                }
                break;
            case 93: case 94:
                word_bit = MODAL_GROUP_G5;
                if (int_value == 93)
                  { gc_block.modal.feed_rate = FEED_RATE_MODE_INVERSE_TIME; } //G93
                else { gc_block.modal.feed_rate = FEED_RATE_MODE_UNITS_PER_MIN; }
                break;
            case 20: case 21:
                word_bit = MODAL_GROUP_G6;
           if (int_value == 20) { gc_block.modal.units = UNITS_MODE_INCHES; }//G20
                else { gc_block.modal.units = UNITS_MODE_MM; } //G21
                break;
            case 40:
                word_bit = MODAL_GROUP_G7;
                break;
            case 43: case 49:
                word_bit = MODAL_GROUP_G8;
                if (axis_command)
                  { FAIL(STATUS_GCODE_AXIS_COMMAND_CONFLICT); }
                }
                axis_command = AXIS_COMMAND_TOOL_LENGTH_OFFSET;
                if (int_value == 49) { //G49
                  gc_block.modal.tool_length = TOOL_LENGTH_OFFSET_CANCEL;
                } else if (mantissa == 10) { //G43.1
                gc_block.modal.tool_length = TOOL_LENGTH_OFFSET_ENABLE_DYNAMIC;
                }
                else { FAIL(STATUS_GCODE_UNSUPPORTED_COMMAND); }
                mantissa = 0;
                break;
            case 54: case 55: case 56: case 57: case 58: case 59:
                word_bit = MODAL_GROUP_G12;
                gc_block.modal.coord_select = int_value - 54;
                break;
            case 61:
                word_bit = MODAL_GROUP_G13;
                if (mantissa != 0) { FAIL(STATUS_GCODE_UNSUPPORTED_COMMAND); }
                break;
```

```
          default: FAIL(STATUS_GCODE_UNSUPPORTED_COMMAND);
        }
      if (mantissa > 0)
        { FAIL(STATUS_GCODE_COMMAND_VALUE_NOT_INTEGER); }
      if (bit_istrue(command_words,bit(word_bit)) )
        { FAIL(STATUS_GCODE_MODAL_GROUP_VIOLATION); }
      command_words |= bit(word_bit);
      break;
    case 'M':
      if (mantissa > 0)
        { FAIL(STATUS_GCODE_COMMAND_VALUE_NOT_INTEGER); }
      switch(int_value) {
        case 0: case 1: case 2: case 30:
          word_bit = MODAL_GROUP_M4;
          switch(int_value) {
case 0: gc_block.modal.program_flow = PROGRAM_FLOW_PAUSED; break; //程序暂停
            case 1: break;
            case 2: case 30:
              gc_block.modal.program_flow = PROGRAM_FLOW_COMPLETED;
              break; //程序终止并重置
          }
          break;
        #ifndef USE_SPINDLE_DIR_AS_ENABLE_PIN
          case 4:
        #endif
        case 3: case 5:
          word_bit = MODAL_GROUP_M7;
          switch(int_value) {
            case 3: gc_block.modal.spindle = SPINDLE_ENABLE_CW; break;
            #ifndef USE_SPINDLE_DIR_AS_ENABLE_PIN
              case 4: gc_block.modal.spindle = SPINDLE_ENABLE_CCW; break;
            #endif
            case 5: gc_block.modal.spindle = SPINDLE_DISABLE; break;
          }
          break;
        #ifdef ENABLE_M7
        case 7:
        #endif
        case 8: case 9:
          word_bit = MODAL_GROUP_M8;
          switch(int_value) {
            #ifdef ENABLE_M7
            case 7: gc_block.modal.coolant = COOLANT_MIST_ENABLE; break;
            #endif
            case 8: gc_block.modal.coolant = COOLANT_FLOOD_ENABLE; break;
            case 9: gc_block.modal.coolant = COOLANT_DISABLE; break;
          }
```

```
          break;
        default: FAIL(STATUS_GCODE_UNSUPPORTED_COMMAND);
    }
    if ( bit_istrue(command_words,bit(word_bit)) )
      { FAIL(STATUS_GCODE_MODAL_GROUP_VIOLATION); }
    command_words |= bit(word_bit);
    break;
  default:
    switch(letter){
      case 'F': word_bit = WORD_F; gc_block.values.f = value; break;
      case 'I':
        word_bit = WORD_I;
        gc_block.values.ijk[X_AXIS] = value;
        ijk_words |= (1 << X_AXIS);
        break;
      case 'J':
        word_bit = WORD_J;
        gc_block.values.ijk[Y_AXIS] = value;
        ijk_words |= (1 << Y_AXIS);
        break;
      case 'K':
        word_bit = WORD_K;
        gc_block.values.ijk[Z_AXIS] = value;
        ijk_words |= (1 << Z_AXIS);
        break;
      case 'L': word_bit = WORD_L; gc_block.values.l = int_value; break;
      case 'N': word_bit = WORD_N; gc_block.values.n = trunc(value); break;
      case 'P': word_bit = WORD_P; gc_block.values.p = value; break;
      case 'R': word_bit = WORD_R; gc_block.values.r = value; break;
      case 'S': word_bit = WORD_S; gc_block.values.s = value; break;
      case 'T': word_bit = WORD_T; break; //gc.values.t = int_value;
      case 'X':
        word_bit = WORD_X;
        gc_block.values.xyz[X_AXIS] = value;
        axis_words |= (1 << X_AXIS);
        break;
      case 'Y':
        word_bit = WORD_Y;
        gc_block.values.xyz[Y_AXIS] = value;
        axis_words |= (1 << Y_AXIS); break;
      default: FAIL(STATUS_GCODE_UNSUPPORTED_COMMAND);
    }
    if (bit_istrue(value_words,bit(word_bit)))
      { FAIL(STATUS_GCODE_WORD_REPEATED); }
    if ( bit(word_bit) & (bit(WORD_F)|bit(WORD_N)|bit(WORD_P)|bit(WORD_T)|bit(WORD_S)) )
  {
      if (value < 0.0) { FAIL(STATUS_NEGATIVE_VALUE); }
```

```
        }
        value_words |= bit(word_bit); //标示参数分配
    }
}
/* 步骤 3: 块中传递所有命令和值的错误检查此 */
if (axis_words) {
  if (!axis_command) { axis_command = AXIS_COMMAND_MOTION_MODE; }//运动方式
}
if (bit_istrue(value_words,bit(WORD_N))) {
   //线段长度值不能小于零或大于最大线段长度
    if (gc_block.values.n > MAX_LINE_NUMBER)
    { FAIL(STATUS_GCODE_INVALID_LINE_NUMBER); }
        }
if (gc_block.modal.feed_rate == FEED_RATE_MODE_INVERSE_TIME) { //G93
    if (axis_command == AXIS_COMMAND_MOTION_MODE) {
        if ((gc_block.modal.motion != MOTION_MODE_NONE) || (gc_block.modal.motion != MOTION_
MODE_SEEK)) {
            if (bit_isfalse(value_words,bit(WORD_F)))
             { FAIL(STATUS_GCODE_UNDEFINED_FEED_RATE); }
        }
    }
} else {//= G94
        if (gc_state.modal.feed_rate == FEED_RATE_MODE_UNITS_PER_MIN) {
        if (bit_istrue(value_words,bit(WORD_F))) {
            if (gc_block.modal.units == UNITS_MODE_INCHES) { gc_block.values.f *= MM_PER_INCH; }
        } else {
            gc_block.values.f = gc_state.feed_rate;
        }
        }
}
if (bit_isfalse(value_words,bit(WORD_S))) { gc_block.values.s = gc_state.spindle_speed; }
if (gc_block.non_modal_command == NON_MODAL_DWELL) {
    if (bit_isfalse(value_words,bit(WORD_P)))
    { FAIL(STATUS_GCODE_VALUE_WORD_MISSING); }
   bit_false(value_words,bit(WORD_P));
}
 switch (gc_block.modal.plane_select) {
  case PLANE_SELECT_XY:
    axis_0 = X_AXIS;
    axis_1 = Y_AXIS;
    axis_linear = Z_AXIS;
    break;
  case PLANE_SELECT_ZX:
    axis_0 = Z_AXIS;
    axis_1 = X_AXIS;
    axis_linear = Y_AXIS;
    break;
```

```
      default:
        axis_0 = Y_AXIS;
        axis_1 = Z_AXIS;
        axis_linear = X_AXIS;
    }
  uint8_t idx;
  if (gc_block.modal.units == UNITS_MODE_INCHES) {
    for (idx = 0; idx < N_AXIS; idx++) {
      if (bit_istrue(axis_words,bit(idx)) ) {
        gc_block.values.xyz[idx] *= MM_PER_INCH;
      }
    }
  }
  if (axis_command == AXIS_COMMAND_TOOL_LENGTH_OFFSET ) {
    if (gc_block.modal.tool_length == TOOL_LENGTH_OFFSET_ENABLE_DYNAMIC)
      {
      if (axis_words ^ (1 << TOOL_LENGTH_OFFSET_AXIS))
        { FAIL(STATUS_GCODE_G43_DYNAMIC_AXIS_ERROR); }
    }
  }
  memcpy(coordinate_data,gc_state.coord_system,sizeof(gc_state.coord_system));
  if ( bit_istrue(command_words,bit(MODAL_GROUP_G12)) ) {
    if (gc_block.modal.coord_select > N_COORDINATE_SYSTEM)
    { FAIL(STATUS_GCODE_UNSUPPORTED_COORD_SYS); }
    if (gc_state.modal.coord_select != gc_block.modal.coord_select) {
      if (!(settings_read_coord_data(gc_block.modal.coord_select,coordinate_data)))
        { FAIL(STATUS_SETTING_READ_FAIL); }
    }
  }
  switch (gc_block.non_modal_command) {
    case NON_MODAL_SET_COORDINATE_DATA:
      if (!axis_words) { FAIL(STATUS_GCODE_NO_AXIS_WORDS) };
      if (bit_isfalse(value_words,((1 << WORD_P)|(1 << WORD_L))))
        { FAIL(STATUS_GCODE_VALUE_WORD_MISSING); }
      coord_select = trunc(gc_block.values.p);
      if (coord_select > N_COORDINATE_SYSTEM)
        { FAIL(STATUS_GCODE_UNSUPPORTED_COORD_SYS); }
      if (gc_block.values.l != 20) {
        if (gc_block.values.l == 2) {
          if (bit_istrue(value_words,bit(WORD_R)))
            { FAIL(STATUS_GCODE_UNSUPPORTED_COMMAND); }
        } else { FAIL(STATUS_GCODE_UNSUPPORTED_COMMAND); }
      }
      bit_false(value_words,(bit(WORD_L)|bit(WORD_P)));
      //决定坐标系转换并加载自 EEPROM
      if (coord_select > 0) { coord_select -- ; }
      else { coord_select = gc_block.modal.coord_select; }
```

```
        if (!settings_read_coord_data(coord_select,parameter_data))
          { FAIL(STATUS_SETTING_READ_FAIL); }
      for (idx = 0; idx < N_AXIS; idx++) {
        if (bit_istrue(axis_words,bit(idx)) ) {
           if (gc_block.values.l == 20)
{parameter_data[idx] = gc_state.position[idx] - gc_state.coord_offset[idx] - gc_block.
values.xyz[idx];
              if (idx == TOOL_LENGTH_OFFSET_AXIS)
                { parameter_data[idx] -= gc_state.tool_length_offset; }
           } else {
              //上传坐标轴,编写数值
              parameter_data[idx] = gc_block.values.xyz[idx];
           }
        }
      }
      break;
    case NON_MODAL_SET_COORDINATE_OFFSET:
      if (!axis_words) { FAIL(STATUS_GCODE_NO_AXIS_WORDS); }
      for (idx = 0; idx < N_AXIS; idx++) {
if (bit_istrue(axis_words,bit(idx)) ) {
    gc_block.values.xyz[idx] = gc_state.position[idx] - coordinate_data[idx] - gc_block.
values.xyz[idx];
           if (idx == TOOL_LENGTH_OFFSET_AXIS)
             { gc_block.values.xyz[idx] -= gc_state.tool_length_offset; }
        } else {
           gc_block.values.xyz[idx] = gc_state.coord_offset[idx];
        }
      }
      break;
    default:
      if (axis_command != AXIS_COMMAND_TOOL_LENGTH_OFFSET )
        {
        if (axis_words) {
          for (idx = 0; idx < N_AXIS; idx++) {
            if ( bit_isfalse(axis_words,bit(idx)) ) {
              gc_block.values.xyz[idx] = gc_state.position[idx]; //块内没有轴心值
            }
            else {
            if (gc_block.non_modal_command != NON_MODAL_ABSOLUTE_OVERRIDE)
            {
                if (gc_block.modal.distance == DISTANCE_MODE_ABSOLUTE)
{gc_block.values.xyz[idx] += coordinate_data[idx] + gc_state.coord_offset[idx];
                 if (idx == TOOL_LENGTH_OFFSET_AXIS) { gc_block.values.xyz[idx] += gc_
state.tool_length_offset; }
               } else { //增进方式
```

```
                        gc_block.values.xyz[idx] += gc_state.position[idx];
                      }
                    }
                  }
                }
              }
            }
          }
          //检查剩余非模态指令
          switch (gc_block.non_modal_command) {
            case NON_MODAL_GO_HOME_0:
              if (!axis_words) { axis_command = AXIS_COMMAND_NONE; }
              if(!settings_read_coord_data(SETTING_INDEX_G28,parameter_data)) { FAIL(STATUS_
SETTING_READ_FAIL); }
              break;
            case NON_MODAL_GO_HOME_1:
              if (!axis_words) { axis_command = AXIS_COMMAND_NONE; }
              if(!settings_read_coord_data(SETTING_INDEX_G30,parameter_data)) { FAIL(STATUS_
SETTING_READ_FAIL); }
              break;
            case NON_MODAL_SET_HOME_0: case NON_MODAL_SET_HOME_1:
              break;
            case NON_MODAL_RESET_COORDINATE_OFFSET:
              break;
            case NON_MODAL_ABSOLUTE_OVERRIDE:
              if (!(gc_block.modal.motion == MOTION_MODE_SEEK || gc_block.modal.motion == MOTION
_MODE_LINEAR)) {
                FAIL(STATUS_GCODE_G53_INVALID_MOTION_MODE);
              }
              break;
          }
        }
        if (gc_block.modal.motion == MOTION_MODE_NONE) {
          if ((axis_words) && (axis_command != AXIS_COMMAND_NON_MODAL)) {
            FAIL(STATUS_GCODE_AXIS_WORDS_EXIST);
          }
        } else if ( axis_command == AXIS_COMMAND_MOTION_MODE ) {
          if (gc_block.modal.motion == MOTION_MODE_SEEK) {
            if (!axis_words) { axis_command = AXIS_COMMAND_NONE; }
          } else {
            if (gc_block.values.f == 0.0) { FAIL(STATUS_GCODE_UNDEFINED_FEED_RATE); }
            switch (gc_block.modal.motion) {
              case MOTION_MODE_LINEAR:
                if (!axis_words) { axis_command = AXIS_COMMAND_NONE; }
                break;
              case MOTION_MODE_CW_ARC: case MOTION_MODE_CCW_ARC:
```

```
      if (!axis_words) { FAIL(STATUS_GCODE_NO_AXIS_WORDS); }
      if (!(axis_words & (bit(axis_0)|bit(axis_1))))
        { FAIL(STATUS_GCODE_NO_AXIS_WORDS_IN_PLANE); }
      float x,y;
      x = gc_block.values.xyz[axis_0] - gc_state.position[axis_0];
      y = gc_block.values.xyz[axis_1] - gc_state.position[axis_1];
      if (value_words & bit(WORD_R)) {
        bit_false(value_words,bit(WORD_R));
        if (gc_check_same_position(gc_state.position, gc_block.values.xyz))
          { FAIL(STATUS_GCODE_INVALID_TARGET); }
        if (gc_block.modal.units == UNITS_MODE_INCHES)
         { gc_block.values.r *= MM_PER_INCH; }
        float h_x2_div_d = 4.0 * gc_block.values.r * gc_block.values.r - x * x - y * y;
        if (h_x2_div_d < 0) { FAIL(STATUS_GCODE_ARC_RADIUS_ERROR); }
        h_x2_div_d = - sqrt(h_x2_div_d)/hypot_f(x,y);
        if (gc_block.modal.motion == MOTION_MODE_CCW_ARC)
         { h_x2_div_d = - h_x2_div_d; }
        if (gc_block.values.r < 0) {
            h_x2_div_d = - h_x2_div_d;
            gc_block.values.r = - gc_block.values.r;
        }
        gc_block.values.ijk[axis_0] = 0.5 * (x - (y * h_x2_div_d));
        gc_block.values.ijk[axis_1] = 0.5 * (y + (x * h_x2_div_d));
      } else {
        if (!(ijk_words & (bit(axis_0)|bit(axis_1))))
          { FAIL(STATUS_GCODE_NO_OFFSETS_IN_PLANE); }
        bit_false(value_words,(bit(WORD_I)|bit(WORD_J)|bit(WORD_K)));
        if (gc_block.modal.units == UNITS_MODE_INCHES) {
            for (idx = 0; idx < N_AXIS; idx++) {
              if (ijk_words & bit(idx)) { gc_block.values.ijk[idx] *= MM_PER_INCH; }
            }
        }
    }
    x -= gc_block.values.ijk[axis_0];
    y -= gc_block.values.ijk[axis_1];
    float target_r = hypot_f(x,y);
    gc_block.values.r = hypot_f(gc_block.values.ijk[axis_0], gc_block.values.ijk[axis_1]);
    float delta_r = fabs(target_r - gc_block.values.r);
    if (delta_r > 0.005) {
      if (delta_r > 0.5) { FAIL(STATUS_GCODE_INVALID_TARGET); }
      if (delta_r >(0.001 * gc_block.values.r))
        { FAIL(STATUS_GCODE_INVALID_TARGET); }
      }
    }
    break;
case MOTION_MODE_PROBE_TOWARD:
```

```
      case MOTION_MODE_PROBE_TOWARD_NO_ERROR:
        case MOTION_MODE_PROBE_AWAY:
        case MOTION_MODE_PROBE_AWAY_NO_ERROR:
          if (!axis_words) { FAIL(STATUS_GCODE_NO_AXIS_WORDS); }
          if (gc_check_same_position(gc_state.position, gc_block.values.xyz))
            { FAIL(STATUS_GCODE_INVALID_TARGET); }
          break;
      }
    }
  }
  bit_false(value_words,(bit(WORD_N)|bit(WORD_F)|bit(WORD_S)|bit(WORD_T)));
  if (axis_command) { bit_false(value_words,(bit(WORD_X)|bit(WORD_Y)|bit(WORD_Z))); }
  if (value_words) { FAIL(STATUS_GCODE_UNUSED_WORDS); }
  /* 步骤4：执行 */
  gc_state.line_number = gc_block.values.n;
  gc_state.modal.feed_rate = gc_block.modal.feed_rate;
  gc_state.feed_rate = gc_block.values.f;
  if (gc_state.spindle_speed != gc_block.values.s) {
      if (gc_state.modal.spindle != SPINDLE_DISABLE)
        { spindle_run(gc_state.modal.spindle, gc_block.values.s); }
    gc_state.spindle_speed = gc_block.values.s;
  }
  gc_state.tool = gc_block.values.t;
  if (gc_state.modal.spindle != gc_block.modal.spindle) {
    spindle_run(gc_block.modal.spindle, gc_state.spindle_speed);
    gc_state.modal.spindle = gc_block.modal.spindle;
  }
  if (gc_state.modal.coolant != gc_block.modal.coolant) {
    coolant_run(gc_block.modal.coolant);
    gc_state.modal.coolant = gc_block.modal.coolant;
  }
  if (gc_block.non_modal_command == NON_MODAL_DWELL)
    { mc_dwell(gc_block.values.p); }
  gc_state.modal.plane_select = gc_block.modal.plane_select;
  gc_state.modal.units = gc_block.modal.units;
  if (axis_command == AXIS_COMMAND_TOOL_LENGTH_OFFSET ) {
     if (gc_state.modal.tool_length == TOOL_LENGTH_OFFSET_ENABLE_DYNAMIC)
     { //G43.1
       gc_state.tool_length_offset = gc_block.values.xyz[TOOL_LENGTH_OFFSET_AXIS];
     } else { //G49
       gc_state.tool_length_offset = 0.0;
     }
  }
  if (gc_state.modal.coord_select != gc_block.modal.coord_select) {
    gc_state.modal.coord_select = gc_block.modal.coord_select;
```

```
        memcpy(gc_state.coord_system,coordinate_data,sizeof(coordinate_data));
    }
    gc_state.modal.distance = gc_block.modal.distance;
    switch(gc_block.non_modal_command) {
        case NON_MODAL_SET_COORDINATE_DATA:
            settings_write_coord_data(coord_select,parameter_data);
            if (gc_state.modal.coord_select == coord_select)
            { memcpy(gc_state.coord_system,parameter_data,sizeof(parameter_data)); }
            break;
        case NON_MODAL_GO_HOME_0: case NON_MODAL_GO_HOME_1:
            if (axis_command) {
                #ifdef USE_LINE_NUMBERS
                    mc_line(gc_block.values.xyz, -1.0, false, gc_state.line_number);
                #else
                    mc_line(gc_block.values.xyz, -1.0, false);
                #endif
            }
            #ifdef USE_LINE_NUMBERS
                mc_line(parameter_data, -1.0, false, gc_state.line_number);
            #else
                mc_line(parameter_data, -1.0, false);
            #endif
            memcpy(gc_state.position, parameter_data, sizeof(parameter_data));
            break;
        case NON_MODAL_SET_HOME_0:
            settings_write_coord_data(SETTING_INDEX_G28,gc_state.position);
            break;
        case NON_MODAL_SET_HOME_1:
            settings_write_coord_data(SETTING_INDEX_G30,gc_state.position);
            break;
        case NON_MODAL_SET_COORDINATE_OFFSET:
            memcpy(gc_state.coord_offset,gc_block.values.xyz,sizeof(gc_block.values.xyz));
            break;
        case NON_MODAL_RESET_COORDINATE_OFFSET:
            clear_vector(gc_state.coord_offset);      //清除 G92 偏置
            break;
    }
    gc_state.modal.motion = gc_block.modal.motion;
    if (gc_state.modal.motion != MOTION_MODE_NONE) {
        if (axis_command == AXIS_COMMAND_MOTION_MODE) {
            switch (gc_state.modal.motion) {
                case MOTION_MODE_SEEK:
                    #ifdef USE_LINE_NUMBERS
                        mc_line(gc_block.values.xyz, -1.0, false, gc_state.line_number);
                    #else
```

```
                    mc_line(gc_block.values.xyz, -1.0, false);
                #endif
                break;
            case MOTION_MODE_LINEAR:
                #ifdef USE_LINE_NUMBERS
mc_line(gc_block.values.xyz, gc_state.feed_rate, gc_state.modal.feed_rate, c_state.line_number);
                #else
                    mc_line(gc_block.values.xyz, gc_state.feed_rate, gc_state.modal.feed_rate);
                #endif
                break;
            case MOTION_MODE_CW_ARC:
                #ifdef USE_LINE_NUMBERS
                    mc_arc(gc_state.position, gc_block.values.xyz, gc_block.values.ijk, gc_block.
values.r, gc_state.feed_rate, gc_state.modal.feed_rate, axis_0, axis_1, axis_linear, true,
gc_state.line_number);
                #else
                    mc_arc(gc_state.position, gc_block.values.xyz, gc_block.values.ijk, gc_block.
values.r, gc_state.feed_rate, gc_state.modal.feed_rate, axis_0, axis_1, axis_linear, true);
                #endif
                break;
            case MOTION_MODE_CCW_ARC:
                #ifdef USE_LINE_NUMBERS
                    mc_arc(gc_state.position, gc_block.values.xyz, gc_block.values.ijk, gc_block.
values.r, gc_state.feed_rate, gc_state.modal.feed_rate, axis_0, axis_1, axis_linear, false,
gc_state.line_number);
                #else
                    mc_arc(gc_state.position, gc_block.values.xyz, gc_block.values.ijk, gc_block.
values.r, gc_state.feed_rate, gc_state.modal.feed_rate, axis_0, axis_1, axis_linear, false);
                #endif
                break;
            case MOTION_MODE_PROBE_TOWARD:
                #ifdef USE_LINE_NUMBERS
                    mc_probe_cycle(gc_block.values.xyz, gc_state.feed_rate, gc_state.modal.feed_
rate, false, false, gc_state.line_number);
                #else
                    mc_probe_cycle(gc_block.values.xyz, gc_state.feed_rate, gc_state.modal.feed_
rate, false, false);
                #endif
                break;
            case MOTION_MODE_PROBE_TOWARD_NO_ERROR:
                #ifdef USE_LINE_NUMBERS
                    mc_probe_cycle(gc_block.values.xyz, gc_state.feed_rate, gc_state.modal.feed_
rate, false, true, gc_state.line_number);
                #else
                    mc_probe_cycle(gc_block.values.xyz, gc_state.feed_rate, gc_state.modal.feed_
```

```
rate, false, true);
            # endif
            break;
        case MOTION_MODE_PROBE_AWAY:
            # ifdef USE_LINE_NUMBERS
                mc_probe_cycle(gc_block. values. xyz, gc_state. feed_rate, gc_state. modal. feed_
rate, true, false, gc_state. line_number);
            # else
                mc_probe_cycle(gc_block. values. xyz, gc_state. feed_rate, gc_state. modal. feed_
rate, true, false);
            # endif
            break;
        case MOTION_MODE_PROBE_AWAY_NO_ERROR:
            # ifdef USE_LINE_NUMBERS
                mc_probe_cycle(gc_block. values. xyz, gc_state. feed_rate, gc_state. modal. feed_
rate, true, true, gc_state. line_number);
            # else
                mc_probe_cycle(gc_block. values. xyz, gc_state. feed_rate, gc_state. modal. feed_
rate, true, true);
            # endif
    }
    memcpy(gc_state. position, gc_block. values. xyz, sizeof(gc_block. values. xyz));
    }
  }
  gc_state. modal. program_flow = gc_block. modal. program_flow;
  if (gc_state. modal. program_flow) {
    protocol_buffer_synchronize();
    if (gc_state. modal. program_flow == PROGRAM_FLOW_PAUSED) {
     if (sys. state != STATE_CHECK_MODE) {
        bit_true_atomic(sys_rt_exec_state, EXEC_FEED_HOLD);
        protocol_execute_realtime();
     }
    } else {
    gc_state. modal. motion = MOTION_MODE_LINEAR;
    gc_state. modal. plane_select = PLANE_SELECT_XY;
    gc_state. modal. distance = DISTANCE_MODE_ABSOLUTE;
    gc_state. modal. feed_rate = FEED_RATE_MODE_UNITS_PER_MIN;
    gc_state. modal. coord_select = 0; //G54
    gc_state. modal. spindle = SPINDLE_DISABLE;
    gc_state. modal. coolant = COOLANT_DISABLE;
    if (sys. state != STATE_CHECK_MODE) {
        if (!(settings_read_coord_data(gc_state. modal. coord_select, coordinate_data)))
{ FAIL(STATUS_SETTING_READ_FAIL); }
    memcpy(gc_state. coord_system, coordinate_data, sizeof(coordinate_data));
        spindle_stop();
```

```
            coolant_stop();
        }
        report_feedback_message(MESSAGE_PROGRAM_END);
    }
    gc_state.modal.program_flow = PROGRAM_FLOW_RUNNING;
    }
    return(STATUS_OK);
}
```

2.2.9　格式化输出字符模块

接收 Grbl Controller 的指令,进行格式化。

1. 功能介绍

print. h 和 print. c 将使用的数据类型改为项目特殊的格式。

2. 相关代码

```
//print.h
# ifndef print_h
# define print_h
void printString(const char * s);
void printPgmString(const char * s);
void printInteger(long n);
void print_uint32_base10(uint32_t n);
void print_unsigned_int8(uint8_t n, uint8_t base, uint8_t digits);
void print_uint8_base2(uint8_t n);
void print_uint8_base10(uint8_t n);
void printFloat(float n, uint8_t decimal_places);
void printFloat_CoordValue(float n);
void printFloat_RateValue(float n);
void printFloat_SettingValue(float n);
void printFreeMemory();
# endif
//print.c
# include "library.h"
void printString(const char * s)
{
  while ( * s)
    serial_write( * s++);
}
//输出字符串
void printPgmString(const char * s)
{
  char c;
  while ((c = pgm_read_byte_near(s++)))
    serial_write(c);
}
```

```
//输出一个带有期望数字的基数和数值的 8 位无符号整型变量
void print_unsigned_int8(uint8_t n, uint8_t base, uint8_t digits)
{
  unsigned char buf[digits];
  uint8_t i = 0;
  for (; i < digits; i++) {
      buf[i] = n % base ;
      n /= base;
  }
  for (; i > 0; i-- )
      serial_write('0' + buf[i - 1]);
}
//输出一个二进制 8 位无符号整型变量
void print_uint8_base2(uint8_t n) {
  print_unsigned_int8(n, 2, 8);
}
//输出一个十进制 8 位无符号整型变量
void print_uint8_base10(uint8_t n)
{
  uint8_t digits;
  if (n < 10) { digits = 1; }
  else if (n < 100) { digits = 2; }
  else { digits = 3; }
  print_unsigned_int8(n, 10, digits);
}
void print_uint32_base10(uint32_t n)
{
  if (n == 0) {
    serial_write('0');
    return;
  }
  unsigned char buf[10];
  uint8_t i = 0;
  while (n > 0) {
    buf[i++] = n % 10;
    n /= 10;
  }
  for (; i > 0; i-- )
    serial_write('0' + buf[i - 1]);
}
void printInteger(long n)
{
  if (n < 0) {
    serial_write(' - ');
    print_uint32_base10( - n);
```

```
  } else {
    print_uint32_base10(n);
  }
}
void printFloat(float n, uint8_t decimal_places)
{
  if (n < 0) {
    serial_write('-');
    n = -n;
  }
  uint8_t decimals = decimal_places;
  while (decimals >= 2) {
    n *= 100;
    decimals -= 2;
  }
  if (decimals) { n *= 10; }
  n += 0.5; //添加舍入因子
  unsigned char buf[10];
  uint8_t i = 0;
  uint32_t a = (long)n;
  buf[decimal_places] = '.';                      //放置小数点,即便小数位数为零
  while(a > 0) {
    if (i == decimal_places) { i++; }             //跳过小数点位置
    buf[i++] = (a % 10) + '0';                     //获取数字
    a /= 10;
  }
  while (i < decimal_places) {
    buf[i++] = '0';
  }
  if (i == decimal_places) {                       //补充前导零
    i++;
    buf[i++] = '0';
  }
  //输出生成字符串
  for (; i > 0; i--)
    serial_write(buf[i-1]);
}
void printFloat_CoordValue(float n) {
  if (bit_istrue(settings.flags,BITFLAG_REPORT_INCHES)) {
    printFloat(n * INCH_PER_MM,N_DECIMAL_COORDVALUE_INCH);
  } else {
    printFloat(n,N_DECIMAL_COORDVALUE_MM);
  }
}
void printFloat_RateValue(float n) {
```

```
  if (bit_istrue(settings.flags,BITFLAG_REPORT_INCHES)) {
    printFloat(n * INCH_PER_MM,N_DECIMAL_RATEVALUE_INCH);
  } else {
    printFloat(n,N_DECIMAL_RATEVALUE_MM);
  }
}
void printFloat_SettingValue(float n) { printFloat(n,N_DECIMAL_SETTINGVALUE); }
```

2.3 产品展示

整体外观如图 2-4 所示。Arduino 开发板通过 USB 串口与计算机相连,CNC Shield 扩展板堆叠在 Arduino 开发板上引出两个步进电机的连线,外部通过 12V 直流电源供电。右侧为铝框架及 3D 打印件构成的绘图仪框架。CNC Shield 堆叠在 Arduino 开发板上,两个 A4988 驱动板分别插入 X 轴和 Y 轴驱动位,核心控制模块如图 2-5 所示。步进电机驱动传送带从而控制轴的运动以及笔头的运动,步进电机及绘图仪框架主体如图 2-6 所示。

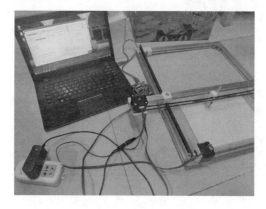

图 2-4　整体外观图

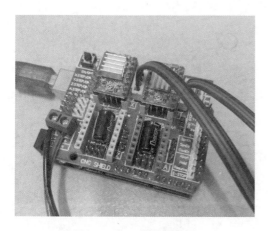

图 2-5　核心控制模块图

图 2-6　步进电机及绘图仪框架主体图

2.4　元件清单

完成本项目所使用的元件及数量如表 2-2 所示。

表 2-2　元件清单

元件/测试仪表	数　量
Arduino 开发板	1 个
CNC Shield v3	1 个
A4988 步进电机驱动	2 个
42 步进电机	2 个
12V1A 电源适配器	1 个
各种线材	若干
欧标 2020 铝型材 430mm	3 个
欧标 2020 铝型材 500mm	2 个
铝型材 L 型角连接件	4 个
2GT-6 同步带 2m	1 个
2GT 同步带惰轮	2 个
2GT 同步轮	2 个
T 型螺丝 M5	14 个
六角法兰螺母 M5	13 个
内六角螺丝 M3	10 个
六角法兰螺母 M3	2 个
欧标 20 型滑块螺母 M5	1 个
3D 打印件	6 个

第 3 章

智能行李箱项目设计

本项目是基于 Arduino 开发板设计的一款智能行李箱,实现 GPS 定位、提供实时温湿度信息、防止超重等多种功能,并可以在微信小程序显示温湿度数据和位置信息。

3.1 功能及总体设计

本项目通过 GPS-ATGM332D 模块,实现对行李箱的定位功能,达到防丢失的效果;行李箱把手处内置压力传感器,可感知行李箱的实际重量,超出某一范围则给予提示,告知用户行李箱已超重;室外放置的温湿度传感器获取实时天气数据,GPRS-SIM800C 模块将数据传至云端,用户可及时得知天气情况,调整穿衣搭配;微信小程序读取 OneNET 云端数据,页面上可显示温湿度数据和行李箱位置信息。

要实现上述功能需将作品分成两部分进行设计,即传感器模块和传输模块:传感器模块分为 GPS-ATGM332D 模块、DHT22 温湿度传感器和 FSR402 压力传感器;传输模块分为 GPRS-SIM800C 模块和 OneNET 云端的连接。

1. 整体框架图

整体框架如图 3-1 所示。

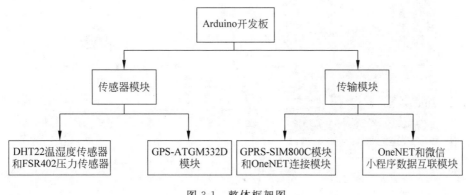

图 3-1　整体框架图

本章根据温雅馨、唐晨光项目设计整理而成。

2.系统流程图

系统流程如图 3-2 所示。

图 3-2　系统流程图

3.总电路图

总电路如图 3-3 所示,引脚连线如表 3-1 所示。

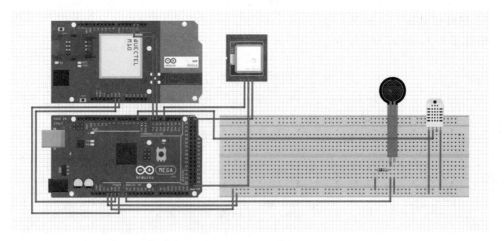

图 3-3　总电路图

表 3-1 引脚连线表

元件及引脚名		Arduino 开发板引脚
DHT22 温湿度传感器	VCC	5V
	data	2
	GND	GND
FSR402 压力传感器	＋	5V
	－	A0 通过电阻接 GND
GPS-ATGM332D	VCC	5V
	GND	GND
	TXD	RX2 17
GPRS-SIM800C	VIN	VIN
	GND	GND
	TXD	RX3 15
	RXD	TX3 14

3.2 模块介绍

本项目主要包括 GPS-ATGM332D 模块、DHT22 温湿度传感器模块、FSR402 压力传感器模块、GPRS-SIM800C 模块及 OneNET 云端的连接模块、微信小程序及 OneNET 云端数据互联模块。下面分别给出各模块的功能介绍及相关代码。

3.2.1 GPS 模块

本部分包括 GPS-ATGM332D 模块的功能介绍及相关代码。

1. 功能介绍
GPS-ATGM332D 模块可获取地理位置,实现行李箱的定位功能。

2. 相关代码

```
//测试程序
# define GPSSerial Serial
# define DEBUGSerial Serial
void setup()                          //初始化内容
{
  GPSSerial.begin(9600);              //定义波特率 9600
  DEBUGSerial.begin(9600);
  DEBUGSerial.println("ILoveMCU.taobao.com");
  DEBUGSerial.println("Wating...");
}
void loop()                           //主循环
{
  while (GPSSerial.available()) {
```

```
        DEBUGSerial.write(GPSSerial.read());        //收到 GPS 数据则通过 Serial 输出
    }
}
//实现代码
#define GpsSerial Serial
#define DebugSerial Serial
int L = 13;                                          //LED 指示灯引脚
struct
{
char GPS_Buffer[80];
bool isGetData;                                      //是否获取到 GPS 数据
bool isParseData;                                    //是否解析完成
char UTCTime[11];                                    //UTC 时间
char latitude[11];                                   //纬度
char N_S[2];                                         //N/S
char longitude[12];                                  //经度
char E_W[2];                                         //E/W
bool isUsefull;                                      //定位信息是否有效
} Save_Data;
const unsigned int gpsRxBufferLength = 600;
char gpsRxBuffer[gpsRxBufferLength];
unsigned int ii = 0;
void setup()                                         //初始化内容
{
GpsSerial.begin(9600);                               //定义波特率 9600
DebugSerial.begin(9600);
DebugSerial.println("Wating...");
Save_Data.isGetData = false;
Save_Data.isParseData = false;
Save_Data.isUsefull = false;
}
void loop()                                          //主循环
{
gpsRead();                                           //获取 GPS 数据
parseGpsBuffer();                                    //解析 GPS 数据
printGpsBuffer();                                    //输出解析后的数据
// DebugSerial.println("\r\n\r\nloop\r\n\r\n");
}
void errorLog(int num)
{
DebugSerial.print("ERROR");
DebugSerial.println(num);
while (1)
{
digitalWrite(L, HIGH);
delay(300);
digitalWrite(L, LOW);
```

```
delay(300);
}
}
void printGpsBuffer()
{
if (Save_Data.isParseData)
{
Save_Data.isParseData = false;
DebugSerial.print("Save_Data.UTCTime = ");
DebugSerial.println(Save_Data.UTCTime);
if(Save_Data.isUsefull)
{
Save_Data.isUsefull = false;
DebugSerial.print("Save_Data.latitude = ");
DebugSerial.println(Save_Data.latitude);
DebugSerial.print("Save_Data.N_S = ");
DebugSerial.println(Save_Data.N_S);
DebugSerial.print("Save_Data.longitude = ");
DebugSerial.println(Save_Data.longitude);
DebugSerial.print("Save_Data.E_W = ");
DebugSerial.println(Save_Data.E_W);
}
else
{
DebugSerial.println("GPS DATA is not usefull!");
}
}
}
void parseGpsBuffer()
{
char * subString;
char * subStringNext;
if (Save_Data.isGetData)
{
Save_Data.isGetData = false;
DebugSerial.println(" ************* ");
DebugSerial.println(Save_Data.GPS_Buffer);
for (int i = 0 ; i <= 6 ; i++)
{
if (i == 0)
{
if ((subString = strstr(Save_Data.GPS_Buffer, ",")) == NULL)
errorLog(1);                          //解析错误
}
else
{
subString++;
```

```
if ((subStringNext = strstr(subString, ",")) != NULL)
{
char usefullBuffer[2];
switch(i)
{
case 1:memcpy(Save_Data.UTCTime, subString, subStringNext - subString);
break;                                    //获取 UTC 时间
case 2:memcpy(usefullBuffer, subString, subStringNext - subString);
break;                                    //获取 UTC 时间
case 3:memcpy(Save_Data.latitude, subString, subStringNext - subString);
break;                                    //获取纬度信息
case 4:memcpy(Save_Data.N_S, subString, subStringNext - subString);
break;                                    //获取 N/S
case 5:memcpy(Save_Data.longitude, subString, subStringNext - subString);
break;                                    //获取经度信息
case 6:memcpy(Save_Data.E_W, subString, subStringNext - subString);
break;                                    //获取 E/W
default:break;
}
subString = subStringNext;
Save_Data.isParseData = true;
if(usefullBuffer[0] == 'A')
Save_Data.isUsefull = true;
else if(usefullBuffer[0] == 'V')
Save_Data.isUsefull = false;
}
else
{
errorLog(2);                              //解析错误
}
}
}
}
}
void gpsRead() {
while (GpsSerial.available())
{
gpsRxBuffer[ii++] = GpsSerial.read();
if (ii == gpsRxBufferLength)clrGpsRxBuffer();
}
char * GPS_BufferHead;
char * GPS_BufferTail;
if ((GPS_BufferHead = strstr(gpsRxBuffer, " $ GPRMC,")) != NULL || (GPS_BufferHead = strstr
(gpsRxBuffer, " $ GNRMC,")) != NULL )
{
if (((GPS_BufferTail = strstr(GPS_BufferHead, "\r\n")) != NULL) && (GPS_BufferTail > GPS_
BufferHead))
{
memcpy(Save_Data.GPS_Buffer, GPS_BufferHead, GPS_BufferTail - GPS_BufferHead);
```

```
Save_Data.isGetData = true;
clrGpsRxBuffer();
}
}
}
void clrGpsRxBuffer(void)
{
memset(gpsRxBuffer, 0, gpsRxBufferLength);      //清空
ii = 0;
}
```

3.2.2 温湿度传感器

本部分包括 DHT22 温湿度传感器的功能介绍及相关代码。

1. 功能介绍

DHT22 温湿度传感器模块可获取实时温湿度数据、天气信息,为云端提供数据。元件包括 DHT22 温湿度传感器模块、Arduino 开发板和导线若干,电路如图 3-4 所示。

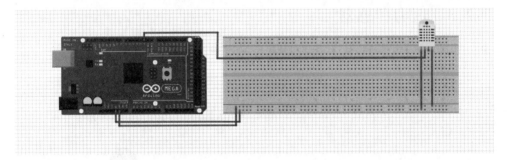

图 3-4　DHT22 温湿度传感器与 Arduino 开发板连线图

2. 相关代码

```
# include < DHT.h >
# include < DHT.h.h >
# include "DHT.h"
# define DHTPIN 2
DHT dht(DHTPIN, DHT22);
void setup()
{
    Serial.begin(9600);
    Serial.println(" ************ DHTxx test! ************ ");
    delay(2000);
}
void loop()
{
  switch(dht.read())
  {
```

```
case DHT_OK:
  Serial.print("Humidity: ");
  Serial.print(dht.humidity);
  Serial.print(" % \t");
  Serial.print("Temperature: ");
  Serial.print(dht.temperature);
  Serial.println(" * C");
  break;
case DHT_ERR_CHECK:
    Serial.println("DHT CHECK ERROR");break;
case DHT_ERR_TIMEOUT:
    Serial.println("DHT TIMEOUT EEROR");break;
default:
    Serial.println("UNKNOWN EEROR");break;
}
delay(2000);
}
```

3.2.3 压力传感器

本部分包括 FSR402 压力传感器的功能介绍及相关代码。

1. 功能介绍

置于行李箱把手部位,获得重量数据,并提示是否超重。元件包括 FSR402 压力传感器、Arduino 开发板和导线若干,电路如图 3-5 所示。

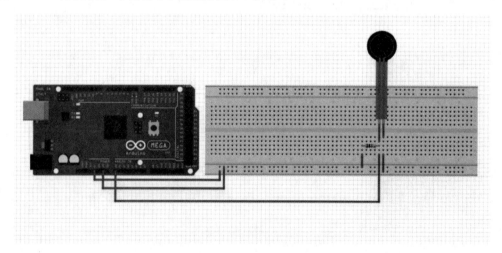

图 3-5　FSR402 压力传感器原理图

2. 相关代码

```
int fsrPin = 0;                              //A0 引脚
int fsrReading;
```

```
void setup(void) {
  Serial.begin(9600);
}
void loop(void) {
  fsrReading = analogRead(fsrPin);          //读取串口数据
  if(fsrReading > 500)
  Serial.print("您的行李已超重");            //检查行李是否超重
  else if(fsrReading < 500)
  Serial.print("您的行李未超重");
  delay(500);
}
```

3.2.4　OneNET 云平台

1. 功能介绍

GPRS-SIM800C 模块将各种传感器获得的数据传至 OneNET 云端。

1）OneNET 简介

OneNET 是由中国移动打造的 PaaS 物联网开放平台。平台能够帮助开发者轻松实现设备接入与设备连接,快速完成产品开发部署,为智能硬件、智能家居产品提供完善的物联网解决方案。

2）操作步骤

（1）打开浏览器进入 OneNET 首页（网址：https://open.iot.10086.cn/）,注册、登录,如图 3-6 所示。

图 3-6　OneNET 界面

（2）单击首页右上角的"开发者中心",进入界面,并单击"创建产品",如图 3-7 所示。

（3）根据需求创建产品,如图 3-8 所示。

（4）单击"设备管理",如图 3-9 所示。

图 3-7　开发者中心界面

图 3-8　创建产品页面

图 3-9　设备管理页面

（5）单击"添加设备"，自行设置接入设备的名称和编号以及数据保密性，选择"公开"，如图 3-10 所示。

图 3-10　添加设备页面

（6）单击"设备"，选择"数据展示"，通过 Arduino 开发板和 GPRS 模块上传到 OneNET 云平台的数据流，如图 3-11 所示。

图 3-11　数据展示页面

（7）产品中包含 GPS 定位功能，如图 3-12 所示。

图 3-12　GPS 定位界面

2. 相关代码

```
//TimerOne 库文件链接 https://pan.baidu.com/s/1xzM_Po1mSB4N52XfKq910g,密码：lejz
#include<TimerOne.h>
#include<DHT.h>
#include "DHT.h"
#define DHTPIN 2
int fsrPin = 0;                                        //A0 引脚
DHT dht(DHTPIN, DHT22);
#define DebugSerial Serial
#define GprsSerail Serial3
#define GpsSerial Serial2
struct
{
  char GPS_Buffer[80];
  bool isGetData;                                      //是否获取到 GPS 数据
  bool isParseData;                                    //是否解析完成
  char UTCTime[11];                                    //UTC 时间
  char latitude[11];                                   //纬度
  char N_S[2];                                         //N/S
  char longitude[12];                                  //经度
  char E_W[2];                                         //E/W
  bool isUsefull;                                      //定位信息是否有效
} Save_Data;
const unsigned int gpsRxBufferLength = 600;
char gpsRxBuffer[gpsRxBufferLength];
unsigned int gpsRxCount = 0;
#define Success 1U
#define Failure 0U
```

```
int L = 13;                                          //LED 指示引脚
unsigned long Time_Cont = 0;                         //计数器
const unsigned int gprsRxBufferLength = 600;
char gprsRxBuffer[gprsRxBufferLength];
unsigned int gprsBufferCount = 0;
char OneNetServer[ ] = "api.heclouds.com";
char device_id[ ] = "31469595";                      //修改为自己设备的 ID
char API_KEY[ ] = "kF06vQR6tc4 = TXvWN1yA9xE8Th0 = "; //修改为自己的 API_KEY
char sensor_gps[ ] = "location";
char sensor_temp[ ] = "temp";
char sensor_hum[ ] = "hum";
char sensor_weight[ ] = "weight";
void setup() {
  pinMode(L, OUTPUT);
  digitalWrite(L, LOW);
  Save_Data.isGetData = false;
  Save_Data.isParseData = false;
  Save_Data.isUsefull = false;
  clrGpsRxBuffer();
  DebugSerial.begin(9600);
  GprsSerail.begin(9600);
  GpsSerial.begin(9600);                             //定义波特率 9600
  Timer1.initialize(1000);
  Timer1.attachInterrupt(Timer1_handler);
  initGprs();
  DebugSerial.println("\r\nsetup end!");
}
void loop() {
  Time_Cont = 0;
  while (Time_Cont < 5000)                            //5s 内不停读取 GPS
  {
    gpsRead();                                        //获取 GPS 数据
    parseGpsBuffer();                                 //解析 GPS 数据
  }
  printGpsBuffer();                                   //输出解析后的数据,发送到 OneNET 服务器
  switch(dht.read())                                  //读取温湿度传感器数据
  {
    case DHT_OK:
      Serial.print("ok");
      break;
    case DHT_ERR_CHECK:
        Serial.println("DHT CHECK ERROR");break;
    case DHT_ERR_TIMEOUT:
        Serial.println("DHT TIMEOUT EEROR");break;
    default:
        Serial.println("UNKNOWN EEROR");break;
  }
```

```
    postDataToOneNet(API_KEY, device_id, sensor_temp, dht.temperature);    //上传数据
    delay(100);
    postDataToOneNet(API_KEY, device_id, sensor_hum, dht.humidity);
    float fsrReading;
    fsrReading = analogRead(fsrPin);                     //读取压力传感器数据
    postDataToOneNet(API_KEY, device_id, sensor_weight, fsrReading);
    delay(100);
}
void postDataToOneNet(char * API_VALUE_temp, char * device_id_temp, char * sensor_id_temp,
float data_value)
{
    char send_buf[400] = {0};
    char text[1000] = {0};
    char tmp[25] = {0};
    char value_str[15] = {0};
    dtostrf(data_value, 3, 2, value_str);                //转换成字符串输出
    //连接服务器
    memset(send_buf, 0, 400);                            //清空
    strcpy(send_buf, "AT + CIPSTART = \"TCP\",\"");
    strcat(send_buf, OneNetServer);
    strcat(send_buf, "\",80\r\n");
    if (sendCommand(send_buf, "CONNECT", 10000, 5) == Success);
    else errorLog(7);
    //发送数据
    if (sendCommand("AT + CIPSEND\r\n", ">", 3000, 1) == Success);
    else errorLog(8);
    memset(send_buf, 0, 400);                            //清空
    /* 准备 JSON 串 */
    //Arduino 平台不支持 sprintf 的 double 打印,只能转换到字符串进行打印
    sprintf(text, "{\"datastreams\":[{\"id\":\"%s\",\"datapoints\":[{\"value\":%s}]}]}",
            sensor_id_temp, value_str);
    /* 准备 HTTP 报头 */
    send_buf[0] = 0;
    strcat(send_buf, "POST /devices/");
    strcat(send_buf, device_id_temp);
    strcat(send_buf, "/datapoints HTTP/1.1\r\n");        //注意后面必须加上\r\n
    strcat(send_buf, "api - key:");
    strcat(send_buf, API_VALUE_temp);
    strcat(send_buf, "\r\n");
    strcat(send_buf, "Host:");
    strcat(send_buf, OneNetServer);
    strcat(send_buf, "\r\n");
    sprintf(tmp, "Content - Length: %d\r\n\r\n", strlen(text));    //计算 JSON 串长度
    strcat(send_buf, tmp);
    strcat(send_buf, text);
    if (sendCommand(send_buf, send_buf, 3000, 1) == Success);
    else errorLog(9);
```

```
    char sendCom[2] = {0x1A};
    if (sendCommand(sendCom, "\"succ\"}", 3000, 1) == Success);
    else errorLog(10);
    if (sendCommand("AT + CIPCLOSE\r\n", "CLOSE OK", 3000, 1) == Success);
    else errorLog(11);
    if (sendCommand("AT + CIPSHUT\r\n", "SHUT OK", 3000, 1) == Success);
    else errorLog(11);
}
void printGpsBuffer()
{
    if (Save_Data.isParseData)
    {
        Save_Data.isParseData = false;
        DebugSerial.print("Save_Data.UTCTime = ");
        DebugSerial.println(Save_Data.UTCTime);
        if (Save_Data.isUsefull)
        {
            Save_Data.isUsefull = false;
            DebugSerial.print("Save_Data.latitude = ");
            DebugSerial.println(Save_Data.latitude);
            DebugSerial.print("Save_Data.N_S = ");
            DebugSerial.println(Save_Data.N_S);
            DebugSerial.print("Save_Data.longitude = ");
            DebugSerial.println(Save_Data.longitude);
            DebugSerial.print("Save_Data.E_W = ");
            DebugSerial.println(Save_Data.E_W);
            postGpsDataToOneNet(API_KEY, device_id, sensor_gps, Save_Data.longitude, Save_Data.
latitude);
        }
        else
        {
            DebugSerial.println("DATA is not usefull!");
        }
    }
}
void parseGpsBuffer()                          //解析 GPS 数据
{
    char * subString;
    char * subStringNext;
    if (Save_Data.isGetData)
    {
        Save_Data.isGetData = false;
        DebugSerial.println(" ************** ");
        DebugSerial.println(Save_Data.GPS_Buffer);
        for (int i = 0 ; i <= 8 ; i++)
        {
            if (i == 0)
```

```
            {
              if ((subString = strstr(Save_Data.GPS_Buffer, ",")) == NULL)
                errorLog(12);                              //解析错误
            }
            else
            {
              subString++;
              if ((subStringNext = strstr(subString, ",")) != NULL)
              {
              char usefullBuffer[2];
              switch (i)
              {
              case 1: memcpy(Save_Data.UTCTime, subString, subStringNext - subString);
break;                                           //获取 UTC 时间
              case 2: memcpy(usefullBuffer, subString, subStringNext - subString);
break;                                           //获取相关信息
              case 3: memcpy(Save_Data.latitude, subString, subStringNext - subString);
break;                                           //获取纬度信息
              case 4: memcpy(Save_Data.N_S, subString, subStringNext - subString);
break;                                           //获取 N/S
          case 5: memcpy(Save_Data.longitude, subString, subStringNext - subString);
break;                                           //获取经度信息
          case 6: memcpy(Save_Data.E_W, subString, subStringNext - subString);
break;                                           //获取 E/W
              default: break;
              }
              subString = subStringNext;
              Save_Data.isParseData = true;
              if (usefullBuffer[0] == 'A')
                Save_Data.isUsefull = true;
              else if (usefullBuffer[0] == 'V')
                Save_Data.isUsefull = false;
            }
            else
            {
              errorLog(13);                                //解析错误
            }
          }
        }
      }
  }
void gpsRead() {
    while (GpsSerial.available())
    {
      gpsRxBuffer[gpsRxCount] = GpsSerial.read();
      if (gpsRxBuffer[gpsRxCount++] == '\n')
      {
```

```
          char * GPS_BufferHead;
          char * GPS_BufferTail;
          if ((GPS_BufferHead = strstr(gpsRxBuffer, " $ GPRMC,")) != NULL || (GPS_BufferHead =
          strstr(gpsRxBuffer, " $ GNRMC,")) != NULL )
          {
             if ((((GPS_BufferTail = strstr(GPS_BufferHead, "\r\n")) != NULL) && (GPS_BufferTail >
             GPS_BufferHead))
             {
                memcpy(Save_Data.GPS_Buffer, GPS_BufferHead, GPS_BufferTail - GPS_BufferHead);
                Save_Data.isGetData = true;
                clrGpsRxBuffer();
             }
          }
          clrGpsRxBuffer();
       }
       if (gpsRxCount == gpsRxBufferLength)clrGpsRxBuffer();
   }
}
void clrGpsRxBuffer(void)
{
   memset(gpsRxBuffer, 0, gpsRxBufferLength);          //清空
   gpsRxCount = 0;
}
double longitudeToOnenetFormat(char * lon_str_temp)
{
   double lon_temp = 0;
   long lon_Onenet = 0;
   int dd_int = 0;
   long mm_int = 0;
   double lon_Onenet_double = 0;
   lon_temp = atof(lon_str_temp);
   lon_Onenet = lon_temp * 100000;                   //转换为整数
   dd_int = lon_Onenet/10000000;                     //取出 dd
   mm_int = lon_Onenet % 10000000;                   //取出 MM 部分
   lon_Onenet_double = dd_int + (double)mm_int/60/100000;      //换算为 OneNET 格式
   return lon_Onenet_double;
}
double latitudeToOnenetFormat(char * lat_str_temp)
{
   double lat_temp = 0;
   long lat_Onenet = 0;
   int dd_int = 0;
   long mm_int = 0;
   double lat_Onenet_double = 0;
   lat_temp = atof(lat_str_temp);
   lat_Onenet = lat_temp * 100000;                   //转换为整数
   dd_int = lat_Onenet/10000000;                     //取出 dd
```

```
    mm_int = lat_Onenet % 10000000;                        //取出 MM 部分
    lat_Onenet_double = dd_int + (double)mm_int/60/100000;       //换算为 OneNET 格式
    return lat_Onenet_double;
}
void postGpsDataToOneNet(char * API_VALUE_temp, char * device_id_temp, char * sensor_id_
temp, char * lon_temp, char * lat_temp)
{
  char send_buf[400] = {0};
  char text[1000] = {0};
  char tmp[25] = {0};
  char lon_str_end[15] = {0};
  char lat_str_end[15] = {0};
  char temp_str_end[15] = {0};
  char hum_str_end[15] = {0};
  dtostrf(longitudeToOnenetFormat(lon_temp), 3, 6, lon_str_end);
      //转换成字符串输出
  dtostrf(latitudeToOnenetFormat(lat_temp), 2, 6, lat_str_end);
      //转换成字符串输出
      //连接服务器
  memset(send_buf, 0, 400);                        //清空
  strcpy(send_buf, "AT + CIPSTART = \"TCP\",\"");
  strcat(send_buf, OneNetServer);
  strcat(send_buf, "\",80\r\n");
  if (sendCommand(send_buf, "CONNECT", 10000, 5) == Success);
  else errorLog(7);
      //发送数据
  if (sendCommand("AT + CIPSEND\r\n", ">", 3000, 1) == Success);
  else errorLog(8);
  memset(send_buf, 0, 400);                        //清空
  /* 准备 JSON 串 */
  //Arduino 平台不支持 sprintf 的 double 打印,只能转换到字符串进行打印
  sprintf(text, "{\"datastreams\":[{\"id\":\"% s\",\"datapoints\":[{\"value\":{\"lon\":
% s,\"lat\":% s}}]}]}", sensor_id_temp, lon_str_end, lat_str_end, hum_str_end, temp_str_
end);
  /* 准备 HTTP 报头 */
  send_buf[0] = 0;
  strcat(send_buf, "POST /devices/");
  strcat(send_buf, device_id_temp);
  strcat(send_buf, "/datapoints HTTP/1.1\r\n");   //注意后面必须加上\r\n
  strcat(send_buf, "api - key:");
  strcat(send_buf, API_VALUE_temp);
  strcat(send_buf, "\r\n");
  strcat(send_buf, "Host:");
  strcat(send_buf, OneNetServer);
  strcat(send_buf, "\r\n");
  sprintf(tmp, "Content - Length: % d\r\n\r\n", strlen(text));      //计算 JSON 串长度
  strcat(send_buf, tmp);
```

```
  strcat(send_buf, text);
  if (sendCommand(send_buf, send_buf, 3000, 1) == Success);
  else errorLog(9);
  char sendCom[2] = {0x1A};
  if (sendCommand(sendCom, "\"succ\"}", 3000, 1) == Success);
  else errorLog(10);
  if (sendCommand("AT + CIPCLOSE\r\n", "CLOSE OK", 3000, 1) == Success);
  else errorLog(11);
  if (sendCommand("AT + CIPSHUT\r\n", "SHUT OK", 3000, 1) == Success);
  else errorLog(11);
}
void initGprs()
{
  if (sendCommand("AT\r\n", "OK", 3000, 10) == Success);
  else errorLog(1);
  if (sendCommand("AT + CREG?\r\n", " + CREG: 0,1", 3000, 10) == Success);
  else errorLog(2);
  if (sendCommand("AT + CGCLASS = \"B\"\r\n", "OK", 3000, 2) == Success);
  else errorLog(3);
  if (sendCommand("AT + CGDCONT = 1,\"IP\",\"CMNET\"\r\n", "OK", 3000, 2) == Success);
  else errorLog(4);
  if (sendCommand("AT + CGATT = 1\r\n", "OK", 3000, 2) == Success);
  else errorLog(5);
  if (sendCommand("AT + CLPORT = \"TCP\",\"2000\"\r\n", "OK", 3000, 2) == Success);
  else errorLog(6);
}
void( * resetFunc) (void) = 0;                    //重启命令
void errorLog(int num)
{
  DebugSerial.print("ERROR");
  DebugSerial.println(num);
  while (1)
  {
    digitalWrite(L, HIGH);
    delay(300);
    digitalWrite(L, LOW);
    delay(300);
    if (sendCommand("AT\r\n", "OK", 100, 10) == Success)
    {
      DebugSerial.print("\r\nRESET!!!!!!\r\n");
      resetFunc();
    }
  }
}
unsigned int sendCommand(char * Command, char * Response, unsigned long Timeout, unsigned char Retry)
{
  clrGprsRxBuffer();
```

```
    for (unsigned char n = 0; n < Retry; n++)
    {
        DebugSerial.print("\r\n --------- send AT Command: --------- \r\n");
        DebugSerial.write(Command);
        GprsSerail.write(Command);
        Time_Cont = 0;
        while (Time_Cont < Timeout)
        {
            gprsReadBuffer();
            if (strstr(gprsRxBuffer, Response) != NULL)
            {
                DebugSerial.print("\r\n ========= receive AT Command: ========= \r\n");
                DebugSerial.print(gprsRxBuffer);           //输出接收到的信息
                clrGprsRxBuffer();
                return Success;
            }
        }
        Time_Cont = 0;
    }
    DebugSerial.print("\r\n ========= receive AT Command: ========= \r\n");
    DebugSerial.print(gprsRxBuffer);                 //输出接收到的信息
    clrGprsRxBuffer();
    return Failure;
}
void Timer1_handler(void)
{
    Time_Cont++;
}
void gprsReadBuffer() {
    while (GprsSerail.available())
    {
        gprsRxBuffer[gprsBufferCount++] = GprsSerail.read();
        if (gprsBufferCount == gprsRxBufferLength)clrGprsRxBuffer();
    }
}
void clrGprsRxBuffer(void)
{
    memset(gprsRxBuffer, 0, gprsRxBufferLength);     //清空
    gprsBufferCount = 0;
}
```

3.2.5　微信小程序模块

本部分包括微信小程序的功能介绍及相关代码。

1. 功能介绍

微信小程序读取 OneNET 云端数据,用户可在手机端查看天气情况和行李箱的位置信息。

2．相关代码

```javascript
//app.js
App({
  onLaunch: function () {
    //展示本地存储能力
    var logs = wx.getStorageSync('logs') || []
    logs.unshift(Date.now())
    wx.setStorageSync('logs', logs)
    //登录
    wx.login({
      success: res =>{
    //发送 res.code 到后台换取 openId, sessionKey, unionId
      }
    })
    //获取用户信息
    wx.getSetting({
      success: res =>{
        if (res.authSetting['scope.userInfo']) {
          //已经授权,可以直接调用 getUserInfo 获取头像昵称,不会弹框
          wx.getUserInfo({
            success: res =>{
              //可以将 res 发送给后台解码出 unionId
              this.globalData.userInfo = res.userInfo
              //由于 getUserInfo 是网络请求,可能会在 Page.onLoad 之后才返回
              //所以此处加入 callback 以防止这种情况
              if (this.userInfoReadyCallback) {
                this.userInfoReadyCallback(res)
              }
            }
          })
        }
      }
    })
  },
  globalData: {
    temperature: {},
    weight:{},
    humidity: {},
    longitude:{},
    lantitude:{}
  }
})
//app.json
{
  "pages":[
    "pages/index/index",
```

```
      "pages/location/location"
    ],
    "window":{
      "backgroundTextStyle":"light",
      "navigationBarBackgroundColor": "#fff",
      "navigationBarTitleText": "智能行李箱",
      "navigationBarTextStyle":"black"
    }
  }
/** app.wxss **/
.container {
  height: 100%;
  display: flex;
  flex-direction: column;
  align-items: center;
  justify-content: space-between;
  padding: 200rpx 0;
  box-sizing: border-box;
}
//index.js
//获取应用实例
var app = getApp()
Page({
  data: {
    message1:'',
    message2:'',
    message3:''
  },
  location(){
    wx.navigateTo({
      url:'../location/location'
    })
  },
  onPullDownRefresh: function () {
    console.log('onPullDownRefresh', new Date())
  },
  getDataFromOneNet: function () {
    //从 OneNET 请求我们的数据
    var that = this;
    const requestTask = wx.request({
      url: 'https://api.heclouds.com/devices/31469595/datapoints?datastream_id = weight,
temp,hum,location&limit = 1',
      header: {
        'content-type': 'application/json',
        'api-key': 'kF06vQR6tc4 = TXvWN1yA9xE8Th0 = '
      },
      success: function (res) {
```

```
            console.log(res)
            console.log(res.data.data.datastreams[0])
            //拿到数据后保存到全局数据
            console.log(res.data)
            console.log(res.data.data.datastreams[0].datapoints[0].value)
            console.log(res.data.data.datastreams[3].datapoints[0].value)
            console.log(res.data.data.datastreams[3].datapoints[0].value.lat)
            that.setData({
                message1: res.data.data.datastreams[0].datapoints[0].value,
                message2: res.data.data.datastreams[1].datapoints[0].value,
                message3: res.data.data.datastreams[2].datapoints[0].value,
            })
        },
        fail: function (res) {
            console.log("fail!!!")
        }, complete: function (res) {
            console.log("end")
        }
    })
},
onLoad: function () {
    if (app.globalData.userInfo) {
        this.setData({
            userInfo: app.globalData.userInfo,
            hasUserInfo: true
        })
    } else if (this.data.canIUse){
        //由于 getUserInfo 是网络请求,可能会在 Page.onLoad 之后才返回
        //所以此处加入 callback
        app.userInfoReadyCallback = res =>{
            this.setData({
                userInfo: res.userInfo,
                hasUserInfo: true
            })
        }
    } else {
        //在没有 open-type = getUserInfo 版本的兼容处理
        wx.getUserInfo({
            success: res =>{
                app.globalData.userInfo = res.userInfo
                this.setData({
                    userInfo: res.userInfo,
                    hasUserInfo: true
                })
            }
        })
    }
```

```
        },
    getUserInfo: function(e) {
        console.log(e)
        app.globalData.userInfo = e.detail.userInfo
        this.setData({
            userInfo: e.detail.userInfo,
            hasUserInfo: true
        })
    },
    /* 生命周期函数--监听页面加载 */
    onLoad: function (options) {
        this.getDataFromOneNet()
    },
    /* 生命周期函数--监听页面初次渲染完成 */
    onReady: function () {
    },
    /* 生命周期函数--监听页面显示 */
    onShow: function () {
    },
    /* 生命周期函数--监听页面隐藏 */
    onHide: function () {
    },
    /* 生命周期函数--监听页面卸载 */
    onUnload: function () {
    },
    /* 页面相关事件处理函数--监听用户下拉动作 */
    onPullDownRefresh: function () {
    },
    /* 页面上拉触底事件的处理函数 */
    onReachBottom: function () {
    },
    /* 用户单击右上角分享 */
    onShareAppMessage: function () {
    }
})
<!-- index.wxml -->
< view class = "topView">
< view class = "centerItem">
< text >湿度: </ text >
< text >{{message1}}</ text >
</view >
< view class = "centerItem">
< text >温度: </ text >
< text >{{message2}}</ text >
</view >
</view >
< view class = "centerItem">
```

```
<text>重量(大于 400g 超重): </text>
<text>{{message3}}</text>
</view>
<view class = "centerView">
<button bindtap = "location" size = "default" type = "primary">行李箱的位置</button>
</view>
/ ** index.wxss ** /
.userinfo {
  display: flex;
  flex - direction: column;
  align - items: left;
}
.userinfo - avatar {
  width: 128rpx;
  height: 128rpx;
  margin: 20rpx;
  border - radius: 50 % ;
}
.userinfo - nickname {
  color: ♯aaa;
}
.usermotto {
  margin - top: 200px;
}
.centerItem {
  display: flex;
  flex - direction: row;
  align - items: center;
  justify - content: center;
   margin - top: 30rpx;
}
.topView {
  flex - direction: column;
  align - self: center;
  margin - top: 200rpx;
}
.centerView {
  flex - direction: column;
  align - self: center;
  margin - top: 80rpx;
}
//map.js
var app = getApp()
var WxGps = require('../../wxGps/wxGps.js')
Page({
  onPullDownRefresh: function () {
    console.log('onPullDownRefresh', new Date())
```

```
    },
  getDataFromOneNet: function () {
    //从 OneNET 请求我们的数据
    var that = this;
    const requestTask = wx.request({
        url: 'https://api.heclouds.com/devices/31469595/datapoints?datastream_id = weight,
temp, hum, location&limit = 1',
        data: {},
        method: 'GET',
        header: {
          'content - type': 'application/json',
          'api - key': 'kF06vQR6tc4 = TXvWN1yA9xE8Th0 = '
        },
        success: function (res) {
          console.log(res.data.data.datastreams[3].datapoints[0].value)
          console.log(res.data.data.datastreams[3].datapoints[0].value.lat)
          var result = WxGps.wgs84_to_gcj02 (res.data.data.datastreams[3].datapoints[0].
value.lon, res.data.data.datastreams[3].datapoints[0].value.lat)
          var latitude = result[1]
          var longitude = result[0]
          wx.openLocation({
            latitude:latitude,
            longitude:longitude,
            scale: 60
          })
        },
        fail: function (res) {
          console.log("fail!!!")
        },
        complete: function (res) {
          console.log("end")
        }
    })
  },
  onLoad: function () {
    if (app.globalData.userInfo) {
      this.setData({
        userInfo: app.globalData.userInfo,
        hasUserInfo: true
      })
    } else if (this.data.canIUse) {
      //由于 getUserInfo 是网络请求，可能会在 Page.onLoad 之后才返回
      //所以此处加入 callback
      app.userInfoReadyCallback = res =>{
        this.setData({
```

```
            userInfo: res.userInfo,
            hasUserInfo: true
          })
        }
    } else {
      //在没有 open - type = getUserInfo 版本的兼容处理
      wx.getUserInfo({
        success: res =>{
          app.globalData.userInfo = res.userInfo
          this.setData({
            userInfo: res.userInfo,
            hasUserInfo: true
          })
        }
      })
    }
},
getUserInfo: function (e) {
  console.log(e)
  app.globalData.userInfo = e.detail.userInfo
  this.setData({
    userInfo: e.detail.userInfo,
    hasUserInfo: true
  })
},
/*生命周期函数--监听页面加载*/
onLoad: function (options) {
  this.getDataFromOneNet()
},
/*生命周期函数--监听页面初次渲染完成*/
onReady: function () {
},
/*生命周期函数--监听页面显示*/
onShow: function () {
},
/*生命周期函数--监听页面隐藏*/
onHide: function () {
},
/*生命周期函数--监听页面卸载*/
onUnload: function () {
},
/*页面相关事件处理函数--监听用户下拉动作*/
onPullDownRefresh: function () {
},
/*页面上拉触底事件的处理函数*/
```

```
    onReachBottom: function () {
    },
    /* 用户单击右上角分享 */
    onShareAppMessage: function () {
    },
    regionchange(e) {
      console.log(e.type)
    },
    markertap(e) {
      console.log(e.markerId)
    },
    controltap(e) {
      console.log(e.controlId)
    }
}))
location.json
{
    "navigationBarTitleText": "地理位置"
}
//定义一些常量
    var x_PI = 3.14159265358979324 * 3000.0/180.0;
    var PI = 3.1415926535897932384626;
    var a = 6378245.0;
    var ee = 0.00669342162296594323;
    /**
     * 百度坐标系 (BD - 09)与火星坐标系 (GCJ - 02)的转换
     * 即百度转谷歌、高德
     * @param bd_lon
     * @param bd_lat
     * @returns {*[]}
     */
    function bd09_to_gcj02(bd_lon, bd_lat) {
      var bd_lon = + bd_lon;
      var bd_lat = + bd_lat;
      var x = bd_lon - 0.0065;
      var y = bd_lat - 0.006;
      var z = Math.sqrt(x * x + y * y) - 0.00002 * Math.sin(y * x_PI);
      var theta = Math.atan2(y, x) - 0.000003 * Math.cos(x * x_PI);
      var gg_lng = z * Math.cos(theta);
      var gg_lat = z * Math.sin(theta);
      return [gg_lng, gg_lat]
    }
    /**
     * 火星坐标系(GCJ - 02)与百度坐标系 (BD - 09)的转换
     * 即谷歌、高德转百度
```

```
 *  @param lng
 *  @param lat
 *  @returns { * [ ]}
 */
function gcj02_to_bd09(lng, lat) {
  var lat = + lat;
  var lng = + lng;
  var z = Math.sqrt(lng * lng + lat * lat) + 0.00002 * Math.sin(lat * x_PI);
  var theta = Math.atan2(lat, lng) + 0.000003 * Math.cos(lng * x_PI);
  var bd_lng = z * Math.cos(theta) + 0.0065;
  var bd_lat = z * Math.sin(theta) + 0.006;
  return [bd_lng, bd_lat]
}
/* WGS84 转 GCj02 */
function wgs84_to_gcj02(lng, lat) {
  var lat = + lat;
  var lng = + lng;
  if (out_of_china(lng, lat)) {
    return [lng, lat]
  } else {
    var dlat = trans_form_lat(lng - 105.0, lat - 35.0);
    var dlng = trans_form_lng(lng - 105.0, lat - 35.0);
    var radlat = lat/180.0 * PI;
    var magic = Math.sin(radlat);
    magic = 1 - ee * magic * magic;
    var sqrtmagic = Math.sqrt(magic);
    dlat = (dlat * 180.0)/((a * (1 - ee))/(magic * sqrtmagic) * PI);
    dlng = (dlng * 180.0)/(a/sqrtmagic * Math.cos(radlat) * PI);
    var mglat = lat + dlat;
    var mglng = lng + dlng;
    return [mglng, mglat]
  }
}
/* GCJ02 转换为 WGS84 */
function gcj02_to_wgs84(lng, lat) {
  var lat = + lat;
  var lng = + lng;
  if (out_of_china(lng, lat)) {
    return [lng, lat]
  } else {
    var dlat = trans_form_lat(lng - 105.0, lat - 35.0);
    var dlng = trans_form_lng(lng - 105.0, lat - 35.0);
    var radlat = lat/180.0 * PI;
    var magic = Math.sin(radlat);
    magic = 1 - ee * magic * magic;
```

```javascript
        var sqrtmagic = Math.sqrt(magic);
        dlat = (dlat * 180.0)/((a * (1 - ee))/(magic * sqrtmagic) * PI);
        dlng = (dlng * 180.0)/(a/sqrtmagic * Math.cos(radlat) * PI);
        var mglat = lat + dlat;
        var mglng = lng + dlng;
        return [lng * 2 - mglng, lat * 2 - mglat]
    }
}
function trans_form_lat(lng, lat) {
    var lat = + lat;
    var lng = + lng;
    var ret = - 100.0 + 2.0 * lng + 3.0 * lat + 0.2 * lat * lat + 0.1 * lng * lat + 0.2 * Math.sqrt
(Math.abs(lng));
    ret += (20.0 * Math.sin(6.0 * lng * PI) + 20.0 * Math.sin(2.0 * lng * PI)) * 2.0/3.0;
    ret += (20.0 * Math.sin(lat * PI) + 40.0 * Math.sin(lat/3.0 * PI)) * 2.0/3.0;
    ret += (160.0 * Math.sin(lat/12.0 * PI) + 320 * Math.sin(lat * PI/30.0)) * 2.0/3.0;
    return ret
}
function trans_form_lng(lng, lat) {
    var lat = + lat;
    var lng = + lng;
    var ret = 300.0 + lng + 2.0 * lat + 0.1 * lng * lng + 0.1 * lng * lat + 0.1 * Math.sqrt(Math.abs(lng));
    ret += (20.0 * Math.sin(6.0 * lng * PI) + 20.0 * Math.sin(2.0 * lng * PI)) * 2.0/3.0;
    ret += (20.0 * Math.sin(lng * PI) + 40.0 * Math.sin(lng/3.0 * PI)) * 2.0/3.0;
    ret += (150.0 * Math.sin(lng/12.0 * PI) + 300.0 * Math.sin(lng/30.0 * PI)) * 2.0/3.0;
    return ret
}
/* 判断是否在国内,不在国内则不做偏移 */
function out_of_china(lng, lat) {
    var lat = + lat;
    var lng = + lng;
    //纬度 3.86～53.55,经度 73.66～135.05
    return !(lng > 73.66 && lng < 135.05 && lat > 3.86 && lat < 53.55);
}
module.exports = {
    bd09_to_gcj02: bd09_to_gcj02,
    gcj02_to_bd09: gcj02_to_bd09,
    wgs84_to_gcj02: wgs84_to_gcj02,
    gcj02_to_wgs84: gcj02_to_wgs84,
    trans_form_lat: trans_form_lat,
    trans_form_lng: trans_form_lng,
    out_of_china: out_of_china
}
```

3.3 产品展示

整体外观如图 3-13 所示，微信小程序界面展示如图 3-14 所示。

图 3-13 整体外观图

图 3-14 微信小程序界面展示图

3.4　元件清单

完成本项目所用到的元件及数量如表 3-2 所示。

表 3-2　元件清单

元件/测试仪表	数　量
DHT22 温湿度传感器	1 个
FSR402 压力传感器	1 个
GPS-ATGM332D	1 个
Arduino 开发板	1 个
导线	若干
GPRS-SIM800C	1 个

第 4 章

导游自拍照无人机

实验项目设计

本项目基于 APM 飞控,实现导游自拍照无人机。

4.1　功能及总体设计

本项目基于 APM 飞控、微信小程序和 OpenMV 模块,主要功能是在景区内无人机帮助下的自主拍照和构建景区社交圈。游客可通过手机上的微信小程序看到 OpenMV 模块实时传输回来的图像信息。在合理控制无人机的条件下,游客可获得一个良好的视角并自主拍照。同时,无人机可改变不同的视角,给游客一个全新的拍照体验。另外,通过微信小程序,游客可在游玩的过程中实时享受到景区的讲解服务、定位服务和导航服务等。

小程序的另一个功能是构建景区社交圈,游客通过微信小程序加入景区社交圈。在社交圈内,游客可畅所欲言,分享所拍的美景或向同行者询问一些问题。

要实现上述功能需将作品分成三部分进行设计,即 APM 飞控实现无人机控制,通过采集并融合多种传感器的数据,计算并校正无人机的位姿。OpenMV 模块实现机器视觉处理,支持 Python 的机器视觉,是机器视觉世界的 Arduino 开发板,搭载 Micro Python 解释器,它允许在嵌入式上使用 Python 来编程;微信小程序实现数据处理和前端展示。

1. 整体框架图

整体框架如图 4-1 所示。

2. 系统流程图

系统流程如图 4-2 所示。

本章根据刘鸿儒、黄智勋项目设计整理而成。

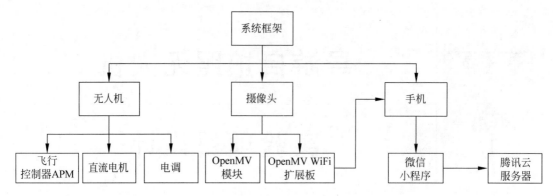

图 4-1　整体框架图

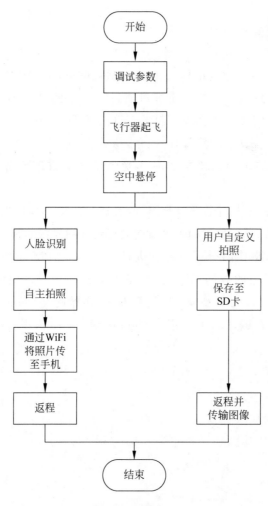

图 4-2　系统流程图

3. 总电路图

总电路如图 4-3 所示，引脚连线如表 4-1 所示。

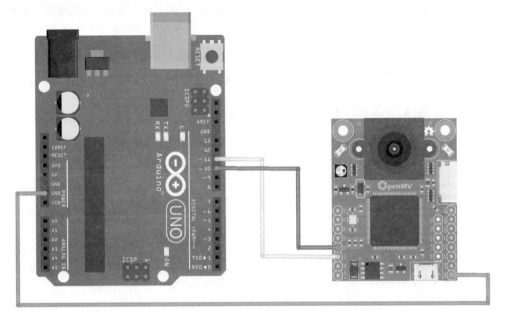

图 4-3　总电路图

表 4-1　引脚连线表

元件及引脚名		Arduino 开发板引脚
OpenMV	P4(TX)	10(RX)
	P5(RX)	11(TX)
	GND	GND

4.2　模块介绍

本项目主要包括 APM 飞控、OpenMV 模块和"GO 拍"微信小程序。下面分别给出各模块的功能介绍及相关代码。

4.2.1　APM 飞控

本部分包括 APM 飞控的功能介绍及相关代码。

1. 功能介绍

APM 全称 ArduPilotMega，Ardu 源自 Arduino 开发板，Pilot 指飞行，Mega 代表主芯片为 ATMEGA2560（Atmel 公司的 8 位 AVR 单片机）。

APM 内置六轴 MEMS、传感器 MPU6000、气压计 MS-5611、三轴磁力计 HMC5883，

一般还会配置 GPS 模块，以便更精确地惯性导航。其中，MPU6000 整合了三轴陀螺仪和三轴加速度计，积分可得速度和位姿。MS-5611 通过测量气压得到高度，辅助 GPS 定位。HMC5883 通过测量地磁场得到方位，辅助无人机定向。飞控采集并融合多种传感器的数据，计算并校正无人机的位姿。

2. 相关代码

本部分包括用于飞行控制的主函数和其他几个关键函数。

1）主函数

大多数飞行控制系统至少有两个主循环，这里主要介绍控制飞行的 fast 循环。

相关代码如下：

```
# include "Config.h"
# include "RX.h"
# include "IMU.h"
# include "Motors.h"
# include "MSP.h"
# include "LED.h"
# include "Debug.h"
extern volatile uint16_t rcValue[];
int16_t fastLoopTiming, slowLoopTiming;
void doMode();
void doPID();
void doMix();
void setup() {
    pinMode(LEDPIN, OUTPUT);
    initLEDs();
    initMSP();
    initRX();
    initIMU();
    initMotors();
    blinkAround();
}
unsigned long fastLoopLength;
unsigned long fastLoopStart = 0;
unsigned long slowLoopLength;
unsigned long slowLoopStart = 0;
void loop() {
unsigned long fastLoopEnd = micros();
fastLoopLength = fastLoopEnd - fastLoopStart;
if ((fastLoopLength)> FASTLOOPTARGET)
{
fastLoopStart = fastLoopEnd;
readIMU();                              //读取陀螺仪、加速度计、重力的原始数据
calcIMU ();                             //计算当前的俯仰、偏航、滚转的数值
doMode();                               //执行俯仰、偏航、滚转指令
```

```
doPID();                                    //调节俯仰、偏航、滚转指令
doMIX();                                    //从命令模式切换到速度模式
writeMotors();                              //写入直流电机
mspRead();                                  //确认新的遥测信息
fastlooptiming = MICROS - fastloopend ();
}
  //慢回路的通信
unsigned long slowLoopEnd = millis();
slowLoopLength = slowLoopEnd - slowLoopStart;
if ((slowLoopLength)> SLOWLOOPTARGET)
  {
     slowLoopStart = slowLoopEnd;
     long slowLoopTimingStart = micros();
     mspWrite();
     slowLoopTiming = micros() - slowLoopTimingStart;
  }
}
```

2) 读取陀螺仪、加速度计、重力原始数据的函数 readIMU

该函数为保证飞机正常起飞的关键函数，实现的功能为惯性测量单元(IMU)从传感器芯片读取原始数据并进行汇总，最后将结果转换成所需格式，调用该函数时加入头文件 IMU.h。

相关代码如下：

```
# include "Arduino.h"
# include "i2c_t3.h"
# include "Config.h"
# include "MSP.h"
# include "LED.h"
extern int16_t debugVals[4];
const int MPU = 0x68;                      //MPU6050 的地址
unsigned int i2cerrorcnt = 0;              //I2C 持续计数误差
float gyroOff[3] = {0, 0, 0};              //校准结果
float accOff[3] = {0, 0, 0};               //校准结果
int16_t Acc[3], Gyro[3];                   //IMU 原始数据
int16_t Tmp;                               //原始温度数据
float IMURoll, IMUpitch, IMUHead;          //之后的 IMU 数据
float throttleCorrection;                  //增压节流阀的滚动/俯仰角度
# define gyroMeasError 3.14159265358979f * (5.0f/180.0f)
//陀螺仪误差测量以 rad/s
# define beta sqrt(3.0f/4.0f) * gyroMeasError)
float a_x, a_y, a_z;
float w_x, w_y, w_z;                       //定向四元数与初始条件
float SEq_1 = 1.0f, SEq_2 = 0.0f, SEq_3 = 0.0f, SEq_4 = 0.0f;
void requestIMU()
{
```

```
    Wire.beginTransmission(MPU);
    Wire.write(0x3B);
    Wire.endTransmission(true);
    Wire.requestFrom(MPU,14,true);
}
//仅读取陀螺仪
void requestGyro()
{
    Wire.beginTransmission(MPU);
    Wire.write(0x43);
    Wire.endTransmission(true);
    Wire.requestFrom(MPU,6,true);
}
//IMU可用字节和读取过程是否是全部消息
uint8_t imuBufPos = 0;
uint8_t imuBuf[14];
void readIMU()
{
    requestIMU();
    while (imuBufPos < 14)
    {
        if (Wire.available() > 0)
{
imuBuf[imuBufPos++] = Wire.read();
if (Wire.getError() != 0)
i2cErrorCnt++;
}
    }
if (imuBufPos == 14)
{
Acc[0] = imuBuf[0] << 8 | imuBuf[1];
Acc[1] = imuBuf[2] << 8 | imuBuf[3];
Acc[2] = imuBuf[4] << 8 | imuBuf[5];
Tmp = imuBuf[6] << 8 | imuBuf[7];
Gyro[0] = imuBuf[8] << 8 | imuBuf[9];
Gyro[1] = imuBuf[10] << 8 | imuBuf[11];
Gyro[2] = imuBuf[12] << 8 | imuBuf[13];
imuBufPos = 0;
}
}
#define ACC_1G (2048)
void calibrateGyroAcc()
{
//标定方法,通过反复取平均的读数
//直到足够低振动
    #define CALIBBLOCKSIZE (512)
    bool calibGood = false;
```

```
float gyroSum[3] = {0, 0, 0};
float accSum[3] = {0, 0, 0};
float vibSum;
delay(5000);
LEDPIN_ON;
while (!calibGood)
{
for (int i = 0; i < 3; i++)
  {
    gyroSum[i] = 0;
    accSum[i] = 0;
  }
  vibSum = 0;
  delay(1000);
  //读取陀螺仪数据,计算水平振动
  readIMU();
  for (int i = 0; i < CALIBBLOCKSIZE; i++)
  {
    delay(3);
    readIMU();
    for (int j = 0; j < 3; j++)
    {
      gyroSum[j] += Gyro[j];
      accSum[j] += Acc[j];
    }
   vibSum = abs(a_x + accOff[0]) + abs(a_y + accOff[1]);     // + abs(a_z − accOff[2]);
  }
  for (int j = 0; j < 3; j++)
  {
    gyroOff[j] = − (gyroSum[j]/CALIBBLOCKSIZE);
    accOff[j] = − (accSum[j] /CALIBBLOCKSIZE);
  }
  calibGood = vibSum < 1.0f;
}
accOff[2] += ACC_1G;
LEDPIN_OFF;
}
//设置和校准 IMU 模块
void initIMU()
{
//初始化 MPU6050
Wire.begin();
Wire.setClock(400000);
//设置至 400kHz 的 I2C 时钟速率
Wire.beginTransmission(MPU);
Wire.write(0x6B);Wire.write(0x80);                //复位到默认
Wire.endTransmission(true);
```

```
delay(50);
Wire.beginTransmission(MPU);
Wire.write(0x6B);Wire.write(0x03);
Wire.endTransmission(true);
delay(50);
Wire.beginTransmission(MPU);
Wire.write(0x1a);Wire.write(0x03);
Wire.write(0x1b);Wire.write(0x18);
Wire.write(0x1c);Wire.write(0x10);
Wire.endTransmission(true);
requestIMU();
calibrateGyroAcc();
}
}
```

3) 计算当前的俯仰、偏航、滚转数值的函数 calcIMU

该函数实现的功能是将 IMU 中读取的原始数据计算为所需的俯仰、偏航、滚转的数值。调用函数时加入头文件 IMU.h。

相关代码如下:

```
#define gyro2radpersec (2000.0f/32768.0f) * (3.1415926f/180.0f)
//原始的陀螺仪标度
float rad2deg = (180.0f/3.1415926f);
void calcIMU()
{
a_x = (float)Acc[0] + accOff[0];
a_y = (float)Acc[1] + accOff[1];
a_z = (float)Acc[2] + accOff[2];
w_x = ((float)Gyro[0] + gyroOff[0]) * gyro2radpersec;
w_y = ((float)Gyro[1] + gyroOff[1]) * gyro2radpersec;
w_z = ((float)Gyro[2] + gyroOff[2]) * gyro2radpersec;
//本地系统变量
float norm;
float SEqDot_omega_1, SEqDot_omega_2, SEqDot_omega_3, SEqDot_omega_4;
float f_1, f_2, f_3;
float J_11or24, J_12or23, J_13or22, J_14or21, J_32, J_33;
float SEqHatDot_1, SEqHatDot_2, SEqHatDot_3, SEqHatDot_4;
float halfSEq_1 = 0.5f * SEq_1;
float halfSEq_2 = 0.5f * SEq_2;
float halfSEq_3 = 0.5f * SEq_3;
float halfSEq_4 = 0.5f * SEq_4;
float twoSEq_1 = 2.0f * SEq_1;
float twoSEq_2 = 2.0f * SEq_2;
float twoSEq_3 = 2.0f * SEq_3;
//标准化加速度计测量
norm = sqrt(a_x * a_x + a_y * a_y + a_z * a_z);
```

```
a_x /= norm;
a_y /= norm;
a_z /= norm;
throttleCorrection = a_z;
SEqDot_omega_1 = - halfSEq_2 * w_x - halfSEq_3 * w_y - halfSEq_4 * w_z;
SEqDot_omega_2 = halfSEq_1 * w_x + halfSEq_3 * w_z - halfSEq_4 * w_y;
SEqDot_omega_3 = halfSEq_1 * w_y - halfSEq_2 * w_z + halfSEq_4 * w_x;
SEqDot_omega_4 = halfSEq_1 * w_z + halfSEq_2 * w_y - halfSEq_3 * w_x;
if ((0.75f < a_z) && (a_z < 1.25f))
    {
        //计算目标函数和雅可比式
        f_1 = twoSEq_2 * SEq_4 - twoSEq_1 * SEq_3 - a_x;
        f_2 = twoSEq_1 * SEq_2 + twoSEq_3 * SEq_4 - a_y;
        f_3 = 1.0f - twoSEq_2 * SEq_2 - twoSEq_3 * SEq_3 - a_z;
        J_11or24 = twoSEq_3;                       //J_11 的求反矩阵乘法
        J_12or23 = 2.0f * SEq_4;
        J_13or22 = twoSEq_1;                       //J_12 的求反矩阵乘法
        J_2 = 14or21 twoseq_ ;
        J_32 = 2.0f * J_14or21;
        J_33 = 2.0f * J_11or24;
        //计算梯度矩阵乘法
        SEqHatDot_1 = J_14or21 * f_2 - J_11or24 * f_1;
        SEqHatDot_2 = J_12or23 * f_1 + J_13or22 * f_2 - J_32 * f_3;
        SEqHatDot_3 = J_12or23 * f_2 - J_33 * f_3 - J_13or22 * f_1;
        SEqHatDot_4 = J_14or21 * f_1 + J_11or24 * f_2;
        //梯度归一化
norm = sqrt(SEqHatDot_1 * SEqHatDot_1 + SEqHatDot_2 * SEqHatDot_2 + SEqHatDot_3 * SEqHatDot_3 +
SEqHatDot_4 * SEqHatDot_4);
        SEqHatDot_1 /= norm;
        SEqHatDot_2 /= norm;
        SEqHatDot_3 /= norm;
        SEqHatDot_4 /= norm;
        SEq_1 += (SEqDot_omega_1 - (beta * SEqHatDot_1)) * deltat;
        SEq_2 += (SEqDot_omega_2 - (beta * SEqHatDot_2)) * deltat;
        SEq_3 += (SEqDot_omega_3 - (beta * SEqHatDot_3)) * deltat;
        SEq_4 += (SEqDot_omega_4 - (beta * SEqHatDot_4)) * deltat;
    }
    else
    {
        SEq_1 += (SEqDot_omega_1) * deltat;
        SEq_2 += (SEqDot_omega_2) * deltat;
        SEq_3 += (SEqDot_omega_3) * deltat;
        SEq_4 += (SEqDot_omega_4) * deltat;
    }
    norm = sqrt(SEq_1 * SEq_1 + SEq_2 * SEq_2 + SEq_3 * SEq_3 + SEq_4 * SEq_4);
    SEq_1 /= norm;
    SEq_2 /= norm;
```

```
    SEq_3 /= norm;
    SEq_4 /= norm;
    IMUPitch = - rad2deg * atan2(2.0 * (SEq_3 * SEq_4 + SEq_1 * SEq_2), SEq_1 * SEq_1 -
    SEq_2 * SEq_2 - SEq_3 * SEq_3 + SEq_4 * SEq_4);
    IMURoll = rad2deg * asin( - 2.0 * (SEq_2 * SEq_4 - SEq_1 * SEq_3));
    IMUHead = - rad2deg * atan2(2.0 * (SEq_2 * SEq_3 + SEq_1 * SEq_4), SEq_1 * SEq_1 +
    SEq_2 * SEq_2 - SEq_3 * SEq_3 - SEq_4 * SEq_4);
}
void writeMSP_RAW_IMU() {                          //写入原始数据
mspWriteStart(MSP_RAW_IMU);
for (int i = 0; i < 3; i++)
  {
      mspWriteWord(Acc[i]);
  }
mspWriteWord(Tmp/340.00 + 36.53);
for (int i = 0; i < 3; i++)
    {
        mspWriteWord(Gyro[i]);
    }
mspWriteEnd();
}
void writeMSP_ATTITUDE() {                         //写入位置数据
    mspWriteStart(MSP_ATTITUDE);
    mspWriteWord((int16_t)(IMURoll * 10));
    mspWriteWord((int16_t)(IMUPitch * 10));
    mspWriteWord((int16_t)(IMUHead));
mspWriteEnd();
}
```

4）调节当前的俯仰、偏航、滚转数值的函数 doPID

该函数通过 PID 算法调节当前的俯仰、偏航、滚转的数值，使用 writeMotors 函数写入直流电机，调用时加入头文件 PID.h。

相关代码如下：

```
# include "Arduino.h"
# include "Config.h"
# include "MSP.h"
# include "RX.h"
extern float axisCmd[];
extern int16_t debugVals[];
# define MYPIDITEMS 4
float axisCmdPID[MYPIDITEMS] = { 0.0f, 0.0f, 0.0f, 0.0f };
float pid_p[MYPIDITEMS] = { 1.0f, 0.8f, 0.8f, 3.0f };
float pid_i[MYPIDITEMS] = { 0.0f, 0.03f, 0.03f, 0.07f };
float pid_d[MYPIDITEMS] = { 0.0f, 0.3f, 0.3f, 0.9f };
uint16_t tpaCutoff = 500;
```

```
float tpaMult = 1.25f;
float prevE[MYPIDITEMS] = { 0, 0, 0, 0 };
float pid_isum[MYPIDITEMS] = { 0, 0, 0, 0 };
float pid_ddt[MYPIDITEMS] = { 0, 0, 0, 0 };
float maxDDT[MYPIDITEMS] = { 0, 0, 0, 0 };
float minDDT[MYPIDITEMS] = { 0, 0, 0, 0 };
void doPID()
{
  float e;
  float tpa = (axisCmd[0]< tpaCutoff)? ((tpaMult - 1.0f) * ((float)(tpaCutoff - axisCmd[0])/
(float)(tpaCutoff))) + 1.0f : 1.0f;
  for (int i = 0; i < MYPIDITEMS; i++)
  {
    e = axisCmd[i];
    pid_isum[i] = constrain(pid_isum[i] + (e), - 0.1f, 0.1f);
    pid_ddt[i] = (e - prevE[i])/deltat;
    if (pid_ddt[i]< minDDT[i]) minDDT[i] = pid_ddt[i];
    if (pid_ddt[i]> maxDDT[i]) maxDDT[i] = pid_ddt[i];
      axisCmdPID[i] = (pid_p[i] * e) + (pid_i[i] * pid_isum[i]) + (pid_d[i] * pid_ddt[i]);
    prevE[i] = e;
  }
  debugVals[0] = 1000 * tpa;
  debugVals[1] = axisCmd[0];
}
#define PIDITEMS 10
void readMSP_SET_PID(MSPInBuf * buf) {               //调节函数
  int bufPos = 1;
for (int i = 1; i < MYPIDITEMS; i++)
    {
      pid_p[i] = (float)buf -> buf[bufPos++]/10.0f;
      pid_i[i] = (float)buf -> buf[bufPos++]/1000.0f;
      pid_d[i] = (float)buf -> buf[bufPos++]/10.0f;
    }
}
void writeMSP_PID() {                                //写入函数
    mspWriteStart(MSP_PID);
for (int i = 1; i < MYPIDITEMS; i++)
{
      mspWriteByte(pid_p[i] * 10);
      mspWriteByte(pid_i[i] * 1000);
      mspWriteByte(pid_d[i] * 10);
    }
    for (int i = MYPIDITEMS; i < PIDITEMS; i++)
    {
      mspWriteByte((uint8_t)i);
      mspWriteByte((uint8_t)0);
      mspWriteByte((uint8_t)0);
```

```
        }
    mspWriteEnd();
}
```

4.2.2 OpenMV 模块

本部分主要包括 OpenMV 模块功能介绍及相关代码。

1. 功能介绍

OpenMV 是一款低价、可扩展、支持 Python 的机器视觉模块,是机器视觉世界的 Arduino 开发板,OpenMV 搭载 Micro Python 解释器,它允许在嵌入式上使用 Python 来编程。例如,直接调用 find_blobs()方法,可以获得一个列表,包含所有色块的信息。使用 Python 遍历每个色块,获取所有信息,而这些只需要两行代码。若使用 OpenMV 专用的 IDE,它有自动提示,代码高亮,使用 OpenMV 模块,无人机能够更加方便地实现避障、人像锁定、人像摄像等基础功能。另外,利用 OpenMV 的 WiFi 扩展板和 SD 卡,便能直接与计算机、手机进行通信和实现,具有实时存储照片的功能。

2. 相关代码

1) AprilTag 标记跟踪

AprilTag 用于 AR、机器人和相机校准。把 tag 贴到目标上,OpenMV 模块就可以识别出这个标签的 3D 位置和 ID。在实验中,利用 AprilTag 标记跟踪可在小范围内精准定位无人机的 3D 位置。

相关代码如下:

```
import sensor, image, time, math
#设置摄像头
sensor.reset()                                  #初始化感光元件
sensor.set_pixformat(sensor.RGB565)             #设置为彩色
sensor.set_framesize(sensor.QQVGA)              #设置图像的大小
sensor.skip_frames(30)                          #跳过30帧,等图像变稳定
sensor.set_auto_gain(False)                     #关闭自动增益
sensor.set_auto_whitebal(False)                 #关闭白平衡
clock = time.clock()                            #追踪帧率
while(True):
    clock.tick()                                #追踪两张快照间的时间间隔
    img = sensor.snapshot()                     #从感光芯片获取一张快照
    for tag in img.find_apriltags():            #找 tag
        img.draw_rectangle(tag.rect(), color = (255, 0, 0))      #用红色矩形标记出 tag
        img.draw_cross(tag.cx(), tag.cy(), color = (0, 255, 0))  #在目标中心画绿十字
        degress = 180 * tag.rotation()/math.pi
        print(tag.id(),degress)
f_x = (2.8/3.984) * 160                         #默认值
f_y = (2.8/2.952) * 120                         #默认值
c_x = 160 * 0.5                                 #默认值(image.w * 0.5)
```

```
c_y = 120 * 0.5                          # 默认值(image.h * 0.5)
def degrees(radians):
    return (180 * radians)/math.pi
while(True):
    clock.tick()
    img = sensor.snapshot()
    for tag in img.find_apriltags(fx = f_x, fy = f_y, cx = c_x, cy = c_y):
        img.draw_rectangle(tag.rect(), color = (255, 0, 0))
        img.draw_cross(tag.cx(), tag.cy(), color = (0, 255, 0))
        print_args = (tag.x_translation(), tag.y_translation(), tag.z_translation(), \
        degrees(tag.x_rotation()), degrees(tag.y_rotation()), degrees(tag.z_rotation()))
        # 位置的单位是未知的,旋转的单位是角度
        print("Tx: % f, Ty % f, Tz % f, Rx % f, Ry % f, Rz % f" % print_args)
    print(clock.fps())
```

2) 串口通信

TTL 串口需要 TXD、RXD 和 GND。TXD 是发送端；RXD 是接收端；GND 是地线。
OpenMV 的 RXD 连接到另一个 MCU 的 TXD,TXD 连接到 RXD。

相关代码如下：

```
import sensor, image, time
from pyb import UART
import json
yellow_threshold = (65, 100, -10, 6, 24, 51)
sensor.reset()
sensor.set_pixformat(sensor.RGB565)
sensor.set_framesize(sensor.QQVGA)
sensor.skip_frames(10)
sensor.set_auto_whitebal(False)
clock = time.clock()
uart = UART(3, 115200)
while(True):
    img = sensor.snapshot()  # Take a picture and return the image
    blobs = img.find_blobs([yellow_threshold])     # 寻找色块
    if blobs:
        print('sum :', len(blobs))
        output_str = json.dumps(blobs)
        for b in blobs:
            img.draw_rectangle(b.rect())
            img.draw_cross(b.cx(), b.cy())
        print('you send:', output_str)
        uart.write(output_str + '\n')
    else:
        print('not found!')
```

/ * 另外,因为 Arduino 开发板一个串口用于接收,无法发送给计算机显示,所以使用软件模拟串口来
进行串口转发程序,使用软件模拟串口时 Arduino 开发板的代码 * /

```
#include <SoftwareSerial.h>
SoftwareSerial softSerial(10, 11);                    //RX, TX
typedef struct
{
  int data[50][2] = {{0,0}};
  int len = 0;
}List;
List list;
void setup() {
  softSerial.begin(115200);
  Serial.begin(115200);
}
void loop() {
  if(softSerial.available())
  {
    getList();
    for (int i = 0; i < list.len; i++)
    {
      Serial.print(list.data[i][0]);
      Serial.print('\t');
      Serial.println(list.data[i][1]);
    }
    Serial.println("============");
    clearList();
  }
}
String detectString()
{
  while(softSerial.read() != '{');
  return(softSerial.readStringUntil('}'));
}
void clearList()
{
  memset(list.data, sizeof(list.data),0);
  list.len = 0;
}
void getList()
{
  String s = detectString();
  String numStr = "";
  for(int i = 0; i < s.length(); i++)
  {
    if(s[i] == '('){
      numStr = "";
    }
    else if(s[i] == ','){
      list.data[list.len][0] = numStr.toInt();
```

```
      numStr = "";
    }
    else if(s[i] == ')'){
      list.data[list.len][1] = numStr.toInt();
      numStr = "";
      list.len++;
    }
    else{
      numStr += s[i];
    }
  }
}
```

3) 人脸检测和追踪

通过在图像上使用 Haar 级联特征检测器来工作。Haar 级联是一系列简单的区域对比检查。对于内置的前表面探测器,有 25 阶段的检查,每个阶段有数百个检查块。Haar Cascades 运行速度很快,只有在以前阶段结束后才会评估后期。此外,OpenMV 使用称为整体图像的数据结构在恒定时间内快速执行每个区域对比度检查(特征检测仅为灰度是因为整体图像的空间需求)。

相关代码如下:

```
import sensor, time, image
sensor.reset()
# 初始化
sensor.set_contrast(1)
sensor.set_gainceiling(16)
sensor.set_framesize(sensor.HQVGA)
sensor.set_pixformat(sensor.GRAYSCALE)
# 人脸识别只能用灰度图
face_cascade = image.HaarCascade("frontalface", stages = 25)
# image.HaarCascade(path, stages = Auto)加载一个 Haar(哈尔)模型。Haar 模型是二进制文件,这
# 个模型如果是自定义的,则引号内为模型文件的路径;也可以使用内置的 Haar 模型,例如
# frontalface 人脸模型或者 eye 人眼模型。stages 值未传入时使用默认的 stages
# stages 值设置的小一些可以加速匹配,但会降低准确率
print(face_cascade)
clock = time.clock()
while (True):
    clock.tick()
    img = sensor.snapshot()
    objects = img.find_features(face_cascade, threshold = 0.75, scale = 1.35)
    # image.find_features(cascade, threshold = 0.5, scale = 1.5),thresholds 越大,匹配速度越
    # 快,错误率也会上升,scale 可以缩放被匹配特征的大小
    for r in objects:
        img.draw_rectangle(r)
```

```
        print(clock.fps())
import sensor,'time, image
sensor.reset()
sensor.set_contrast(3)
sensor.set_gainceiling(16)
sensor.set_framesize(sensor.VGA)
sensor.set_windowing((320, 240))
sensor.set_pixformat(sensor.GRAYSCALE)
sensor.skip_frames(time = 2000)
face_cascade = image.HaarCascade("frontalface", stages = 25)
print(face_cascade)
kpts1 = None                                          #初始化 kpts1
while (kpts1 == None):
    img = sensor.snapshot()
    img.draw_string(0, 0, "Looking for a face...")
    objects = img.find_features(face_cascade, threshold = 0.5, scale = 1.25)     #"找脸"
    if objects:
        #在每个方向上将 ROI 扩大 31 个像素
        face = (objects[0][0] - 31, objects[0][1] - 31,objects[0][2] + 31 * 2, objects[0][3] + 31 * 2)
        #使用检测面大小作为 ROI 提取关键点
        kpts1 = img.find_keypoints(threshold = 10, scale_factor = 1.1, max_keypoints = 100,
roi = face)
        img.draw_rectangle(objects[0])
print(kpts1)
img.draw_keypoints(kpts1, size = 24)
img = sensor.snapshot()
time.sleep(2000)
clock = time.clock()
while (True):
    clock.tick()
    img = sensor.snapshot()
    #从整个帧中提取关键点
    kpts2 = img.find_keypoints(threshold = 10, scale_factor = 1.1, max_keypoints = 100,
normalized = True)
    if (kpts2):
        #将第一组关键点与第二组关键点匹配
        c = image.match_descriptor(kpts1, kpts2, threshold = 85)
        match = c[6]   #C[6] contains the number of matches
        if (match > 5):
         img.draw_rectangle(c[2:6])
         img.draw_cross(c[0], c[1], size = 10)
         print(kpts2, "matched: % d dt: % d" % (match, c[7]))
         img.draw_string(0, 0, "FPS: %.2f" % (clock.fps()))
```

4.2.3 "GO拍"微信小程序

本节主要包括"GO拍"微信小程序的功能介绍及相关代码。

1. 功能介绍

该部分主要包括设计思路及相关要点。

1) 设计思路

(1) 设计底部标签导航,准备好图标和创建相应的三个页面。

(2) 设计发现页(首页)的大标题、小标题及相关内容。

(3) 设计拍照界面,功能包括实时预览无人机传回的照片、保存图片、上传图片、查看位置、语音导游、自主录音和查看飞行状态。

(4) 设计"我的"用户信息相关内容,包括用户登录、系统设置及用户单击等功能。

2) 相关要点

(1) 小程序开发框架的逻辑层是用JavaScript编写的,逻辑层将数据进行处理后发送给视图层,同时接收视图层的事件反馈。

(2) App.json文件用于对小程序进行全局配置,决定页面文件的路径、窗口表现、设置网络超时时间、设置底部标签导航及开启debug开发模式。

(3) swiper滑块视图容器组件可以实现海报轮播效果动态展示及页签内容切换效果。

2. 框架全局配置文件

1) App.js小程序逻辑文件

App.js文件作为定义全局数据和函数使用,可以指定微信小程序的生命周期函数并定义一些全局的函数和数据。

相关代码如下:

```
//App.js
App({
  onLaunch: function() {
    //调用API从本地缓存中获取数据
    var logs = wx.getStorageSync('logs') || []
    logs.unshift(Date.now())
    wx.setStorageSync('logs', logs)
  },
  getUserInfo: function(cb) {
    var that = this
    if (this.globalData.userInfo) {
      typeof cb == "function" && cb(this.globalData.userInfo)
    } else {
      //调用登录接口
      wx.getUserInfo({
        withCredentials: false,
        success: function(res) {
```

```
                that.globalData.userInfo = res.userInfo
                typeof cb == "function" && cb(that.globalData.userInfo)
            }
        })
    }
  },
  globalData: {
    userInfo: null
  }
})
```

2) APP.json 小程序公共设置文件

APP.json 作为全局配置文件,主要用于设置以下 5 个功能:配置页面路径、配置窗口表现、配置标签导航、配置网络超时和配置 debug 模式。

相关代码如下:

```
{
  "pages":[
    "pages/index/index",
    "pages/face/face",
    "pages/map/map",
    "pages/daoyou/daoyou",
    "pages/photo/photo",
    "pages/me/me",
    "pages/detail/detail",
    "pages/setup/setup",
    "pages/fly/fly",
    "pages/find/find",
    "pages/luying/luying"
  ],
  "window":{
    "backgroundTextStyle":"light",
    "navigationBarBackgroundColor": "#8a2be2",
    "backgroundColor":"#8a2be2",
    "navigationBarTitleText": "GO 拍",
    "navigationBarTextStyle":"white"
  },
  "tabBar": {
    "selectedColor": "#",
    "borderStyle": "black",
    "backgroundColor": "white",
    "list": [{
      "pagePath": "pages/index/index",
      "text": "发现",
      "iconPath": "/images/bar/index-0.jpg",
      "selectedIconPath": "/images/bar/index-1.jpg"
```

```
    },{
      "pagePath": "pages/fly/fly",
      "text": "拍照",
      "iconPath": "/images/bar/photo-0.jpg",
      "selectedIconPath": "/images/bar/photo-1.jpg"
    },
    {
      "pagePath": "pages/me/me",
      "text": "我的",
      "iconPath": "/images/bar/me-0.jpg",
      "selectedIconPath": "/images/bar/me-1.jpg"
    }]
  }
}
```

3）App.wxss 小程序公共样式文件

App.wxss 文件对 CSS 样式进行了扩展,但使用方式与 CSS 一样,是针对所有页面定义的全局样式。

相关代码如下:

```
/* App.wxss */
.container {
  height: 100%;
  display: flex;
  flex-direction: column;
  align-items: center;
  justify-content: space-between;
  padding: 200rpx 0;
  box-sizing: border-box;
}
```

3. 发现页(首页)页面布局设计

发现页是"GO 拍"小程序的首页,以下是布局和逻辑函数。

1）页面描述

页面描述主要包括设计首页的整体布局和一些滑块组件的设计。

相关代码如下:

```
<view class="content">
  <view class="bg">
    <view class="name">GO 拍</view>
    <view class="search">
      <view>
        <image src="/images/icon/search.jpg" style="width:14px;height:14px"></image>
      </view>
      <view>
        <input type="text" placeholder="Find what you like"/>
```

```
            </view>
          </view>
        </view>
      <view class = "navbg">
        <view class = "nav">
          <scroll - view class = "scroll - view_H" scroll - x = "true">
            <view class = "scroll - view_H">
              <view>
<view class = "{{flag == 0? 'select':'normal'}}" id = "0" bindtap = "switchNav">关注</view>
              </view>
              <view>
                <view class = "{{flag == 1? 'select':'normal'}}" id = "1" bindtap = "switchNav">推荐</view>
              </view>
              <view>
                <view class = "{{flag == 2? 'select':'normal'}}" id = "2" bindtap = "switchNav">热门</view>
              </view>
              <view>
                <view class = "{{flag == 3? 'select':'normal'}}" id = "3" bindtap = "switchNav">周边</view>
              </view>
              <view>
                <view class = "{{flag == 4? 'select':'normal'}}" id = "4" bindtap = "switchNav">视频</view>
              </view>
              <view>
                <view class = "{{flag == 5? 'select':'normal'}}" id = "5" bindtap = "switchNav">攻略</view>
              </view>
              <view>
                <view class = "{{flag == 6? 'select':'normal'}}" id = "6" bindtap = "switchNav">录音</view>
              </view>
              <view>
                <view class = "{{flag == 7? 'select':'normal'}}" id = "7" bindtap = "switchNav">榜单</view>
              </view>
            </view>
          </scroll - view>
        </view>
        <view class = "add">></view>
      </view>
      <swiper current = "{{flag}}" style = "height:1300px;">
        <swiper - item>
          <include src = "recommend. wxml"/>
        </swiper - item>
        <swiper - item>
          <image src = "/images/item/hh. jpeg" style = "width:350px;height:540px"></image>
        </swiper - item>
        <swiper - item>
          <image src = "/images/item/hh. jpeg" style = "width:350px;height:540px"></image>
        </swiper - item>
        <swiper - item>
```

```
        < image src = "/images/item/hh. jpeg" style = "width:350px;height:540px"></image>
      </swiper - item>
      < swiper - item >
        < image src = "/images/item/hh. jpeg" style = "width:350px;height:540px"></image>
      </swiper - item>
      < swiper - item >
        < image src = "/images/item/hh. jpeg" style = "width:350px;height:540px"></image>
      </swiper - item>
      < swiper - item >
        < image src = "/images/item/hh. jpeg" style = "width:350px;height:540px"></image>
      </swiper - item>
      < swiper - item >
        < image src = "/images/item/hh. jpeg" style = "width:350px;height:540px"></image>
      </swiper - item>
      < swiper - item >
        < image src = "/images/item/hh. jpeg" style = "width:350px;height:540px"></image>
      </swiper - item>
      < swiper - item >
        < image src = "/images/item/hh. jpeg" style = "width:350px;height:540px"></image>
      </swiper - item>
    </swiper >
</view>
```

2) 页面逻辑

页面逻辑主要指主页的运行逻辑,包括获取数据、更新数据等。

相关代码如下:

```
//index. js
//获取应用实例
var app = getApp()
Page({
  data: {
    flag: 0,
    userInfo: {}
  },
  onLoad: function () {
    console. log('onLoad')
    var that = this
    //调用应用实例的方法获取全局数据
    app. getUserInfo(function(userInfo){
      //更新数据
      that. setData({
        userInfo:userInfo
      })
    })
  },
  switchNav:function(e){
```

```
    var id = e.target.id;
    var page = this;
    if (this.data.flag == id){
        return false;
    }else{
        page.setData({ flag:id});
    }
},
seeDetail:function(){
    wx.navigateTo({
        url: '../detail/detail'
    })
}
})
```

主页展示如图 4-4 所示。

图 4-4　主页展示

4. 拍照页布局设计

拍照页是"GO 拍"小程序的主要功能,以下介绍基本页面和功能界面的逻辑函数。

1) 基本页面设计

基本页面设计主要包括设计拍照页的整体布局。

相关代码如下:

```
< view class = "page - body">
  < view class = "page - body - wrapper">
    < camera device - position = "back" flash = "off" binderror = "error" style = "width: 100 % ;
height: 500px;"></camera>
    < view class = "btn - area">
      < view class = "hr"></view>
      < button type = "primary" bindtap = "takePhoto">拍照</button>
      < view class = "hr"></view>
    </view>
    < view class = "btn - area">
      < button type = "primary" bindtap = "startRecord">开始录像</button>
      < view class = "hr"></view>
    </view>
    < view class = "btn - area">
      < button type = "primary" bindtap = "stopRecord">结束录像</button>
      < view class = "hr"></view>
    </view>
    < view class = "btn - area">
      < button type = "primary" bindtap = "setup">切换镜头</button>
      < view class = "hr"></view>
    </view>
    < view class = "btn - area">
      < button type = "primary" bindtap = "sendimage">上传图片</button>
      < view class = "hr"></view>
    </view>
    < view class = "btn - area">
      < button type = "primary" bindtap = "saveimage">保存图片</button>
      < view class = "hr"></view>
    </view>
      < image wx:if = "{{src}}" mode = "widthFix" src = "{{src}}" style = "width:100 % ;height:
500px;" bindtap = "saveimage"></image>
    < video wx:if = "{{videoSrc}}" class = "video" src = "{{videoSrc}}"></video>
  </view>
</view>
```

拍照页面如图 4-5 所示。

图 4-5　拍照页面

2）上拉菜单设置

上拉菜单设置主要内容为主页面到子页面的跳转。

相关代码如下：

```
<! -- pages/fly/fly.wxml -->
< view class = "page - body">
< image mode = " widthFix" src = " http://192. 168. 1. 1:8080/" style = " width:100 % ; height:
500px;" bindtap = "saveimage"></image >
< view class = "btn - area">
    < button type = "primary">保存图片</button >
    < view class = "hr"></view >
</view >
< view class = "btn - area">
    < button type = "primary" bindtap = "setup">切换镜头</button >
    < view class = "hr"></view >
</view >
< view class = "btn - area">
    < button type = "primary" bindtap = "getwifi">连接 WiFi</button >
    < view class = "hr"></view >
</view >
< view class = "btn - area">
    < button type = "primary" bindtap = "getlocation">查看位置</button >
```

```
        <view class = "hr"></view>
    </view>
<view class = "btn - area">
        <button type = "primary" bindtap = "face">飞行状态</button>
        <view class = "hr"></view>
    </view>
</view>
```

3）录音界面逻辑

录音界面逻辑主要内容包括控件的设计和文件的存储。

相关代码如下：

```
var app = getApp()
Page({
  data: {
    j: 1,                                   //帧动画初始图片
    isSpeaking: false,                      //是否正在说话
    voices: [],                             //音频数组
  },
  onLoad: function () {
  },
  //手指按下
  touchdown: function () {
    console.log("手指按下了...")
    console.log("new date : " + new Date)
    var _this = this;
    speaking.call(this);
    this.setData({
      isSpeaking: true
    })
    //开始录音
    wx.startRecord({
      success: function (res) {
        //临时路径,下次进入小程序时无法正常使用
        var tempFilePath = res.tempFilePath
        console.log("tempFilePath: " + tempFilePath)
        //持久保存
        wx.saveFile({
          tempFilePath: tempFilePath,
          success: function (res) {
            //持久路径
            //本地文件存储的大小限制为 100MB
            var savedFilePath = res.savedFilePath
            console.log("savedFilePath: " + savedFilePath)
          }
```

```
            })
          wx.showToast({
            title: '恭喜!录音成功',
            icon: 'success',
            duration: 1000
          })
          //获取录音音频列表
          wx.getSavedFileList({
            success: function (res) {
              var voices = [];
              for (var i = 0; i < res.fileList.length; i++) {
                //格式化时间
                var createTime = new Date(res.fileList[i].createTime)
                //将音频大小 B 转为 KB
                var size = (res.fileList[i].size/1024).toFixed(2);
                var voice = { filePath: res.fileList[i].filePath, createTime: createTime,
size: size };
                console.log("文件路径: " + res.fileList[i].filePath)
                console.log("文件时间: " + createTime)
                console.log("文件大小: " + size)
                voices = voices.concat(voice);
              }
              _this.setData({
                voices: voices
              })
            }
          })
        },
        fail: function (res) {
          //录音失败
          wx.showModal({
            title: '提示',
            content: '录音的姿势不对!',
            showCancel: false,
            success: function (res) {
              if (res.confirm) {
                console.log('用户单击确定')
                return
              }
            }
          })
        }
      })
    },
    //手指抬起
```

```
      touchup: function () {
        console.log("手指抬起了…")
        this.setData({
          isSpeaking: false,
        })
        clearInterval(this.timer)
        wx.stopRecord()
      },
      //单击播放录音
      gotoPlay: function (e) {
        var filePath = e.currentTarget.dataset.key;
        //单击开始播放
        wx.showToast({
          title: '开始播放',
          icon: 'success',
          duration: 1000
        })
        wx.playVoice({
          filePath: filePath,
          success: function () {
            wx.showToast({
              title: '播放结束',
              icon: 'success',
              duration: 1000
            })
          }
        })
      }
    })
    //麦克风帧动画
    function speaking() {
      var _this = this;
      //话筒帧动画
      var i = 1;
      this.timer = setInterval(function () {
        i++;
        i = i % 5;
        _this.setData({
          j: i
        })
      }, 200);
    }
```

4）获取和选择位置页面逻辑

获取和选择位置页面调用了微信内置的位置信息 API，包括 wx.getLocation(OBJECT)、

wx. chooseLocation(OBJECT)和 wx. openLocation(OBJECT)。

相关代码如下：

```
//index.js
//获取应用实例
var app = getApp()
Page({
  data: {
    motto: 'Hello World111',
    userInfo: {},
    //默认未获取地址
    hasLocation: false
  },
  //事件处理函数
  bindViewTap: function () {
    wx.navigateTo({
      url: '../find/find'
    })
  },
  onLoad: function () {
    console.log('onLoad')
    var that = this
    //调用应用实例的方法获取全局数据
    app.getUserInfo(function (userInfo) {
      //更新数据
      that.setData({
        userInfo: userInfo
      })
    })
  },
  //获取经纬度
  getLocation: function (e) {
    console.log(e)
    var that = this
    wx.getLocation({
      success: function (res) {
        //成功
        console.log(res)
        that.setData({
          hasLocation: true,
          location: {
            longitude: res.longitude,
            latitude: res.latitude
          }
        })
      }
    })
```

```
        },
        voice: function () {
            wx.navigateTo({
                url: '../daoyou/daoyou',
            })
        },
        luying: function () {
            wx.navigateTo({
                url: '../luying/luying',
            })
        },
        //根据经纬度在地图上显示
        openLocation: function (e) {
            console.log("openLocation" + e)
            var value = e.detail.value
            wx.openLocation({
                longitude: Number(value.longitude),
                latitude: Number(value.latitude)
            })
        },
        //选择位置
        chooseLocation: function (e) {
            console.log(e)
            var that = this
            wx.chooseLocation({
                success: function (res) {
                    //成功
                    console.log(res)
                    that.setData({
                        hasLocation: true,
                        location: {
                            longitude: res.longitude,
                            latitude: res.latitude
                        }
                    })
                },
                fail: function () {
                    //失败
                },
                complete: function () {
                    //完成
                }
            })
        }
    })
```

选择位置页面展示如图 4-6 所示。

图 4-6　选择位置页面

5．界面列表式导航设计

"我的"页面内容可以分为三部分：账户相关信息、操作按钮和列表式导航菜单。

1）基础页面设计

基础页面设计包括各个图标、名称以及进入二级界面导航。

相关代码如下：

```
< view class = "content">
  < view class = "bg">
    < view class = "head">
      < view class = "headIcon">
        < image src = "{{userInfo.avatarUrl}}" style = "width:70px;height:70px;"></image >
      </view >
      < view class = "login">
        {{userInfo.nickName}}
      </view >
```

```
        < view class = "detail">
          < text >></text >
        </view >
    </view >
    < view class = "count">
        < view class = "desc">
          < view > 10 </view >
          < view >关注</view >
        </view >
        < view class = "desc">
          < view > 267 </view >
          < view >粉丝</view >
        </view >
        < view class = "desc" style = "border:0px;">
          < view > 300 </view >
          < view > 7 天访客</view >
        </view >
    </view >
</view >
< view class = "nav">
    < view class = "nav - item">
      < view >
          < image src = "/images/icon/shoucang.jpg" style = "width:23px;height:23px;"></image >
      </view >
      < view >收藏</view >
    </view >
    < view class = "nav - item">
      < view >
          < image src = "/images/icon/lishi.jpg" style = "width:23px;height:23px;"></image >
      </view >
      < view >动态</view >
    </view >
    < view class = "nav - item">
      < view >
          < image src = "/images/icon/yejian.jpg" style = "width:23px;height:23px;"></image >
      </view >
      < view >夜间</view >
    </view >
</view >
< view class = "hr"></view >
< view class = "item">
    < view class = "title">我的图文</view >
    < view class = "detail2">
        < text >></text >
    </view >
</view >
< view class = "hr"></view >
< view class = "item">
```

```
<view class = "title">周边福利</view>
<view class = "detail2">
    <text>点击领取 100 元新人礼包></text>
</view>
</view>
<view class = "line"></view>
<view class = "item">
    <view class = "title">活动详情</view>
    <view class = "detail2">
        <text >></text>
    </view>
</view>
<view class = "hr"></view>
<view class = "item">
    <view class = "title">更改信息</view>
    <view class = "detail2">
        <text >></text>
    </view>
</view>
<view class = "line"></view>
<view class = "item">
    <view class = "title">用户吐槽</view>
    <view class = "detail2">
        <text >></text>
    </view>
</view>
 <view class = "line"></view>
<view class = "item" bindtap = "setup">
    <view class = "title">系统设置</view>
    <view class = "detail2">
        <text >></text>
    </view>
</view>
<view class = "hr"></view>
</view>
```

2）页面逻辑

页面逻辑主要为用户登录时做出响应。

相关代码如下：

```
var app = getApp();
Page({
  data:{
    userInfo:{}
  },
  onLoad:function(){
    var page = this;
    app.getUserInfo(function(userInfo){
      page.setData({ userInfo: userInfo});
```

```
  });
},
setup:function(){
  wx.navigateTo({
    url: '../setup/setup',
  })
}
})
```

页面展示如图 4-7 所示。

图 4-7　页面展示图

4.3　产品展示

整体外观如图 4-8 所示,支架中间有 APM、电池和 OpenMV 模块,直立的是 GPS 模块。OpenMV 模块如图 4-9 所示。

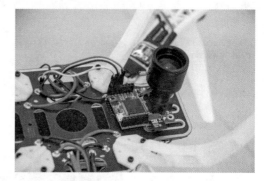

图 4-8　整体外观图　　　　　　　　　图 4-9　OpenMV 模块

4.4　元件清单

完成本项目所用到的元件及数量如表 4-2 所示。

表 4-2　元件清单

元件/测试仪表	数　　量
OpenMV3 模块	1 个
OpenMV3 WiFi 扩展板	1 个
F450 机架	1 个
好盈乐天电调	4 个
YH2212 直流电机	4 个
APM2.8 飞控	1 个
减震架	1 个
GPS 支架	1 个
GPS 模块	1 个
9450 自锁架	6 个
B6AC 充电器	1 个
5200mAh 高倍率电池	1 个
UBEC	1 个
富士 I6 接收机＋控电（遥控器）	1 个
数传模块	1 个
Arduino 开发板	1 个
导线	若干

第 5 章

Arduino Phone 项目设计

本项目基于 Arduino 开发板结合 GPRS 模块设计一种具有基本通信功能的 Arduino Phone，使其发短信的基本功能可通过蓝牙在 PC 端实现。

5.1 功能及总体设计

本项目基于 Arduino 开发板结合 GPRS 模块、时钟模块、蓝牙模块、触摸屏模块与 PC 端软件实现用户交互、时钟显示、发短信、打电话的基本通信功能，并且能够通过 PC 端软件发送和查看信息，从而满足用户基本的通信需求。

要实现上述功能需将作品分成三部分进行设计，即主程序模块、PC 端软件模块和 HC-05 蓝牙初始化模块。Arduino Phone 的主程序部分是一个有限状态自动机。为了适应用户的不同需求，我们定义了主界面、拨号、编辑短信、输入短信目标号码、查看/设定时间、查看来信与蓝牙模式七种状态。这七种状态如图 5-1 所示。

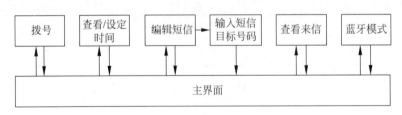

图 5-1 状态转移图

1. 整体框架图

整体框架如图 5-2 所示。

本章根据董昊、刘虎成项目设计整理而成。

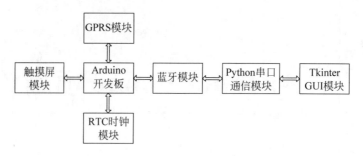

图 5-2　整体框架图

2．系统流程图

系统流程如图 5-3 所示，主界面流程如图 5-4 所示。

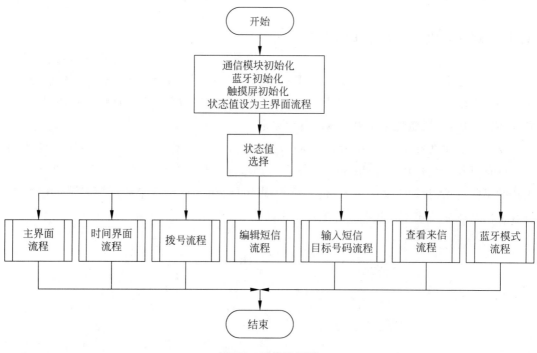

图 5-3　系统流程图

3．总电路图

总电路如图 5-5 所示，引脚连线如表 5-1 所示。RTC 时钟模块的 SCL、SDA 分别与 Arduino 开发板上的 SCL 和 SDA 连接，HC-05 蓝牙模块的 RXD、TXD 分别与 Arduino 开发板上的 TX 和 RX 连接，RTC 与 HC-05 模块的 VCC、GND 与 Arduino 开发板上的 5V 和 GND 连接。

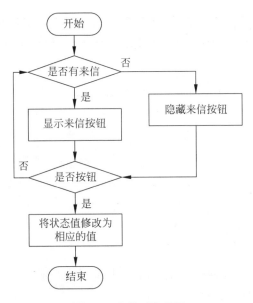

图 5-4　主界面流程图

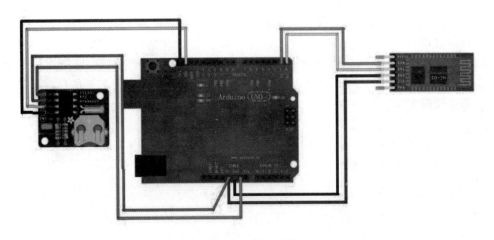

图 5-5　总电路图

表 5-1　引脚连线表

元件及引脚名		Arduino 开发板引脚
RTC 时钟	SCL	SCL
	SDA	SDA
	VCC	5V
	GND	GND

续表

元件及引脚名		Arduino 开发板引脚
HC-05 蓝牙	KEY	悬空
	VCC	5V
	GND	GND
	TXD	RX
	RXD	TX
	STATE	悬空
GPRS 扩展板	直接堆叠	
触摸屏	直接堆叠	

5.2　模块介绍

本项目主要包括主程序模块、PC 端软件模块和 HC-05 蓝牙初始化模块。下面分别给出各模块的功能介绍及相关代码。

5.2.1　主程序模块

本部分包括主程序模块的功能介绍及相关代码。

1. 功能介绍

主程序模块用于完成网络的初始化、用户进行操作收发消息的功能。它既可以独立使用，成为一部独立的手机，也可以进入蓝牙模式与计算机连接实现收发信息的功能。

2. 相关代码

```
# include< stdint.h>
# include<GPRS_Shield_Arduino.h>
# include< SoftwareSerial.h>
# include< Wire.h>
# include< SeeedTouchScreen.h>
# include< TFTv2.h>
# include< SPI.h>
# include< DS1307.h>
# include"st_time.h"
# define ST_MAIN (uint8_t)1          //主界面
# define ST_TIME (uint8_t)2          //查看、设定时间界面
# define ST_CALL (uint8_t)3          //拨号界面
# define ST_SMS (uint8_t)4           //编辑短信界面
# define ST_SEND (uint8_t)5          //输入短信目标号码界面
# define ST_READ (uint8_t)6          //查看来信界面
# define ST_BT (uint8_t)7            //进入蓝牙模式
# define TERMINATOR ('\r')           //蓝牙模式下的结束标志
# define SCREEN_X_SIZE 240           //屏幕横向宽度
```

```
#define SCREEN_Y_SIZE 320                                    //屏幕纵向大小
#define MAX_LEN_PHONE_NUMBER 20                              //手机号码最大长度
#define MAX_LEN_MSM_CONTENT 140                              //短信最大长度
#define KEYBOARD_PAUSE 1000                                  //键盘的等待时间
#define PIN_TX 7                                             //GPRS shield 的软串口引脚
#define PIN_RX 8                                             //GPRS shield 的软串口引脚
#define BAUDRATE 9600                                        //GPRS shield 的波特率
uint8_t state;                                               //状态变量
bool flagReadSmsButton;                                      //是否显示"收到来信"的按钮
bool isCallingButton;
uint8_t smsIndex;
char phoneNumber[MAX_LEN_PHONE_NUMBER + 1];                  //输入号码的缓冲区
char recSmsPhoneNumber[MAX_LEN_PHONE_NUMBER + 1];            //接收短信对方号码的缓冲区
char recCallPhoneNumber[MAX_LEN_PHONE_NUMBER + 1];           //来电时对方号码的缓冲区
char smsContent[MAX_LEN_MSM_CONTENT + 1];                    //编辑短信内容缓冲区
char recSmsContent[MAX_LEN_MSM_CONTENT + 1];                 //接收短信内容缓冲区
char BT_buffer[MAX_LEN_MSM_CONTENT + MAX_LEN_PHONE_NUMBER + 2];
//从蓝牙接收命令时的指令缓冲区
uint8_t cursor_phoneNumber_x;                                //输入号码时的光标位置
uint16_t cursor_smsContent_x;                                //编辑短信时的光标位置
char datetime[24];                                           //接收来信时日期、时间缓冲区
//键盘(英文 9 键)
static char keyboard[12][10] =
{'1', ',', '.', '?', '!', '\0', '\0', '\0', '\0', '\0',
'2', 'a', 'A', 'b', 'B', 'c', 'C', '\0', '\0', '\0',
'3', 'd', 'D', 'e', 'E', 'f', 'F', '\0', '\0', '\0',
'4', 'g', 'G', 'h', 'H', 'i', 'I', '\0', '\0', '\0',
'5', 'j', 'J', 'k', 'K', 'l', 'L', '\0', '\0', '\0',
'6', 'm', 'M', 'n', 'N', 'o', 'O', '\0', '\0', '\0',
'7', 'p', 'P', 'q', 'Q', 'r', 'R', 's', 'S', '\0',
'8', 't', 'T', 'u', 'U', 'v', 'V', '\0', '\0', '\0',
'9', 'w', 'W', 'x', 'X', 'y', 'Y', 'z', 'Z', '\0',
'*', '\0', '\0', '\0', '\0', '\0', '\0', '\0', '\0', '\0',
'0', ' ', '\0', '\0', '\0', '\0', '\0', '\0', '\0', '\0',
'#', '\0', '\0', '\0', '\0', '\0', '\0', '\0', '\0', '\0'};
TouchScreen ts = TouchScreen(XP, YP, XM, YM);
Point p;
GPRS gprs(PIN_TX,PIN_RX,BAUDRATE);
DS1307 clock;
void mainPage();                                             //主界面
extern void timePage();                                      //查看、设定时间界面
void callPage();                                             //拨号界面
void smsPage();                                              //编辑短信界面
void sendPage();                                             //输入短信目标号码界面
void readPage();                                             //查看来信界面
void BT();                                                   //进入蓝牙模式
void setup() {
```

```
//初始化蓝牙串口
Serial.begin(38400);
//初始化触摸屏
Tft.TFTinit();
//显示开机界面
Tft.fillScreen(0, 239, 0, 319, BLACK);
Tft.drawString("Arduino Phone", 0, 0, 2, WHITE);
Tft.drawString("is booting now", 0, 24, 2, WHITE);
Tft.drawString("Please wait", 0, 48, 2, WHITE);
//启动GPRS模块
gprs.checkPowerUp();
state = ST_MAIN;
for(int i = 0; !gprs.init(); i++)
{
  if(i >= 2)
  {
    Tft.fillScreen(0, 239, 0, 319, BLACK);
    Tft.drawString("GPRS", 0, 0, 3, WHITE);
    Tft.drawString("init", 0, 24, 3, WHITE);
    Tft.drawString("error", 0, 48, 3, WHITE);
    Tft.drawString("Please power off", 0, 96, 2, WHITE);
    while(true)
      delay(1000);
  }
  delay(1000);
}
for(int i = 0; !gprs.isNetworkRegistered(); i++)
{
  if(i >= 2)
  {
    Tft.fillScreen(0, 239, 0, 319, BLACK);
    Tft.drawString("Network", 0, 0, 3, WHITE);
    Tft.drawString("registered", 0, 24, 3, WHITE);
    Tft.drawString("error", 0, 48, 3, WHITE);
    Tft.drawString("Please power off", 0, 96, 2, WHITE);
    while(true)
      delay(1000);
  }
  delay(1000);
}
//启动时钟模块
clock.begin();
clock.fillByYMD(2018, 5, 30);
clock.fillByHMS(23, 58, 43);
clock.fillDayOfWeek(WED);
clock.setTime();
state = ST_MAIN;                              //设定状态,稍后进入主界面
```

```
      delay(3000);
}
void loop() {
    //这是一个状态机,每个状态中都有一个循环
    switch(state)
    {
        case ST_MAIN:
            mainPage();
            break;
        case ST_TIME:
            timePage();
            break;
        case ST_CALL:
            callPage();
            break;
        case ST_SMS:
            smsPage();
            break;
        case ST_SEND:
            sendPage();
            break;
        case ST_READ:
            readPage();
            break;
        case ST_BT:
            BT();
            break;
        default:
            state = ST_MAIN;
    }
}
//主界面
void mainPage()
{
    flagReadSmsButton = false;                //先不显示来信按钮
    isCallingButton = false;
    bool temp;
    Tft.fillScreen(0, 239, 0, 319, BLACK);    //把屏幕染成黑色,然后绘制主要按钮
    Tft.fillRectangle(0, 0, 135, 14, RED);
    Tft.fillRectangle(10, 160, 100, 50, BLUE);
    Tft.fillRectangle(10, 90, 100, 50, BLUE);
    Tft.fillRectangle(130, 90, 100, 50, BLUE);
    Tft.fillRectangle(130, 20, 100, 50, BLUE);
    Tft.fillRectangle(10, 230, 100, 50, BLUE);
    Tft.fillRectangle(130, 230, 100, 50, BLUE);
    Tft.drawString("TIME", 20, 170, 3, WHITE);
    Tft.drawString("BT", 30, 100, 3, WHITE);
```

```
Tft.drawString("CALL", 20, 240, 3, WHITE);
Tft.drawString("SMS", 150, 240, 3, WHITE);
Tft.drawString("ANSWER", 140, 100, 2, WHITE);
Tft.drawString("HANGUP", 140, 30, 2, WHITE);
//进入循环,直到用户按退出键
while(true)
{
  smsIndex = gprs.isSMSunread();                      //检查来信
  if(!flagReadSmsButton && smsIndex > 0)              //根据是否来信决定显示按钮
  {
    flagReadSmsButton = true;
    Tft.fillRectangle(130, 160, 100, 50, BLUE);
    Tft.drawString("NEW SMS", 140, 170, 2, WHITE);
  }
  else if(flagReadSmsButton && smsIndex <= 0)
  {
    flagReadSmsButton = false;
    Tft.fillRectangle(130, 160, 100, 50, BLACK);
  }
  temp = gprs.isCallActive(recCallPhoneNumber);
  if(temp != isCallingButton)
  {
    isCallingButton = temp;
    if(isCallingButton)
    {
      //Tft.fillRectangle(0, 0, 135, 14, RED);
    }
    else
    {
      Tft.fillRectangle(0, 0, 135, 14, GREEN);
      Tft.drawString(recCallPhoneNumber, 0, 0, 2, WHITE);
    }
  }
  p = ts.getPoint();                                  //获取用户的触摸点位置
  p.x = map(p.x, TS_MINX, TS_MAXX, 0, 240);  //线性变换
  p.y = map(p.y, TS_MINY, TS_MAXY, 0, 320);
  if(p.z > __PRESURE)                                 //当触摸点达到一定的深度就认为用户触摸了屏幕
  {
    if(p.x > 10 && p.x < 110 && p.y > 160 && p.y < 210)      //位置判断,下同
    {                                                //如果按到了就改变状态并返回,下同
      state = ST_TIME;
      return;
    }
    else if(p.x > 10 && p.x < 110 && p.y > 230 && p.y < 280)
    {
      state = ST_CALL;
      return;
```

```
    }
    else if(p.x > 130 && p.x < 230 && p.y > 230 && p.y < 280)
    {
      state = ST_SMS;
      return;
    }
    else if(flagReadSmsButton && p.x > 130 && p.x < 230 && p.y > 160 && p.y < 210)
    {
      state = ST_READ;
      return;
    }
    else if(p.x > 10 && p.x < 110 && p.y > 90 && p.y < 140)
    {
      state = ST_BT;
      return;
    }
    else if(p.x > 130 && p.x < 230 && p.y > 90 && p.y < 140)
    {
      gprs.answer();
    }
    else if(p.x > 130 && p.x < 230 && p.y > 20 && p.y < 70)
    {
      gprs.hangup();
    }
  }
}
}
//查看、设定时间界面
void timePage()
{
  uint8_t ge = 0;
  uint8_t shi = 0;
  uint8_t w;                              //星期,1～7分别是周一到周日
  char weekdays[8][4] = {"", "MON", "TUE", "WED", "THU", "FRI", "SAT", "SUN"};
  Tft.fillScreen(0, 239, 0, 269, BLACK);
  Tft.fillScreen(0, 239, 270, 319, BLUE);
  Tft.drawString("Return", 70, 280, 3, WHITE);
  Tft.drawString("Beijing Time + 0800", 0, 40, 2, WHITE);
  Tft.fillScreen(0, 120, 70, 90, BLUE);         //绘制按钮
  Tft.fillScreen(0, 120, 100, 120, BLUE);
  Tft.fillScreen(0, 120, 130, 150, BLUE);
  Tft.fillScreen(0, 120, 160, 180, BLUE);
  Tft.fillScreen(0, 120, 190, 210, BLUE);
  Tft.fillScreen(0, 120, 220, 240, BLUE);
  Tft.fillScreen(145, 173, 100, 120, BLUE);
  Tft.fillScreen(193, 221, 100, 120, BLUE);
  Tft.fillScreen(145, 173, 190, 210, BLUE);
```

```
Tft.fillScreen(193, 221, 190, 210, BLUE);
Tft.drawString("Set Year", 0, 70, 2, WHITE);              //绘制按钮上的文字
Tft.drawString("Set Month", 0, 100, 2, WHITE);
Tft.drawString("Set Day", 0, 130, 2, WHITE);
Tft.drawString("Set Hour", 0, 160, 2, WHITE);
Tft.drawString("Set Minute", 0, 190, 2, WHITE);
Tft.drawString("Set Second", 0, 220, 2, WHITE);
Tft.drawChar(' + ', 153, 103, 2, WHITE);
Tft.drawChar(' + ', 201, 103, 2, WHITE);
Tft.drawChar(' - ', 153, 193, 2, WHITE);
Tft.drawChar(' - ', 201, 193, 2, WHITE);
Tft.drawNumber(shi, 135, 130, 7, WHITE);
Tft.drawNumber(ge, 183, 130, 7, WHITE);
while(true)
{
  clock.getTime();                                        //更新当前时间
  Tft.fillScreen(0, 164, 0, 34, BLACK);                   //覆盖原来显示的时间
  Tft.drawNumber(2000 + clock.year, 0, 0, 2, WHITE);      //显示年份
  Tft.drawString(" - ", 48, 0, 2, WHITE);                 //显示分隔符,下同
  if(clock.month < 10)                                    //显示月份
  {
    Tft.drawString("0", 60, 0, 2, WHITE);
    Tft.drawNumber(clock.month, 72, 0, 2, WHITE);
  }
  else
  {
    Tft.drawNumber(clock.month, 60, 0, 2, WHITE);
  }
  Tft.drawString(" - ", 84, 0, 2, WHITE);
  if(clock.dayOfMonth < 10)                               //显示日期
  {
    Tft.drawString("0", 92, 0, 2, WHITE);
    Tft.drawNumber(clock.dayOfMonth, 104, 0, 2, WHITE);
  }
  else
  {
    Tft.drawNumber(clock.dayOfMonth, 92, 0, 2, WHITE);
  }
  Tft.drawString(weekdays[clock.dayOfWeek], 128, 0, 2, WHITE);
  if(clock.hour < 10)                                     //显示小时
  {
    Tft.drawString("0", 0, 20, 2, WHITE);
    Tft.drawNumber(clock.hour, 12, 20, 2, WHITE);
  }
  else
  {
    Tft.drawNumber(clock.hour, 0, 20, 2, WHITE);
```

```
}
Tft.drawString(":", 24, 20, 2, WHITE);
if(clock.minute<10)                              //显示分钟
{
  Tft.drawString("0", 36, 20, 2, WHITE);
  Tft.drawNumber(clock.minute, 48, 20, 2, WHITE);
}
else
{
  Tft.drawNumber(clock.minute, 36, 20, 2, WHITE);
}
Tft.drawString(":", 60, 20, 2, WHITE);
if(clock.second<10)                              //显示秒
{
  Tft.drawString("0", 72, 20, 2, WHITE);
  Tft.drawNumber(clock.second, 84, 20, 2, WHITE);
}
else
{
  Tft.drawNumber(clock.second, 72, 20, 2, WHITE);
}
p=ts.getPoint();                                 //获取用户当前触摸点的位置及深度
p.x=map(p.x, TS_MINX, TS_MAXX, 0, 240);
p.y=map(p.y, TS_MINY, TS_MAXY, 0, 320);
if(p.z>__PRESURE && p.y>270)                     //如果用户按了退出键
{
  state=ST_MAIN;
  return;
}
for(int i=0;i<4;i++)
{
  if(p.x>145+( i%2 )*48 &&
     p.x<173+( i%2 )*48 &&
     p.y>100+( i/2 )*90 &&
     p.y<120+( i/2 )*90 )
  {
    delay(150);
    p=ts.getPoint();
    p.x=map(p.x, TS_MINX, TS_MAXX, 0, 240);
    p.y=map(p.y, TS_MINY, TS_MAXY, 0, 320);
    if(p.x>145+( i%2 )*48 &&
       p.x<173+( i%2 )*48 &&
       p.y>100+( i/2 )*90 &&
       p.y<120+( i/2 )*90 )
    {
      switch(i)
      {
```

```
            case 0:
               if(shi < 9)
                  shi++;
               else
                  shi = 0;
               break;
            case 1:
               if( ge < 9)
                  ge++;
               else
                  ge = 0;
               break;
            case 2:
               if(shi > 0)
                  shi -- ;
               else
                  shi = 9;
               break;
            case 3:
               if(ge > 0)
                  ge -- ;
               else
                  ge = 9;
               break;
            }
         Tft.fillScreen(135, 230, 130, 180, BLACK);
         Tft.drawNumber(shi, 135, 130, 7, WHITE);
         Tft.drawNumber(ge, 183, 130, 7, WHITE);
         }
      }
   }
   for( int i = 0; i < 6; i++ )
   {
      uint8_t num = shi * 10 + ge;
      if(p.x < 120 &&
         p.y > 70 + i * 30 &&
         p.y < 90 + i * 30 )
      {
         delay(150);
         p = ts.getPoint();
         p.x = map(p.x, TS_MINX, TS_MAXX, 0, 240);
         p.y = map(p.y, TS_MINY, TS_MAXY, 0, 320);
         if(p.x < 120 &&
            p.y > 70 + i * 30 &&
            p.y < 90 + i * 30 )
         {
            switch(i)
```

```
{
    case 0:
        if(2 == clock.month && 29 == clock.dayOfMonth)
            if((2000 + num) % 4 != 0 ||
                ( (2000 + num) % 100 == 0 &&
                    (2000 + num) % 400 != 0 ))
                break;
        clock.fillByYMD(2000 + num,
                        clock.month, clock.dayOfMonth);
        w = (( clock.dayOfMonth + 2 *
            clock.month + 3 * ( clock.month + 1 )/5 +
            ( 2000 + num ) + ( 2000 + num )/4 -
            ( 2000 + num )/100 + ( 2000 + num )/400 ) %
            7 + 1 ) % 7;
        if(0 == w)
            w = 7;
        clock.fillDayOfWeek(w);
        clock.setTime();
        break;
    case 1:
        if(num > 12 || num == 0)
            break;
        else if(clock.dayOfMonth == 31 && (num < 8?
                            num % 2 == 0 :
                            num % 2 == 1 ))
            break;
        else if(2 == num && clock.dayOfMonth > 29)
            break;
        else if(2 == num && clock.dayOfMonth == 28)
            if((2000 + clock.year) % 4 != 0 ||
                ( (2000 + clock.year) % 100 == 0 &&
                    (2000 + clock.year) % 400 != 0 ))
                break;
        clock.fillByYMD(2000 + clock.year,
                        num, clock.dayOfMonth);
        w = (( clock.dayOfMonth + 2 *
            num + 3 * ( num + 1 )/5 +
            ( 2000 + clock.year ) +
            ( 2000 + clock.year )/4 -
            ( 2000 + clock.year )/100 +
            ( 2000 + clock.year )/400 ) %
            7 + 1 ) % 7;
        if(0 == w)
            w = 7;
        clock.fillDayOfWeek(w);
        clock.setTime();
        break;
```

```
        case 2:
          if(num > 31 && num == 0)
            break;
          else if(num == 31 && (clock.month < 8?
                                    clock.month % 2 == 0 :
                                    clock.month % 2 == 1 ))
            break;
          else if(2 == clock.month && num > 29)
            break;
          else if(2 == clock.month && num == 28)
            if((2000 + clock.year) % 4 != 0 ||
              ( (2000 + clock.year) % 100 == 0 &&
                (2000 + clock.year) % 400 != 0 ))
              break;
          clock.fillByYMD(2000 + clock.year, clock.month, num);
          w = (( num + 2 * clock.month + 3 * ( clock.month + 1 )/5 +
            ( 2000 + clock.year ) + ( 2000 + clock.year )/4 -
            ( 2000 + clock.year )/100 + ( 2000 + clock.year )/400 ) %
            7 + 1 ) % 7;
          if(0 == w)
            w = 7;
          clock.fillDayOfWeek(w);
          clock.setTime();
          break;
        case 3:
          if(num >= 24)
            break;
          clock.fillByHMS(num, clock.minute, clock.second);
          clock.setTime();
          break;
        case 4:
          if(num >= 60)
            break;
          clock.fillByHMS(clock.hour, num, clock.second);
          clock.setTime();
          break;
        case 5:
          if(num >= 60)
            break;
          clock.fillByHMS(clock.hour, clock.minute, num);
          clock.setTime();
          break;
      }
    }
  }
}
delay(250);
```

```
    }
}
//拨号界面
void callPage()
{
    cursor_phoneNumber_x = 0;
    uint8_t i;
    Tft.fillScreen(0, SCREEN_X_SIZE - 1, 0, 269, BLACK);
    Tft.fillScreen(0, SCREEN_X_SIZE - 1, 270,
                    SCREEN_Y_SIZE - 1, BLUE);
    Tft.drawString("Return", 70, 280, 3, WHITE);
    for(i = 0; i < 9; i++)
    {
        Tft.fillRectangle(10 + ( i % 3) * 80, 100 + (i/3) * 40, 60, 35, BLUE);
        Tft.drawChar('1' + i, 10 + 20 + ( i % 3) * 80, 100 + 5 + (i/3) * 40, 3, WHITE);
    }
    Tft.fillRectangle(10 + ( i % 3) * 80, 100 + (i/3) * 40, 60, 35, BLUE);
    Tft.drawChar('C', 10 + 20 + ( i % 3) * 80, 100 + 5 + (i/3) * 40, 3, WHITE);
    i++;
    Tft.fillRectangle(10 + ( i % 3) * 80, 100 + (i/3) * 40, 60, 35, BLUE);
    Tft.drawChar('0', 10 + 20 + ( i % 3) * 80, 100 + 5 + (i/3) * 40, 3, WHITE);
    i++;
    Tft.fillRectangle(10 + ( i % 3) * 80, 100 + (i/3) * 40, 60, 35, BLUE);
    Tft.drawChar('D', 10 + 20 + ( i % 3) * 80, 100 + 5 + (i/3) * 40, 3, WHITE);
    while(true)
    {
        p = ts.getPoint();
        p.x = map(p.x, TS_MINX, TS_MAXX, 0, SCREEN_X_SIZE);
        p.y = map(p.y, TS_MINY, TS_MAXY, 0, SCREEN_Y_SIZE);
        if(p.z > __PRESURE)
        {
            if(p.y > 270)
            {
                state = ST_MAIN;
                return;
            }
            for(i = 0; i < 9; i++)
            {
                if(cursor_phoneNumber_x < MAX_LEN_PHONE_NUMBER &&
                    p.x > 10 + ( i % 3) * 80 &&
                    p.x < 70 + ( i % 3) * 80 &&
                    p.y > 100 + (i/3) * 40 &&
                    p.y < 135 + (i/3) * 40)
                {
                    delay(150);
                    p = ts.getPoint();
                    p.x = map(p.x, TS_MINX, TS_MAXX, 0, 240);
```

```
        p.y = map(p.y, TS_MINY, TS_MAXY, 0, 320);
        if(p.x > 10 + (i % 3) * 80 &&
            p.x < 70 + (i % 3) * 80 &&
            p.y > 100 + (i/3) * 40 &&
            p.y < 135 + (i/3) * 40)
        {
          Tft.drawChar('1' + i,
                        (cursor_phoneNumber_x % 10) * 24,
                        (cursor_phoneNumber_x/10) * 24, 3, WHITE);
          phoneNumber[cursor_phoneNumber_x] = '1' + i;
          cursor_phoneNumber_x++;
          continue;
        }
      }
    }
  }
  if(cursor_phoneNumber_x < MAX_LEN_PHONE_NUMBER &&
      p.x > 10 + (i % 3) * 80 &&
      p.x < 70 + (i % 3) * 80 &&
      p.y > 100 + (i/3) * 40 &&
      p.y < 135 + (i/3) * 40)
  {
    delay(150);
    p = ts.getPoint();
    p.x = map(p.x, TS_MINX, TS_MAXX, 0, 240);
    p.y = map(p.y, TS_MINY, TS_MAXY, 0, 320);
    if(p.x > 10 + (i % 3) * 80 &&
        p.x < 70 + (i % 3) * 80 &&
        p.y > 100 + (i/3) * 40 &&
        p.y < 135 + (i/3) * 40)
    {
      phoneNumber[cursor_phoneNumber_x] = '\0';
      gprs.callUp(phoneNumber);
      state = ST_MAIN;
      return;
    }
  }
  i++;
  if(cursor_phoneNumber_x < MAX_LEN_PHONE_NUMBER &&
      p.x > 10 + (i % 3) * 80 &&
      p.x < 70 + (i % 3) * 80 &&
      p.y > 100 + (i/3) * 40 &&
      p.y < 135 + (i/3) * 40)
  {
    delay(150);
    p = ts.getPoint();
    p.x = map(p.x, TS_MINX, TS_MAXX, 0, 240);
    p.y = map(p.y, TS_MINY, TS_MAXY, 0, 320);
```

```
            if(p.x > 10 + (i % 3) * 80 &&
                p.x < 70 + (i % 3) * 80 &&
                p.y > 100 + (i/3) * 40 &&
                p.y < 135 + (i/3) * 40)
            {
                Tft.drawChar('0', (cursor_phoneNumber_x % 10) * 24,
                            (cursor_phoneNumber_x/10) * 24,
                            3, WHITE);
                phoneNumber[cursor_phoneNumber_x] = '0';
                cursor_phoneNumber_x++;
                continue;
            }
        }
        i++;
        if(cursor_phoneNumber_x > 0 &&
            p.x > 10 + (i % 3) * 80 &&
            p.x < 70 + (i % 3) * 80 &&
            p.y > 100 + (i/3) * 40 &&
            p.y < 135 + (i/3) * 40)
        {
            delay(150);
            p = ts.getPoint();
            p.x = map(p.x, TS_MINX, TS_MAXX, 0, 240);
            p.y = map(p.y, TS_MINY, TS_MAXY, 0, 320);
            if(p.x > 10 + (i % 3) * 80 &&
                p.x < 70 + (i % 3) * 80 &&
                p.y > 100 + (i/3) * 40 &&
                p.y < 135 + (i/3) * 40)
            {
                cursor_phoneNumber_x--;
                Tft.fillRectangle((cursor_phoneNumber_x % 10) * 24,
                                (cursor_phoneNumber_x/10) * 24, 24, 24, BLACK);
                continue;
            }
        }
    }
}
}
//编辑短信界面
void smsPage()
{
    cursor_smsContent_x = 0;
    uint8_t i;
    uint32_t lastPressTime = 0;
    int8_t lastPressKey = -1;
    uint8_t charIndex = 0;
    Tft.fillScreen(0, SCREEN_X_SIZE - 1, 0, 299, BLACK);
```

```
Tft.fillScreen(0, SCREEN_X_SIZE - 1, 300, SCREEN_Y_SIZE - 1, BLUE);
Tft.drawString("Return", 90, 302, 2, WHITE);
for(i = 0; i < 9; i++)
{
  Tft.fillRectangle(10 + ( i % 3) * 80, 160 + (i/3) * 28, 60, 20, BLUE);
  switch(i)
  {
    case 0:Tft.drawString("1,.?!", 10 + ( i % 3) * 80,
                          160 + 2 + (i/3) * 28, 2, WHITE);
            break;
    case 1:Tft.drawString("2ABC", 10 + ( i % 3) * 80,
                          160 + 2 + (i/3) * 28, 2, WHITE);
            break;
    case 2:Tft.drawString("3DEF", 10 + ( i % 3) * 80,
                          160 + 2 + (i/3) * 28, 2, WHITE);
            break;
    case 3:Tft.drawString("4GHI", 10 + ( i % 3) * 80,
                          160 + 2 + (i/3) * 28, 2, WHITE);
            break;
    case 4:Tft.drawString("5JKL", 10 + ( i % 3) * 80,
                          160 + 2 + (i/3) * 28, 2, WHITE);
            break;
    case 5:Tft.drawString("6MNO", 10 + ( i % 3) * 80,
                          160 + 2 + (i/3) * 28, 2, WHITE);
            break;
    case 6:Tft.drawString("7PQRS", 10 + ( i % 3) * 80,
                          160 + 2 + (i/3) * 28, 2, WHITE);
            break;
    case 7:Tft.drawString("8TUV", 10 + ( i % 3) * 80,
                          160 + 2 + (i/3) * 28, 2, WHITE);
            break;
    case 8:Tft.drawString("9WXYZ", 10 + ( i % 3) * 80,
                          160 + 2 + (i/3) * 28, 2, WHITE);
  }
}
Tft.fillRectangle(10 + ( i % 3) * 80, 160 + (i/3) * 28, 60, 20, BLUE);
Tft.drawChar(' * ', 10 + ( i % 3) * 80, 160 + 2 + (i/3) * 28, 2, WHITE);
i++;
Tft.fillRectangle(10 + ( i % 3) * 80, 160 + (i/3) * 28, 60, 20, BLUE);
Tft.drawString("0 Sp", 10 + ( i % 3) * 80, 160 + 2 + (i/3) * 28, 2, WHITE);
i++;
Tft.fillRectangle(10 + ( i % 3) * 80, 160 + (i/3) * 28, 60, 20, BLUE);
Tft.drawChar(' # ', 10 + ( i % 3) * 80, 160 + 2 + (i/3) * 28, 2, WHITE);
i++;
Tft.fillRectangle(10 + ( i % 3) * 80, 160 + (i/3) * 28, 60, 20, BLUE);
Tft.drawString("SEND", 10 + ( i % 3) * 80, 160 + 2 + (i/3) * 28, 2, WHITE);
i += 2;
```

```
Tft.fillRectangle(10 + ( i % 3 ) * 80, 160 + (i/3) * 28, 60, 20, BLUE);
Tft.drawString("BASP", 10 + ( i % 3 ) * 80, 160 + 2 + (i/3) * 28, 2, WHITE);
while(true)
{
  p = ts.getPoint();
  p.x = map(p.x, TS_MINX, TS_MAXX, 0, SCREEN_X_SIZE);
  p.y = map(p.y, TS_MINY, TS_MAXY, 0, SCREEN_Y_SIZE);
  if(p.z > __PRESURE)
  {
    if(p.y > 300)
    {
      state = ST_MAIN;
      return;
    }
    for(i = 0; i < 12; i++)
    {
      if(cursor_smsContent_x < MAX_LEN_MSM_CONTENT &&
         p.x > 10 + ( i % 3 ) * 80 &&
         p.x < 70 + ( i % 3 ) * 80 &&
         p.y > 160 + (i/3) * 28 &&
         p.y < 180 + (i/3) * 28)
      {
        delay(150);
        p = ts.getPoint();
        p.x = map(p.x, TS_MINX, TS_MAXX, 0, 240);
        p.y = map(p.y, TS_MINY, TS_MAXY, 0, 320);
        if(p.x > 10 + ( i % 3 ) * 80 &&
           p.x < 70 + ( i % 3 ) * 80 &&
           p.y > 160 + (i/3) * 28 &&
           p.y < 180 + (i/3) * 28)
        {
          if(lastPressKey == i &&
             millis() < lastPressTime + KEYBOARD_PAUSE &&
             keyboard[i][charIndex] != '\0')
          {
            cursor_smsContent_x -- ;
            Tft.fillRectangle((cursor_smsContent_x % 15) * 16,
                              (cursor_smsContent_x/15) * 16, 16, 16, BLACK);
            Tft.drawChar(keyboard[i][charIndex],
                         (cursor_smsContent_x % 15) * 16,
                         (cursor_smsContent_x/15) * 16, 2, WHITE);
            smsContent[cursor_smsContent_x] =
                                    keyboard[i][charIndex];
            charIndex++ ;
            cursor_smsContent_x++ ;
          }
          else
```

```
                {
                    Tft.drawChar(keyboard[i][0],
                                    (cursor_smsContent_x % 15) * 16,
                                    (cursor_smsContent_x/15) * 16, 2, WHITE);
                    smsContent[cursor_smsContent_x] =
                                            keyboard[i][0];
                    cursor_smsContent_x++;
                    charIndex = 1;
                }
                lastPressTime = millis();
                lastPressKey = i;
                continue;
            }
        }
    }
    if(p.x > 10 + (i % 3) * 80 &&
       p.x < 70 + (i % 3) * 80 &&
       p.y > 160 + (i/3) * 28 &&
       p.y < 180 + (i/3) * 28)
    {
        delay(150);
        p = ts.getPoint();
        p.x = map(p.x, TS_MINX, TS_MAXX, 0, 240);
        p.y = map(p.y, TS_MINY, TS_MAXY, 0, 320);
        if(p.x > 10 + (i % 3) * 80 &&
           p.x < 70 + (i % 3) * 80 &&
           p.y > 160 + (i/3) * 28 &&
           p.y < 180 + (i/3) * 28)
        {
            smsContent[cursor_smsContent_x] = '\0';
            state = ST_SEND;
            return;
        }
    }
    i += 2;
    if(cursor_smsContent_x > 0 &&
       p.x > 10 + (i % 3) * 80 &&
       p.x < 70 + (i % 3) * 80 &&
       p.y > 160 + (i/3) * 28 &&
       p.y < 180 + (i/3) * 28)
    {
        delay(150);
        p = ts.getPoint();
        p.x = map(p.x, TS_MINX, TS_MAXX, 0, 240);
        p.y = map(p.y, TS_MINY, TS_MAXY, 0, 320);
        if(p.x > 10 + (i % 3) * 80 &&
           p.x < 70 + (i % 3) * 80 &&
```

```
                  p.y > 160 + (i/3) * 28 &&
                  p.y < 180 + (i/3) * 28)
          {
            cursor_smsContent_x -- ;
            Tft.fillRectangle((cursor_smsContent_x % 15) * 16,
                              (cursor_smsContent_x/15) * 16,
                              16, 16, BLACK);
            lastPressTime = millis();
            lastPressKey = - 1;
            continue;
          }
        }
      }
    }
}
//输入短信目标号码界面
void sendPage()
{
  cursor_phoneNumber_x = 0;
  uint8_t i;
  Tft.fillScreen(0, SCREEN_X_SIZE - 1, 0, 269, BLACK);
  Tft.fillScreen(0, SCREEN_X_SIZE - 1, 270,
                 SCREEN_Y_SIZE - 1, BLUE);
  Tft.drawString("Return", 70, 280, 3, WHITE);
  for(i = 0; i < 9; i++)
  {
    Tft.fillRectangle(10 + ( i % 3) * 80,
                      100 + (i/3) * 40, 60, 35, BLUE);
    Tft.drawChar('1' + i, 10 + 20 + ( i % 3) * 80,
                 100 + 5 + (i/3) * 40, 3, WHITE);
  }
  Tft.fillRectangle(10 + ( i % 3) * 80,
                    100 + (i/3) * 40, 60, 35, BLUE);
  Tft.drawChar('S', 10 + 20 + ( i % 3) * 80,
               100 + 5 + (i/3) * 40, 3, WHITE);
  i++;
  Tft.fillRectangle(10 + ( i % 3) * 80,
                    100 + (i/3) * 40, 60, 35, BLUE);
  Tft.drawChar('0', 10 + 20 + ( i % 3) * 80,
               100 + 5 + (i/3) * 40, 3, WHITE);
  i++;
  Tft.fillRectangle(10 + ( i % 3) * 80,
                    100 + (i/3) * 40, 60, 35, BLUE);
  Tft.drawChar('D', 10 + 20 + ( i % 3) * 80,
               100 + 5 + (i/3) * 40, 3, WHITE);
  while(true)
  {
```

```
p = ts.getPoint();
p.x = map(p.x, TS_MINX, TS_MAXX, 0, SCREEN_X_SIZE);
p.y = map(p.y, TS_MINY, TS_MAXY, 0, SCREEN_Y_SIZE);
if(p.z > __PRESURE)
{
  if(p.y > 270)
  {
    state = ST_MAIN;
    return;
  }
  for(i = 0; i < 9; i++)
  {
    if(cursor_phoneNumber_x < MAX_LEN_PHONE_NUMBER &&
      p.x > 10 + (i % 3) * 80 &&
      p.x < 70 + (i % 3) * 80 &&
      p.y > 100 + (i/3) * 40 &&
      p.y < 135 + (i/3) * 40)
    {
      delay(150);
      p = ts.getPoint();
      p.x = map(p.x, TS_MINX, TS_MAXX, 0, 240);
      p.y = map(p.y, TS_MINY, TS_MAXY, 0, 320);
      if(p.x > 10 + (i % 3) * 80 &&
        p.x < 70 + (i % 3) * 80 &&
        p.y > 100 + (i/3) * 40 &&
        p.y < 135 + (i/3) * 40)
      {
        Tft.drawChar('1' + i,
                    (cursor_phoneNumber_x % 10) * 24,
                    (cursor_phoneNumber_x/10) * 24,
                    3, WHITE);
        phoneNumber[cursor_phoneNumber_x] = '1' + i;
        cursor_phoneNumber_x++;
        continue;
      }
    }
  }
  if(cursor_phoneNumber_x < MAX_LEN_PHONE_NUMBER &&
    p.x > 10 + (i % 3) * 80 &&
    p.x < 70 + (i % 3) * 80 &&
    p.y > 100 + (i/3) * 40 &&
    p.y < 135 + (i/3) * 40)
  {
    delay(150);
    p = ts.getPoint();
    p.x = map(p.x, TS_MINX, TS_MAXX, 0, 240);
    p.y = map(p.y, TS_MINY, TS_MAXY, 0, 320);
```

```
    if(p.x > 10 + (i % 3) * 80 &&
       p.x < 70 + (i % 3) * 80 &&
       p.y > 100 + (i/3) * 40 &&
       p.y < 135 + (i/3) * 40)
    {
      phoneNumber[cursor_phoneNumber_x] = '\0';
      if(gprs.sendSMS(phoneNumber, smsContent));
      else;
      state = ST_MAIN;
      return;
    }
  }
  i++;
  if(cursor_phoneNumber_x < MAX_LEN_PHONE_NUMBER &&
     p.x > 10 + (i % 3) * 80 &&
     p.x < 70 + (i % 3) * 80 &&
     p.y > 100 + (i/3) * 40 &&
     p.y < 135 + (i/3) * 40)
  {
    delay(150);
    p = ts.getPoint();
    p.x = map(p.x, TS_MINX, TS_MAXX, 0, 240);
    p.y = map(p.y, TS_MINY, TS_MAXY, 0, 320);
    if(p.x > 10 + (i % 3) * 80 &&
       p.x < 70 + (i % 3) * 80 &&
       p.y > 100 + (i/3) * 40 &&
       p.y < 135 + (i/3) * 40)
    {
      Tft.drawChar('0', (cursor_phoneNumber_x % 10) * 24,
                   (cursor_phoneNumber_x/10) * 24, 3,
                   WHITE);
      phoneNumber[cursor_phoneNumber_x] = '0';
      cursor_phoneNumber_x++;
      continue;
    }
  }
  i++;
  if(cursor_phoneNumber_x > 0 &&
     p.x > 10 + (i % 3) * 80 &&
     p.x < 70 + (i % 3) * 80 &&
     p.y > 100 + (i/3) * 40 &&
     p.y < 135 + (i/3) * 40)
  {
    delay(150);
    p = ts.getPoint();
    p.x = map(p.x, TS_MINX, TS_MAXX, 0, 240);
    p.y = map(p.y, TS_MINY, TS_MAXY, 0, 320);
```

```
            if(p.x > 10 + (i % 3) * 80 &&
                p.x < 70 + (i % 3) * 80 &&
                p.y > 100 + (i/3) * 40 &&
                p.y < 135 + (i/3) * 40)
            {
                cursor_phoneNumber_x -- ;
                Tft.fillRectangle((cursor_phoneNumber_x % 10) * 24,
                                    (cursor_phoneNumber_x/10) * 24, 24, 24, BLACK);
                continue;
            }
        }
    }
  }
}
//阅读来信界面
void readPage()
{
  cursor_smsContent_x = 0;
  uint16_t location = 0;
  Tft.fillScreen(0, SCREEN_X_SIZE - 1, 0, 269, BLACK);
  Tft.fillScreen(0, SCREEN_X_SIZE - 1, 270,
                    SCREEN_Y_SIZE - 1, BLUE);
  Tft.drawString("Return", 70, 280, 3, WHITE);
  gprs.readSMS(smsIndex, recSmsContent, MAX_LEN_MSM_CONTENT,
                recSmsPhoneNumber, datetime);
  gprs.deleteSMS(smsIndex);
  Tft.drawString("From: ", 0, 0, 2, WHITE);
  Tft.drawString(recSmsPhoneNumber, 72, 0, 2, WHITE);
  Tft.drawString("Date Time:", 0, 16, 2, WHITE);
  Tft.drawString(datetime, 0, 32, 2, WHITE);
  while(recSmsContent[cursor_smsContent_x])
  {
    if('\n' != recSmsContent[cursor_smsContent_x])
    {
      Tft.drawChar(recSmsContent[cursor_smsContent_x],
                    (location % 15) * 16,
                    (location/15 + 4) * 16, 2, WHITE);
      location++;
    }
    else
    {
      location += 15;
      location -= location % 15;
    }
    cursor_smsContent_x++;
  }
  gprs.deleteSMS(smsIndex);
```

```
    while(true)
    {
      p = ts.getPoint();
      p.x = map(p.x, TS_MINX, TS_MAXX, 0, SCREEN_X_SIZE);
      p.y = map(p.y, TS_MINY, TS_MAXY, 0, SCREEN_Y_SIZE);
      if(p.z > __PRESURE)
      {
        if(p.y > 270)
        {
          flagReadSmsButton = 0;
          state = ST_MAIN;
          return;
        }
      }
    }
  }
}
//进入蓝牙模式
void BT()
{
  char val;
  int index;
  Tft.fillScreen(0, 239, 0, 269, BLACK);
  Tft.fillScreen(0, 239, 270, 319, BLUE);
  Tft.drawString("Return", 70, 280, 3, WHITE);
  while(Serial.available()) Serial.read();
  while(true)
  {
    p = ts.getPoint();
    p.x = map(p.x, TS_MINX, TS_MAXX, 0, 240);
    p.y = map(p.y, TS_MINY, TS_MAXY, 0, 320);
    if(p.z > __PRESURE && p.y > 270)
    {
      state = ST_MAIN;
      return;
    }
    index = 0;
    if(Serial.available())
    {
      do{
        val = Serial.read();
        BT_buffer[index++] = val;
      }while(TERMINATOR != val);
      BT_buffer[-- index] = '\0';
      index = 0;
      while('M' != BT_buffer[index])
        index++;
      BT_buffer[index] = '\0';
```

```
        index++;
        if('U' != BT_buffer[0])
        {
          gprs.sendSMS(BT_buffer, BT_buffer + index);
        }
        else
        {
          /* sim900_send_cmd(F("AT + CMGF = 1\r\n"));
          delay(500);
          sim900_flush_serial();
          sim900_send_cmd(F("AT + CSMP = 17,167,0,8\r\n"));
          sim900_send_cmd(F("AT + CSCS = \"UCS2\"\r\n"));
          sim900_send_cmd(F("AT + CMGS = \""));
          sim900_send_cmd(BT_buffer + 1);
          sim900_send_cmd(F("\"\r\n"));
          delay(500);
          sim900_send_cmd(BT_buffer + index);
          delay(500);
          sim900_send_End_Mark();
          */
        }
      }
      smsIndex = gprs.isSMSunread();
      if(smsIndex > 0)
      {
        gprs.readSMS(smsIndex, recSmsContent, MAX_LEN_MSM_CONTENT, recSmsPhoneNumber, datetime);
        gprs.deleteSMS(smsIndex);
        Serial.print(recSmsPhoneNumber);
        Serial.print('M');
        Serial.print(recSmsContent);
        Serial.print(TERMINATOR);
      }
      smsIndex = 0;
    }
}
```

5.2.2 PC端软件模块

本部分包括 PC 端软件模块的功能介绍及相关代码。

1. 功能介绍

PC 端软件通过与主程序模块建立蓝牙软串口连接,从而与主程序模块通信,将相应的指令及信息打包成比特流发送出去,同时通过串口监听线程获取来自主程序模块的比特流,并解析成相应的信息。

软件的运行环境及组成包括 MacOS(或 Linux)、Python3.6、Pyserial。

软件界面如图 5-6 所示,界面包括"添加联系人""删除联系人"和"发送"三个按钮,联系人侧边栏、历史消息窗口、消息输入窗口、联系人名称输入窗口和联系人号码输入窗口,具有添加联系人、删除联系人、查看历史消息和发送短信这四个功能。

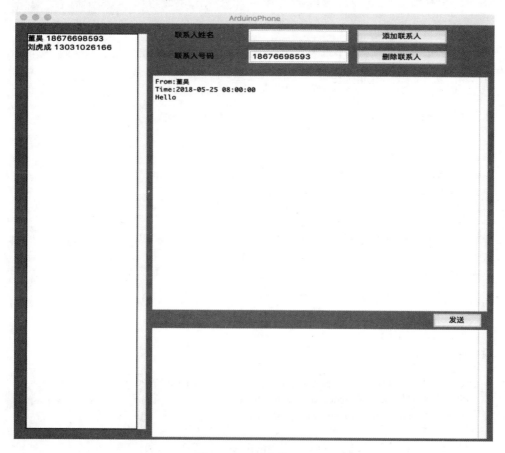

图 5-6 PC 端软件界面

(1) 添加联系人功能:将联系人名称和联系人号码分别输入对应窗口,单击"添加联系人"按钮,立即出现在联系人侧边栏中。

(2) 删除联系人功能:在联系人侧边栏中选中想删除的联系人,再单击"删除联系人"按钮,对应的联系人立即被删除,同时删除该联系人的所有历史记录。

(3) 查看历史消息功能:在联系人侧边栏中选中想查看的联系人,这时消息窗口将立即显示用户与该联系人的历史消息。

(4) 发送短信功能:先在联系人中输入短信目标号码,然后在消息窗口中输入想发送的消息,再单击"发送"按钮,该消息立即发出,与此同时,发送的消息会立即写入历史记录;如果发送短信过长,则弹出界面如图 5-7 所示;如果发送短信为空,则弹出界面如图 5-8 所示。

图 5-7　发送短信过长

图 5-8　发送短信为空

2. 相关代码

```python
# -*- coding: utf-8 -*-
# tkinter GUI 开发模块
from tkinter import *
# 带有滚动条的文本框
from tkinter.scrolledtext import *
# 导入消息窗口
from tkinter.messagebox import *
# 时间模块、程序中使用了 sleep
from time import *
# 串口模块
from serial import *
# 线程模块监听串口输入使用了多线程
from threading import *
from chardet import *
try:
    # 打开串口，该设备在 mac 下名为 '/dev/cu.Arduino-Phone-SPPDev'
    ser = Serial('/dev/cu.Arduino-Phone-SPPDev', 9600)
    # ser = Serial('/dev/cu.wchusbserial14310',9600)
except:
    showinfo(title = '错误', message = '无法找到设备，程序将关闭')
    exit(0)
TERMINATOR = '\r'
str_code = {'encoding':'utf-8'}
is_close = False
# 利用 tkinter 中的相关组件，实现自己带有滚动条的 Listbox
class ScrolledListbox(Listbox):
    def __init__(self, master = None, ** kw):
        self.frame = Frame(master)
        self.vbar = Scrollbar(self.frame)
        self.vbar.pack(side = RIGHT, fill = Y)
        kw.update({'yscrollcommand': self.vbar.set})
        Listbox.__init__(self, self.frame, ** kw)
        self.pack(side = LEFT, fill = BOTH, expand = True)
        self.vbar['command'] = self.yview
        text_meths = vars(Listbox).keys()
        methods = vars(Pack).keys() | vars(Grid).keys() | vars(Place).keys()
```

```
                methods = methods.difference(text_meths)
                for m in methods:
                    if m[0] != '_' and m != 'config' and m != 'configure':
                        setattr(self, m, getattr(self.frame, m))
        def __str__(self):
            return str(self.frame)
# 判断是不是 unicode 字符串
def is_unistr(str):
    hhh = ['0','1','2','3','4','5','6','7','8','9','A','B','C','D','E','F']
    if len(str) % 4 > 0:
        return False
    for i in str:
        if i not in hhh:
            return False
    return True
# 将一个 unicode 字符串还原为普通字符串
def uni_to_str(str):
    res = ''
    while len(str) > 0:
        temp = str[0:4]
        str = str[4:]
        if temp == '0001' or temp == 'D83D':
            temp += str[0:4]
            str = str[4:]
            res += (b'\\U' + temp.encode()).decode("unicode_escape")
        else:
            res += ( b'\\u' + temp.encode() ).decode("unicode_escape")
    return res
# 将普通字符串转为 unicode 字符串
def str_to_uni(str):
    res = b''
    for i in str:
        res += i.encode("unicode_escape")[2:]
    return res.decode().upper()
# 判断是不是纯 ASCII 字符串
def is_ascii(str):
    return len(str) == len(str.encode('utf-8'))
# 程序自带的信息,前两个是开发者
# 号码与消息记录之间的对应关系
records = {
    '18676698593':
        'From:董昊' +
        '\nTime:2018 - 05 - 25 08:00:00' +
        '\nHello\n\n\n',
    '13031026166':
        'From:刘虎成' +
        '\nTime:2018 - 05 - 25 08:00:00' +
```

```
                    '\nWorld\n\n\n',
    }
    # 号码与昵称的对应关系
    names = {
        '18676698593':
            '董昊',
        '13031026166':
            '刘虎成',
    }
    # 记录在 Listbox 中号码的位序关系
    numbers = list()
    # 该功能在程序中频繁使用
    # 这是一个用来检测用户输入手机号码是否合法的函数
    def phone_number_check(s):
        # 特殊号码
        special_phone = ['110', '119', '120', '122', '12395',
                         '121', '117', '103', '108', '184',
                         '11185', '95119', '999', '95598', '12318',
                         '12366', '10000', '10010', '10011', '10050',
                         '10060','10086', '17900', '17911', '17951',
                         '114', '112', '12315', '12358', '12365',
                         '12310', '12369', '12110']
        if s in special_phone:
            return True
        # 号码前缀,如果运营商启用新的号段,只需要在此列表将新的号段加上即可
        phoneprefix = ['130', '131', '132', '133', '134',
                       '135', '136', '137', '138', '139',
                       '150', '151', '152', '153', '156',
                       '158', '159', '170', '183', '182',
                       '185', '186', '188', '189']
        if len(s) != 11:
            return False
        else:
            # 检测输入的号码是否全部是数字
            if s.isdigit():
                # 检测前缀是否正确
                if s[:3] in phoneprefix:
                    return True
                else:
                    return False
            else:
                return False
    class MY_GUI():
        def __init__(self,init_window_name):
            self.selected = 0
            self.init_window_name = init_window_name
        # 设置窗口
```

```
def set_init_window(self):
    #窗口名
    self.init_window_name.title('ArduinoPhone')
    #800×800为窗口大小, +10+10定义窗口弹出时的默认展示位置
    self.init_window_name.geometry('800x800+10+10')
    #窗口背景色,其他背景色见: blog.csdn.net/chl0000/article/details/7657887
    self.init_window_name["bg"] = 'CornflowerBlue'
    #虚化,值越小虚化程度越高
    self.init_window_name.attributes("-alpha",0.9)
    #定义"添加联系人"按钮
    self.add_contact_button = \
        Button(self.init_window_name,
               text = "添加联系人", bg = "gray",
               width = 10, command = self.add_contact)
               #调用内部方法 加()为直接调用
    #调用place方法,在窗口中放置元素
    self.add_contact_button.place(x = 570,y = 10,width = 150,height = 25)
    #定义"删除联系人"按钮
    self.delete_contact_button = \
        Button(self.init_window_name,
               text = "删除联系人", bg = "gray",
               width = 10, command = self.delete_contact)
               #调用内部方法加()为直接调用
    self.delete_contact_button.place(x = 570,y = 50,width = 150,height = 25)
    #定义"发送"按钮
    self.send_button = Button(self.init_window_name,
                              text = "发送", bg = "gray",
                              width = 10, command = self.send_sms)
                              #调用内部方法 加()为直接调用
    self.send_button.place(x = 700,y = 555,width = 80,height = 25)
    #定义"输入短信内容"文本框
    self.input_text = \
        ScrolledText(self.init_window_name,
                     width = 70, height = 49)
    self.input_text.place(x = 230,y = 585,width = 560,height = 210)
    #定义"查看历史记录"文本框
    self.show_text = \
        ScrolledText(self.init_window_name,
                     width = 70, height = 49)
    self.show_text.config(state = DISABLED)
    self.show_text.place(x = 230,y = 100,width = 560,height = 450)
    #定义界面左侧的"联系人列表"
    self.contact_side_bar = \
        ScrolledListbox(self.init_window_name,
                        selectmode = SINGLE)
    #为窗口定义一个单击事件
    self.init_window_name.bind('<Button-1>',
```

```
                                              self.change_selected)
        self.contact_side_bar.place(x = 20, y = 20, width = 200, height = 760)
        #定义"联系人号码"输入框
        self.contact_number_entry = Entry(self.init_window_name)
        self.contact_number_entry.place(x = 390, y = 50, width = 165, height = 25)
        #定义"联系人姓名"输入框
        self.contact_name_entry = Entry(self.init_window_name)
        self.contact_name_entry.place(x = 390, y = 10, width = 165, height = 25)
        #定义"联系人号码"标签
        self.contact_number_label = Label(self.init_window_name,
                                          bg = 'CornflowerBlue', text = '联系人号码')
        self.contact_number_label.place(x = 260, y = 50, width = 80, height = 25)
        #定义"联系人姓名"标签
        self.contact_name_label = Label(self.init_window_name,
                                        bg = 'CornflowerBlue', text = '联系人姓名')
        self.contact_name_label.place(x = 260, y = 10, width = 80, height = 25)
        self.contact_number_entry.delete('0', 'end')
        self.contact_number_entry.insert(END, '18676698593')
        #render 一下,让画面初始化
        self.render()
    #render 方法
    #该方法根据已有数据绘制画面
    def render(self):
        self.contact_side_bar.delete(0, END)
        numbers.clear()
        for key in names :
            numbers.append(key)
            self.contact_side_bar.insert(END, names[key] + ' ' + key)
        self.show_text.config(state = NORMAL)
        self.show_text.delete(0.0, END)
        self.show_text.insert(END, records[numbers[self.selected]])
        self.show_text.config(state = DISABLED)
    #当用户单击联系人列表时
    #调用该方法更新数据和视图
    def change_selected(self, event):
        #等待 0.01s,让 contact_side_bar 中的数据完成更新
        time.sleep(0.01)
        temp = self.contact_side_bar.curselection()
        if len(temp) == 0:
            return
        if temp[0] != self.selected :
            self.contact_number_entry.delete('0', 'end')
            self.contact_number_entry.insert(END, numbers[temp[0]])
        self.selected = temp[0]
        self.show_text.config(state = NORMAL)
        self.show_text.delete(0.0, END)
        self.show_text.insert(END, records[numbers[self.selected]])
```

```python
        self.show_text.config(state = DISABLED)
        self.render()
# 当用户单击"删除联系人"按钮时
# 调用该方法删除联系人并更新数据和视图
# 该方法同时删除记录和昵称
def delete_contact(self):
        read_number = numbers[self.selected]
        names.pop(read_number)
        records.pop(read_number)
        self.selected -= 1
        self.render()
# 当用户单击"添加联系人"按钮时
# 调用该方法添加联系人并更新数据和视图
def add_contact(self):
        read_number = self.contact_number_entry.get()
        read_name = self.contact_name_entry.get()
        # 清空两个输入框的内容
        self.contact_number_entry.delete('0','end')
        self.contact_name_entry.delete('0','end')
        # 检查电话号码的合法性
        if phone_number_check(read_number):
            names[read_number] = read_name
            if not records.__contains__(read_number):
                records[read_number] = ''
        else:
            showinfo(title = '错误', message = '号码不合法')
            return
        # render 一下，更新视图
        self.render()
# 当用户单击"发送"按钮时
# 调用该方法发送相关内容并更新数据和视图
def send_sms(self):
        # 记录当前时间
        read_time = time.strftime("%Y-%m-%d %H:%M:%S", time.localtime())
        # 读取目标号码
        read_number = self.contact_number_entry.get()
        # 读取短信内容
        read_sms = self.input_text.get("0.0", "end")
        # 清空"短信输入"文本框的内容
        self.input_text.delete(0.0,END)
        # 去除最后一个换行符
        if read_sms[len(read_sms)-1] == '\n':
            read_sms = read_sms[0:len(read_sms)-1]
        # 提示"短信内容过长"错误
        if len(read_sms)>140:
            showinfo(title = '错误', message = '短信太长')
            return
```

```python
        #提示"短信内容为空"错误
        if len(read_sms) == 0 :
            showinfo(title = '错误', message = '短信内容为空')
            return
        #目标号码合法性检查
        if phone_number_check(read_number) :
            #拼接向串口发送的内容
            # serial_send = read_number + \
            # 'M' + read_sms + \
            # TERMINATOR
            #
            #串口发送
            # ser.reset_output_buffer()
            # ser.write(smsutil.encode(serial_send))
            if is_ascii(read_sms) :
                ser.write(read_number.encode())
                ser.write('M'.encode())
                ser.write(read_sms.encode(encoding = str_code.get('encoding')))
                ser.write(TERMINATOR.encode())
            else :
                showinfo(title = '错误', message = '目前只能发送 ASCII 字符,将就一下吧')
                return
                # ser.write(('U' + str_to_uni(read_number)).encode())
                # ser.write('M'.encode())
                # ser.write(str_to_uni(read_sms).encode())
                # ser.write(TERMINATOR.encode())
            #产生消息记录
            if names.__contains__(read_number) :
                if names[read_number] == '' :
                    #拼接消息记录,下同
                    new_record = 'To:' + read_number + \
                                    '\nTime:' + read_time + \
                                    '\n' + read_sms + '\n\n\n'
                else:
                    new_record = 'To:' + names[read_number] + \
                                    '\nTime:' + read_time + \
                                    '\n' + read_sms + '\n\n\n'
            else:
                names[read_number] = ''
                new_record = 'To:' + read_number + \
                                '\nTime:' + read_time + \
                                '\n' + read_sms + '\n\n\n'
        #如果号码不合法,则提示错误信息
        else:
            showinfo(title = '错误',message = '号码不合法')
            return False
        if records.__contains__(read_number) :
```

```
                records[read_number] = records[read_number] + \
                                    new_record
            else:
                records[read_number] = new_record
            self.show_text.config(state = NORMAL)
            self.show_text.delete(0.0,END)
            self.show_text.insert(END, records[read_number])
            self.show_text.config(state = DISABLED)
            self.render()
    def rec_sms(self,read_sms):
        if len(read_sms)< 13 :
            return
        if read_sms[0:3] == b' + 86':
            read_sms = read_sms[3:len(read_sms)]
        read_number = read_sms.split(b'M')[0].decode()
        read_sms = read_sms[len(read_number) + 1:].decode()
        if is_unistr(read_sms) :
            read_sms = uni_to_str(read_sms)
        read_time = time.strftime("%Y-%m-%d %H:%M:%S", time.localtime())
        if phone_number_check(read_number) and len(read_sms)> 0:
            if names.__contains__(read_number) :
                if names[read_number] == '' :
                    #拼接消息记录,下同
                    new_record = 'From:' + read_number + \
                                    '\nTime:' + read_time + \
                                    '\n' + read_sms + '\n\n\n'
                else:
                    new_record = 'From:' + names[read_number] + \
                                    '\nTime:' + read_time + \
                                    '\n' + read_sms + '\n\n\n'
            else:
                names[read_number] = ''
                new_record = 'From:' + read_number + \
                                '\nTime:' + read_time + \
                                '\n' + read_sms + '\n\n\n'
        else:
            return False
        if records.__contains__(read_number) :
            records[read_number] = records[read_number] + \
                                new_record
        else:
            records[read_number] = new_record
        self.show_text.config(state = NORMAL)
        self.show_text.delete(0.0,END)
        self.show_text.insert(END, records[read_number])
        self.show_text.config(state = DISABLED)
        self.render()
        showinfo(title = '新短信', message = new_record)
#实例化出一个父窗口
init_window = Tk()
```

```
＃该窗口不能由用户随意改变大小
init_window.resizable(0, 0)
＃由该窗口实例化一个对象
AP_WIN = MY_GUI(init_window)
＃设置根窗口默认属性
AP_WIN.set_init_window()
＃定义一个监控串口的函数
def ser_listen():
    while True :
        try :
            if ser.readable():
                ser_read = ser.read_until(terminator = TERMINATOR.encode())
                ser_read = ser_read[0:len(ser_read) - 1]
                print(ser_read)
                AP_WIN.rec_sms(ser_read)
        except :
            pass
        finally :
            if is_close :
                return
＃这是一个监控串口输入的线程
t1 = Thread(target = ser_listen)
＃启动线程
t1.start()
＃父窗口进入事件循环,可以理解为保持窗口运行,否则界面不展示
init_window.mainloop()
is_close = True
ser.close()
t1.join()
```

5.2.3　HC-05 蓝牙初始化模块

本部分包括 HC-05 蓝牙初始化模块的功能介绍及相关代码。

1. 功能介绍

HC-05 有两个工作模式,分别是数据模式和 AT 命令模式。

(1) 数据模式:自动连接(automatic connection),又称为透传模式 (transparent communication)。

(2) AT 命令模式:命令回应(Order-response),又称为 AT 模式(AT mode)。在通电时一直按住 HC-05 上的按钮即可进入 AT 模式。

蓝牙模块的功能是通过与 PC 端软件进行串口通信将短信内容或来电信息发送给 PC 端软件,再由软件通知用户,待用户做出回应之后由 PC 端软件将用户的回应发送给 Arduino 开发板,做出相应操作。蓝牙模块引脚如图 5-9 所示,从上到下六个引脚分别是 STATE、RXD、TXD、GND、VCC、EN。输出电路原理如图 5-10 所示。

图 5-9 HC-05 模块图

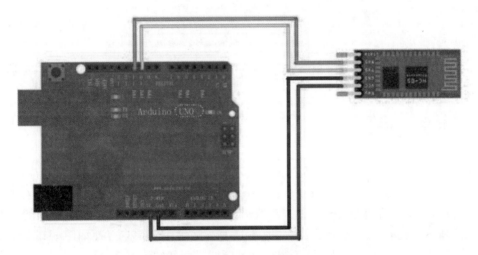

图 5-10 输出电路原理图

2. 相关代码

```
#include <SoftwareSerial.h>
//引脚 10 为 RX,接 HC-05 的 TXD
//引脚 11 为 TX,接 HC-05 的 RXD
SoftwareSerial BT(10, 11);
char val;
void setup() {
  Serial.begin(38400);
  Serial.println("BT is ready!");
  //HC-05 默认,38400
  BT.begin(38400);
}
void loop() {
  if (Serial.available()) {
    val = Serial.read();
    BT.print(val);
```

```
  }
  if (BT.available()) {
    val = BT.read();
    Serial.print(val);
  }
}
```

运行后按住 HC-05 上的按钮再插电,让模块进入 AT 模式,使用 Arduino IDE 的串口监视器输入以下命令进行设置。

AT + NAME = Arduino - Phone	//蓝牙主机名称为 Arduino Phone
AT + ROLE = 0	//蓝牙模式为从模式
AT + CMODE = 1	//蓝牙连接模式为任意地址连接模式
AT + PSWD = 1234	//蓝牙配对密码为 5678
AT + UART = 9600,0,0	//蓝牙通信串口波特率为 9600,停止位 1 位,无校验位
AT + RMAAD	//清空配对列表

每输入一条指令之后,如果设置正常,串口监视器会返回 OK,设置完成后可重启蓝牙模块并当作普通串口使用。

5.3 产品展示

整体外观如图 5-11 所示;作品内部模块分布如图 5-12 所示,其正面为主程序模块,从上到下依次为 TFT 触摸屏、GPRS 模块和 Arduino 开发板,左下角为蓝牙模块,右下角为 RTC 时钟模块,最下方为电池模块;查看/设置时间界面如图 5-13 所示;新信息提示界面如图 5-14 所示;显示新信息内容界面如图 5-15 所示;编辑新信息界面如图 5-16 所示;信息发送界面如图 5-17 所示;显示联系人正在被呼叫界面如图 5-18 所示。

图 5-11　整体外观图

图 5-12　内部模块分布图

图 5-13　查看/设置时间界面

图 5-14　新信息提示界面

图 5-15　新信息内容界面

图 5-16　编辑新信息界面

图 5-17 信息发送界面

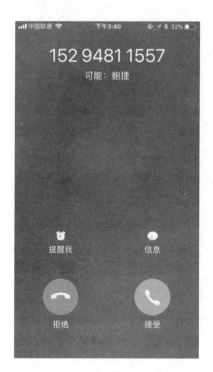

图 5-18 联系人被呼叫界面

5.4 元件清单

完成本项目所用到的元件及数量如表 5-2 所示。

表 5-2 元件清单

元件/测试仪表	数量/个
Arduino 开发板	1
GPRS Shield Arduino SeeedStudio	1
TFT Touch Shield V2 SeeedStudio	1
HC-05	1
RTC DS1307	1
USB 转 TTL	1
带电量显示功能	1

第 6 章　智能快递箱项目设计

本项目基于 Arduino 开发板和 OneNET 平台,通过对快递盒实时监测以达到防止丢失的意外情况发生,同时对快递盒内温湿度进行监测,防止物件因为物理因素而被损坏。

6.1　功能及总体设计

本项目通过 DHT11 模块监测快递盒内的温湿度情况,同时利用 GPS 模块实时监测快递盒的位置信息、DHT11 温湿度模块记录的信息,以及 SIM800A 模块的一端串口输入,另一端串口输出,SIM800A 接收到的温湿度信息以及位置信息通过 Arduino 开发板传输至计算机和 OneNET 平台,在 OneNET 平台的前端网页上可显示快递盒的温湿度信息和位置信息。

要实现上述功能需将作品分成两部分进行设计,即传感器模块和传输模块。传感器模块通过温湿度传感器 DHT11、GPS 模块监测温湿度及位置信息;传输模块通过 Arduino 开发板将 DHT11 温湿度传感器检测到的信息以及 GPS 模块检测到的地理位置打包成 JSON 字符串,并使用 SIM800A 模块通过 HTTP 协议将数据包传输至 OneNET 云平台,并在前端网页显示。

1. 整体框架图

整体框架如图 6-1 所示。

2. 系统流程图

系统流程如图 6-2 所示。

3. 总电路图

总电路如图 6-3 所示,引脚连线如表 6-1 所示。

本章根据崔淞、苏兴项目设计整理而成。

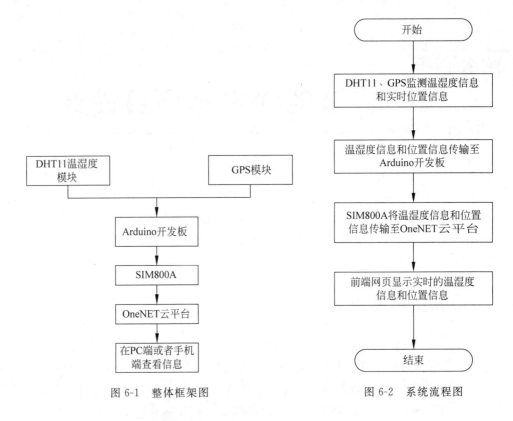

图 6-1　整体框架图

图 6-2　系统流程图

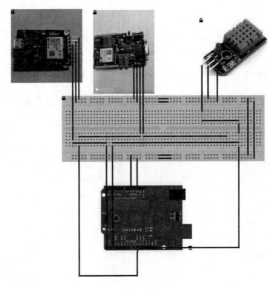

图 6-3　总电路图

表 6-1　引脚连线表

元件及引脚名		Arduino 开发板引脚
DHT11	VCC	VCC
	GND	GND
	DAT	2
SIM800A	T-RX	10
	T-TX	9
	GND	GND
	V_MCU	+5V
GPS	VCC	+5V
	GND	GND
	TXD	0

6.2　模块介绍

本项目主要包括传感器模块和传输模块。下面分别给出各模块的功能介绍及相关代码。

6.2.1　传感器模块

本部分包括传感器模块的功能介绍及相关代码。

1. 功能介绍

本模块主要通过温湿度传感器 DHT11、GPS 模块监测温湿度及位置信息,电路如图 6-4 所示。

图 6-4　传感器模块电路图

2. 相关代码

```
#include <SoftwareSerial.h>
#include "DHT.h"
#define GpsSerial Serial
#define DebugSerial Serial
#define Success 1U
#define Failure 0U
#define DHTPIN 2
#define DHTTYPE DHT11
DHT dht(DHTPIN, DHTTYPE);
SoftwareSerial GprsSerial(9,10);
int L = 13;                                    //LED 指示灯引脚
struct
{
    char GPS_Buffer[80];
    bool isGetData;                            //是否获取到 GPS 数据
    bool isParseData;                          //是否解析完成
    char UTCTime[11];                          //UTC 时间
    char latitude[11];                         //纬度
    char N_S[2];                               //N/S
    char longitude[12];                        //经度
    char E_W[2];                               //E/W
    bool isUsefull;                            //定位信息是否有效
} Save_Data;
const unsigned int gpsRxBufferLength = 600;
char gpsRxBuffer[gpsRxBufferLength];
unsigned int ii = 0;
char * latitude;
char * longitude;
char latbuffer[20];
char lonbuffer[20];
void setup() {
    Serial.begin(9600);
    dht.begin();
    GpsSerial.begin(9600);
    DebugSerial.begin(9600);
    GprsSerial.begin(9600);
    delay(5000);
    while(GprsSerial.available()>0)
        GprsSerial.read();
    while(Serial.available()>0)
        Serial.read();
    delay(1000);
    randomSeed(analogRead(A0));
    Save_Data.isGetData = false;
    Save_Data.isParseData = false;
```

```
  Save_Data.isUsefull = false;
}
void loop()
{
  delay(2000);
  gpsRead();                          //获取 GPS 数据
  parseGpsBuffer();                   //解析 GPS 数据
  double latitude1 = latitudeToOnenetFormat();
  double longitude1 = longitudeToOnenetFormat();
  longitude = dtostrf(longitude1, 3, 2, lonbuffer);
  latitude = dtostrf(latitude1, 3, 2, latbuffer);
  char Location[50];
  DebugSerial.println(Save_Data.longitude);
  DebugSerial.println(Save_Data.latitude);
  Serial.println(latitude1);
  Serial.println(longitude1);
  Serial.println(latitude);
  Serial.println(longitude);
  sprintf(Location,"{\"lon\": % s,\"lat\": % s}",longitude,latitude);
  Serial.println(Location);
  float h = dht.readHumidity();       //读湿度
  float t = dht.readTemperature();    //读温度,默认为摄氏度
  char * value1;
  char * value2;
  char buff1[10];
  char buff2[10];
  value1 = dtostrf(h, 3, 2, buff1);
  value2 = dtostrf(t, 3, 2, buff2);
  delay(3000);
  DebugSerial.println(Save_Data.longitude);
  DebugSerial.println(Save_Data.latitude);
}
void errorLog(int num)
{
  DebugSerial.print("ERROR");
  DebugSerial.println(num);
  while (1)
  {
    digitalWrite(L, HIGH);
    delay(300);
    digitalWrite(L, LOW);
    delay(300);
  }
}
void sendcmd(char * cmd)
{
    GprsSerial.write(cmd);
```

```
        delay(100);
    }
    void printGpsBuffer()
    {
      if (Save_Data.isParseData)
      {
        Save_Data.isParseData = false;
        DebugSerial.print("Save_Data.UTCTime = ");
        DebugSerial.println(Save_Data.UTCTime);
        if(Save_Data.isUsefull)
        {
          Save_Data.isUsefull = false;
          DebugSerial.print("Save_Data.latitude = ");
          DebugSerial.println(Save_Data.latitude);
          DebugSerial.print("Save_Data.N_S = ");
          DebugSerial.println(Save_Data.N_S);
          DebugSerial.print("Save_Data.longitude = ");
          DebugSerial.println(Save_Data.longitude);
          DebugSerial.print("Save_Data.E_W = ");
          DebugSerial.println(Save_Data.E_W);
        }
        else
        {
          DebugSerial.println("GPS DATA is not usefull!");
        }

      }
    }
    void parseGpsBuffer()
    {
      char * subString;
      char * subStringNext;
      if (Save_Data.isGetData)
      {
        Save_Data.isGetData = false;
        DebugSerial.println(" ************** ");
        DebugSerial.println(Save_Data.GPS_Buffer);
        for (int i = 0 ; i <= 6 ; i++)
        {
          if (i == 0)
          {
            if ((subString = strstr(Save_Data.GPS_Buffer, ",")) == NULL)
              errorLog(1);                    //解析错误
          }
          else
          {
            subString++;
```

```
        if ((subStringNext = strstr(subString, ",")) != NULL)
        {
            char usefullBuffer[2];
            switch(i)
            {
                case 1:memcpy(Save_Data.UTCTime, subString, subStringNext - subString);break;
                                //获取 UTC 时间
                case 2:memcpy(usefullBuffer, subString, subStringNext - subString);break;
                                //获取信息
                case 3:memcpy(Save_Data.latitude, subString, subStringNext - subString);break;
                                //获取纬度信息
                case 4:memcpy(Save_Data.N_S, subString, subStringNext - subString);break;
                                //获取 N/S
                case 5:memcpy(Save_Data.longitude, subString, subStringNext - subString);break;
                                //获取经度信息
                case 6:memcpy(Save_Data.E_W, subString, subStringNext - subString);break;
                                //获取 E/W
                default:break;
            }
            subString = subStringNext;
            Save_Data.isParseData = true;
            if(usefullBuffer[0] == 'A')
                Save_Data.isUsefull = true;
            else if(usefullBuffer[0] == 'V')
                Save_Data.isUsefull = false;
        }
        else
        {
            errorLog(2);                //解析错误
        }
      }
    }
  }
}
void gpsRead() {
  while(!Save_Data.isGetData)
{
  while (GpsSerial.available())
  {
    gpsRxBuffer[ii++] = GpsSerial.read();
    if (ii == gpsRxBufferLength)clrGpsRxBuffer();
  }
  char * GPS_BufferHead;
  char * GPS_BufferTail;
  if ((GPS_BufferHead = strstr(gpsRxBuffer, " $ GPRMC,")) != NULL || (GPS_BufferHead = strstr
```

```
(gpsRxBuffer, " $ GNRMC,")) != NULL )
  {
    if (((GPS_BufferTail = strstr(GPS_BufferHead, "\r\n")) != NULL) && (GPS_BufferTail > GPS_
BufferHead))
    {
      memcpy(Save_Data.GPS_Buffer, GPS_BufferHead, GPS_BufferTail - GPS_BufferHead);
      Save_Data.isGetData = true;
      clrGpsRxBuffer();
    }
  }
}
}
void clrGpsRxBuffer(void)
{
  memset(gpsRxBuffer, 0, gpsRxBufferLength);        //清空
  ii = 0;
}
double longitudeToOnenetFormat()
{
  double lon_temp;
  long lon_Onenet;
  int dd_int;
  long mm_int;
  double lon_Onenet_double;
  lon_temp = atof(Save_Data.longitude);
  lon_Onenet = lon_temp * 100000;                    //转换为整数
  dd_int = lon_Onenet/10000000;                      //取出 dd
  mm_int = lon_Onenet % 10000000;                    //取出 MM 部分
  lon_Onenet_double = dd_int + (double)mm_int/60/100000;    //换算为 OneNET 格式
  return lon_Onenet_double;
}
double latitudeToOnenetFormat()
{
  double lat_temp;
  long lat_Onenet;
  int dd_int;
  long mm_int;
  double lat_Onenet_double;
  lat_temp = atof(Save_Data.latitude);
  lat_Onenet = lat_temp * 100000;                    //转换为整数
  dd_int = lat_Onenet/10000000;                      //取出 dd
  mm_int = lat_Onenet % 10000000;                    //取出 MM 部分
  lat_Onenet_double = dd_int + (double)mm_int/60/100000;    //转换为 OneNET 格式
  return lat_Onenet_double;
}
```

6.2.2　传输模块

本部分包括传输模块的功能介绍及相关代码。

1. 功能介绍

本模块主要通过 Arduino 开发板将 DHT11 温湿度传感器检测到的信息和 GPS 模块检测到的地理位置打包成 JSON 字符串,并使用 SIM800A 模块通过 HTTP 协议将数据包传输至 OneNET 云平台,并在前端网页显示。电路如图 6-5 所示。

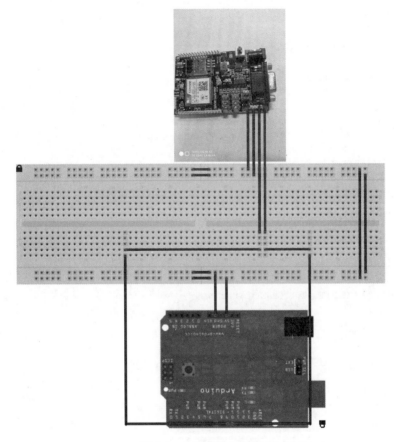

图 6-5　传输模块电路图

2. 相关代码

```
# include < ArduinoJson.h >
# include < HttpPacket.h >
# include < SoftwareSerial.h >
# define RET_OK 0
# define RET_ERR 1
StaticJsonBuffer < 200 > jsonBuffer;
char jsonStr[200] = {0};
```

```
HttpPacketHead packetHead;
float t = 0;
SoftwareSerial mySerial(9,10);
void setup() {
  Serial.begin(9600);
  while (!Serial)
  {
      ;
  }
  mySerial.begin(9600);
  delay(1000);
  while(mySerial.available()>0)
      mySerial.read();
  while(Serial.available()>0)
      Serial.read();
  //初始化 WiFi 模块
  httpInit();
}
void httpInit(void)
{
  SendCmd("AT + CGCLASS = \"B\"\r\n");
  delay(1000);
  SendCmd("AT + CGDCONT = 1,\"IP\",\"CMNET\"\r\n");
  delay(1000);
  SendCmd("AT + CGATT = 1\r\n");
  delay(1000);
  SendCmd("AT + CIPCSGP = 1,\"CMNET\"\r\n");
  delay(1000);
  SendCmd("AT + CLPORT = \"TCP\",\"2000\"\r\n");
  delay(1000);
  //Serial.println("AT + CIPSEND\r");                //开始透传
}
void loop()
{
  t = t + 10;
  TCPConnect("AT + CIPSTART = \"TCP\",\"api.heclouds.com\",\"80\"\r\n");
  delay(1000);
  SendData("AT + CIPSEND\r\n");
  delay(1000);
  JsonObject& jsonData = jsonBuffer.createObject();
  JsonArray& data = jsonData.createNestedArray("datastreams");
  addJsonDataRecord("Temperature", t, data);
  jsonData.printTo(jsonStr, 200);
  packetHead.setHostAddress("api.heclouds.com");
  packetHead.setDevId("31508961");
```

```
    packetHead.setAccessKey("FbTdL66xPjkLL84bblBOR5whVfE=");
    packetHead.createCmdPacket(POST, TYPE_DATAPOINT, jsonStr);
    Serial.print(packetHead.content);
    jsonData.printTo(Serial);                    //传输 JSON 格式数据
    Serial.println();
    delay(500);
    closeTCP("AT + CIPCLOSE = 1\r\n");
    delay(1000);
}
void addJsonDataRecord(char key[], int value, JsonArray& array)
{
    JsonObject &root = array.createNestedObject();
    root.add("id", key);
    JsonArray &data = root.createNestedArray("datapoints");
    JsonObject &root1 = data.createNestedObject();
    root1.add("value", value);
}
char SendCmd(String data)
{
    Serial.println(data);                        //发送 AT 指令
    while (1)
    {
        if (Serial.find("OK") == true)           //返回值判断
        {
            break;
        }
        Serial.println(data);
    }
    return RET_OK;
}
char SendData(String data)
{
    Serial.println(data);                        //发送 AT 指令
    while (1)
    {
        if (Serial.find(">") == true)            //返回值判断
        {
            break;
        }
        Serial.println(data);
    }
    return RET_OK;
}
char TCPConnect(String data)
{
```

```
    Serial.println(data);                        //发送 AT 指令
    while (1)
    {
        if (Serial.find("CONNECT OK") == true)    //返回值判断
        {
            break;
        }
        Serial.println(data);
    }
    return RET_OK;
}
char closeTCP(String data)
{
    Serial.println(data);                        //发送 AT 指令
    while (1)
    {
        if (Serial.find("CLOSE OK") == true)     //返回值判断
        {
            break;
        }
        Serial.println(data);
    }
    return RET_OK;
}
```

6.3　产品展示

　　OneNET 前端信息显示如图 6-6 所示,项目展示如图 6-7 所示,OneNET 数据显示如图 6-8 所示。

图 6-6　OneNET 前端信息显示图

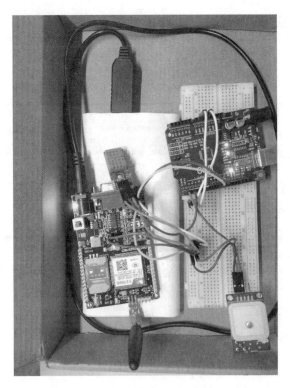

图 6-7　项目展示图

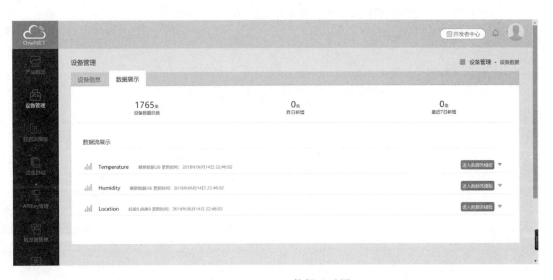

图 6-8　OneNET 数据显示图

6.4　元件清单

完成本项目所用到的元件及数量如表 6-2 所示。

表 6-2　元件清单

元件/测试仪表	数　　量
DHT11 温湿度传感器	1 个
GPS 传感器	1 个
导线	若干
面包板	1 个
Arduino 开发板	2 个
SIM800A	1 个

第 7 章 智能机房环境监控项目设计

本项目使用 Arduino 开发板对机房进行环境监控，实现智能化管理。

7.1 功能及总体设计

本项目利用 ESP8266 模块将传感器的数据传输到 Arduino 开发板，并通过 PC 构建服务器，实现智能机房环境监控。

要实现上述功能需将作品分成两部分进行设计：服务器和硬件部分。服务器后端采用 nodejs＋express 框架接收 HTTP 请求，从 URL 中解析出数据，并进行存储。硬件通过温湿度模块测量数据，在一定阈值范围内绿灯、黄灯亮，红灯闪烁并报警。风扇用于机房的散热，ESP8266 模块与服务器建立 TCP 连接发送数据。

1. 整体框架图

整体框架如图 7-1 所示。

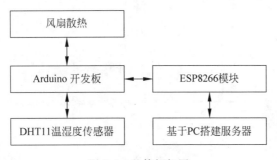

图 7-1 整体框架图

2. 系统流程图

系统流程如图 7-2 所示。

本章根据佟知航、杨天宁项目设计整理而成。

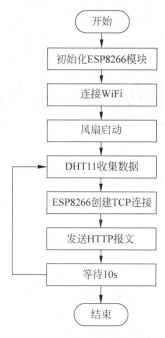

图 7-2　系统流程图

3. 总电路图

总电路如图 7-3 所示，引脚连线如表 7-1 所示。电路中使用直流电机表示电风扇，直接连在驱动板的第一对输出引脚，不分极性。

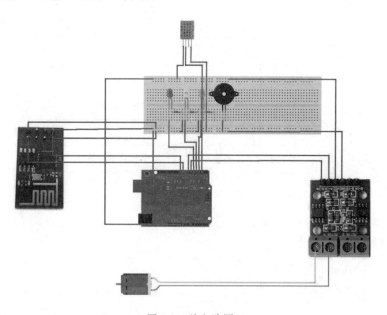

图 7-3　总电路图

表 7-1 引脚连线表

元件及引脚名		Arduino 开发板引脚
ESP8266	UTXD	8
	CH_PD	3.3V
	VCC	3.3V
	URXD	9
	GND	GND
LED(3)	红色/左	4
	黄色/中	5
	绿色/右	6
	LED 负极	均通过 150Ω 电阻接地
蜂鸣器	正极	10
	负极	GND
DHT11	VCC	5V
	Data	11
	GND	GND
直流电机驱动板	IA1	12
	IB1	13
	VCC	5V
	GND	GND

7.2 模块介绍

本项目主要包括主程序模块、ESP8266 模块、服务器模块和支撑文件模块。下面分别给出各模块的功能介绍及相关代码。

7.2.1 主程序模块

本部分包括主程序模块的功能介绍及相关代码。

1. 功能介绍

DHT11 收集温湿度数据,在不同阈值范围内有不同的响应,驱动风扇散热。

2. 相关代码

```
# include < SoftwareSerial.h >
# include "ESP8266.h"
# include "stdlib.h"
# include "My_DHT_Using_Opp.h"
# define buzzer 9
# define SSID "vivo"
# define PASSWORD "11111111"
# define WLAN_SECURITY WLAN_SEC_WPA2
```

```
# define HOST_NAME "192.168.43.177"          //可改成自己的服务器地址和引脚
# define HOST_PORT (8088)
# define sw_serial_rx_pin 4                   //此引脚连接 ESP8266 的 TX
# define sw_serial_tx_pin 6                   //此引脚连接 ESP8266 的 RX
# define esp8266_reset_pin 5                  //此引脚连接 ESP8266 的 CH_PD
SoftwareSerial swSerial(sw_serial_rx_pin, sw_serial_tx_pin);
ESP8266 wifi(swSerial);
dht DHT;
String message;
bool c = true;
int temp = 0;                                 //温度
int humi = 0;                                 //湿度
int j;
float time;
unsigned int loopCnt;
int chr[40] = {0};                            //创建数字数组
# define pin 12
# define greenled 3
# define yellowled 10
# define redled 11
# define pin1 8
# define pin2 7
void message1(int temp, int humi);
void ring()
{
  unsigned char i, j;                         //定义变量
  for (i = 0; i < 80; i++)                     //输出一个频率的声音
  {
    digitalWrite(buzzer, HIGH);               //发声音
    delay(1);                                 //延时 1ms
    digitalWrite(buzzer, LOW);                //不发声音
    delay(1);                                 //延时 ms
  }
  for (i = 0; i < 100; i++)                    //输出另一个频率的声音
  {
    digitalWrite(buzzer, HIGH);               //发声音
    delay(2);                                 //延时 2ms
    digitalWrite(buzzer, LOW);                //不发声音
    delay(2);                                 //延时 2ms
  }
}
void green()
{
  digitalWrite(greenled, HIGH);
}
void yellow()
{
```

```
    digitalWrite(yellowled, HIGH);
}
void red()
{
    digitalWrite(redled, HIGH);
}
void ledoff()
{
    digitalWrite(greenled, LOW);
    digitalWrite(yellowled, LOW);
    digitalWrite(redled, LOW);
}
void setup()
{
    Serial.begin(9600);
    pinMode(buzzer, OUTPUT);
    pinMode(greenled, OUTPUT);
    pinMode(yellowled, OUTPUT);
    pinMode(redled, OUTPUT);
    pinMode(pin1, OUTPUT);
    pinMode(pin2, OUTPUT);
    digitalWrite(pin1, LOW);
    digitalWrite(pin2, HIGH);
    swSerial.begin(115200);
    if (wifi.setOprToStationSoftAP()) {
        Serial.print("to station + softap ok\r\n");
    } else {
        Serial.print("to station + softap err\r\n");
    }
    if (wifi.joinAP(SSID, PASSWORD)) {            //加入无线网
        Serial.print("Join AP success\r\n");
        Serial.print("IP: ");
        Serial.println(wifi.getLocalIP().c_str());
    } else {
        Serial.print("Join AP failure\r\n");
    }
    if (wifi.disableMUX()) {
        Serial.print("single ok\r\n");
    } else {
        Serial.print("single err\r\n");
    }
    Serial.print("setup end\r\n");

}
void loop()
```

```
  {
    DHT.read11(pin);
    Serial.println(DHT.humidity);
    Serial.println(DHT.temperature);
    char buffer[10];
    int temp = DHT.temperature;
    int humi = DHT.humidity;
    String hum = dtostrf(DHT.humidity, 4, 1, buffer);
    String tem = dtostrf(DHT.temperature, 4, 1, buffer);
    ledoff();
    if (temp > 25 || humi < 60)
  {
red();
      ring();
    }
    else if ((temp > 20 && temp <= 25) || (humi < 70 && humi >= 60))
    {
      yellow();
    }
    else
    {
      green();
    }
wifi.createTCP(HOST_NAME, HOST_PORT);
    message = "GET ";
    message += "/?tem = ";
    message += tem;
    message += "&hum = ";
    message += hum;
    message += " HTTP/1.1";
    message += "\r\n";
    message += "HOST: ";
    message += HOST_NAME;
    message += "\r\n";
    message += "Content - Type: application/x - www - form - urlencoded\r\n";
    message += "Connection: close\r\n";
    message += "\r\n";
    const char * postArray = message.c_str();
    if(wifi.send((const uint8_t * )postArray, strlen(postArray)))
    {
     Serial.println("send success");
    }
    postArray = NULL;
    delay(10000);
  }
```

7.2.2 ESP8266 模块

本部分包括 ESP8266 模块的功能介绍及相关代码。

1. 功能介绍

将主程序模块收集的温湿度数据通过 ESP8266 模块传输到服务器。元件包括 ESP8266 模块、Arduino 开发板和导线若干，电路如图 7-4 所示。

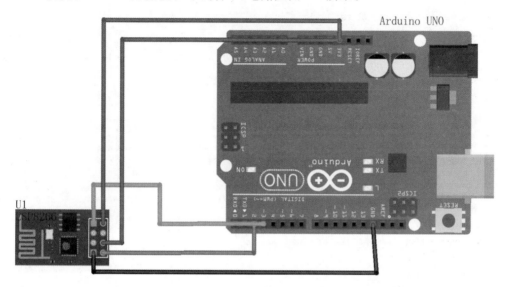

图 7-4　ESP8266 与 Arduino 开发板连线图

2. 相关代码

```
# include < SoftwareSerial.h >
# include "ESP8266.h"
# define sw_serial_rx_pin 4
# define sw_serial_tx_pin 6
# define esp8266_reset_pin 5
SoftwareSerial swSerial(sw_serial_rx_pin, sw_serial_tx_pin);
ESP8266 wifi(swSerial);
# define SSID "vivo"
# define PASSWORD "11111111"
# define WLAN_SECURITY WLAN_SEC_WPA2
# define HOST_NAME "192.168.43.177"              //可改成自己的服务器地址和端口
# define HOST_PORT (8088)
void setup()
{
  Serial.begin(9600);
  swSerial.begin(115200);
  if (wifi.setOprToStationSoftAP()) {
    Serial.print("to station + softap ok\r\n");
```

```
    } else {
      Serial.print("to station + softap err\r\n");
    }
    if (wifi.joinAP(SSID, PASSWORD)) {              //加入无线网
      Serial.print("Join AP success\r\n");
      Serial.print("IP: ");
      Serial.println(wifi.getLocalIP().c_str());
    } else {
      Serial.print("Join AP failure\r\n");
    }
    if (wifi.disableMUX()) {
      Serial.print("single ok\r\n");
    } else {
      Serial.print("single err\r\n");
    }
    Serial.print("setup end\r\n");
}
void loop()
{
  wifi.createTCP(HOST_NAME, HOST_PORT);
  message = "GET ";
  message += "/?tem = ";
  message += tem;
  message += "&hum = ";
  message += hum;
  message += " HTTP/1.1";
  message += "\r\n";
  message += "HOST: ";
  message += HOST_NAME;
  message += "\r\n";
  message += "Content - Type: application/x - www - form - urlencoded\r\n";
  message += "Connection: close\r\n";
  message += "\r\n";
  const char * postArray = message.c_str();
  if(wifi.send((const uint8_t * )postArray, strlen(postArray)))
  {
   Serial.println("send success");
  }
  postArray = NULL;
}
```

7.2.3 服务器模块

本部分包括服务器模块的功能介绍及相关代码。

1. 功能介绍

通过 nodejs＋express 框架搭建服务器。

2. 相关代码

```
var express = require('express');
var app = express();
var bodyParser = require('body-parser');
var mysql = require('mysql');                         //调用 mysql 模块
var num = 0;
app.use(bodyParser.urlencoded({ extended: true}));
app.use(express.static('public'));
app.get('/',function(req, res){
    response = req.query;
    console.log(response);
    res.send('post succeed');
    var connection = mysql.createConnection({
        host: '127.0.0.1',
        user: 'root',
        password: 'password',
        port: '3306',
        database: 'test'
    });
    connection.connect(function(err){
        if(err){
            console.log('[query] - :' + err);
            return;
        }
        console.log('[connection connect] succeed!');
    });
    var insertSQL = 'insert into test1 (id,tem,hum) values(0,?,?)';
    var Params = [response.tem, response.hum];
    //执行查询
    connection.query(insertSQL, Params, function (err, result) {
        if (err) {
            console.log('[Insert Error] - ', err.message);
            return;
        }
        console.log('insert succeed!');
    });
    connection.end(function (err) {
        if (err) {
            return;
        }
        num += 1;
        console.log('[connection end] succeed!');
        console.log(num);
    });
});
var server = app.listen(8088, function () {
```

```
var host = server.address().address
var port = server.address().port
console.log("应用实例,访问地址为 http://%s:%s", host, port)
})
```

7.2.4 支撑文件模块

本部分主要使用了 ESP8266 头文件、ESP8266.cpp 文件和 DHT11 库文件。

1. ESP8266 头文件

封装了 ESP8266 所有的 AT 指令,相关代码如下:

```
#ifndef __ESP8266_H__
#define __ESP8266_H__
#include "Arduino.h"
#define ESP8266_USE_SOFTWARE_SERIAL
#ifdef ESP8266_USE_SOFTWARE_SERIAL
#include "SoftwareSerial.h"
#endif
#define VERSION_18 0X18
#define VERSION_22 0X22
#define DEFAULT_PATTERN3
#define USER_SEL_VERSION VERSION_18
class ESP8266 {
public:
#ifdef ESP8266_USE_SOFTWARE_SERIAL
    //软串口 ESP8266 波特率,默认 9600,取决于具体固件
#if (USER_SEL_VERSION == VERSION_22)
    ESP8266(SoftwareSerial &uart, uint32_t baud = 115200);
#elif (USER_SEL_VERSION == VERSION_18)
    ESP8266(SoftwareSerial &uart, uint32_t baud = 9600);
#endif /* #if(USER_SEL_VERSION == VERSION_22) */
#else /* HardwareSerial */
//串口 ESP8266 波特率,默认 9600,取决于具体固件
#if (USER_SEL_VERSION == VERSION_22)
    ESP8266(HardwareSerial &uart, uint32_t baud = 115200);
#elif (USER_SEL_VERSION == VERSION_18)
    ESP8266(HardwareSerial &uart, uint32_t baud = 9600);
#endif /* #if(USER_SEL_VERSION == VERSION_22) */
#endif /* #ifdef ESP8266_USE_SOFTWARE_SERIAL */
    //发送"AT"到 ESP8266,等待返回"OK"
    bool kick(void);
    //重启 ESP8266,指令"AT + RST",时间大约为 3s
    bool restart(void);
    //获取 AT 命令集的版本号
    String getVersion(void);
    //开启深度睡眠,需要硬件支持
```

```
        bool deepSleep(uint32_t time);
        //切换到 Echo 功能模式
        bool setEcho(uint8_t mode);
//恢复出厂设置,此操作重启设备
        bool restore(void);
        //设置串口配置
        bool setUart(uint32_t baudrate,uint8_t pattern);
        //设置操作模式
        bool setOprToStation(uint8_t pattern1 = DEFAULT_PATTERN,uint8_t pattern2 = DEFAULT_PATTERN);
        //获取模型值列表
        String getWifiModeList(void);
        //设置操作模式为 SoftAP
        bool setOprToSoftAP(uint8_t pattern1 = DEFAULT_PATTERN,uint8_t pattern2 = DEFAULT_PATTERN);
        //设置操作模式为 Station + SoftAP
        bool setOprToStationSoftAP(uint8_t pattern1 = DEFAULT_PATTERN,uint8_t pattern2 = DEFAULT_
PATTERN);
        //获取操作模式
        uint8_t getOprMode(uint8_t pattern1 = DEFAULT_PATTERN);
        //搜索可用 AP 并返回
        String getAPList(void);
        //搜索并返回当前连接的 AP
        String getNowConecAp(uint8_t pattern = DEFAULT_PATTERN);
        //加入 AP
        bool joinAP(String ssid, String pwd,uint8_t pattern = DEFAULT_PATTERN);
        //离开加入的 AP
        bool leaveAP(void);
        //设置 SoftAP 参数
        bool setSoftAPParam(String ssid, String pwd, uint8_t chl = 7, uint8_t ecn = 4,uint8_t
pattern = DEFAULT_PATTERN);
        //获取 SoftAP 参数
        String getSoftAPParam(uint8_t pattern = DEFAULT_PATTERN);
        //获取加入 SoftAP 的 IP 列表
        String getJoinedDeviceIP(void);
        //获取当前 DHCP 状态
        String getDHCP(uint8_t pattern = DEFAULT_PATTERN);
        //设置 DHCP 的状态
        bool setDHCP(uint8_t mode, uint8_t en, uint8_t pattern = DEFAULT_PATTERN);
        //设置自动连接
        bool setAutoConnect(uint8_t en);
        //获取 Station 的 MAC 地址
        String getStationMac(uint8_t pattern = DEFAULT_PATTERN);
        //设置 Station 的 MAC 地址
        bool setStationMac(String mac,uint8_t pattern = DEFAULT_PATTERN);
        //获取 Station 的 IP
        String getStationIp(uint8_t pattern = DEFAULT_PATTERN);
        //设置 Station 的 IP
        bool setStationIp(String ip,String gateway,String netmask,uint8_t
```

```
                pattern = DEFAULT_PATTERN);
            //获取 AP 的 IP
            String getAPIp(uint8_t pattern = DEFAULT_PATTERN);
            //设置 AP 的 IP
            bool setAPIp(String ip, uint8_t pattern = DEFAULT_PATTERN);
            //启动智能配置
            bool startSmartConfig(uint8_t type);
            //停止智能配置
            bool stopSmartConfig(void);
            //获取当前的连接状态(UDP 和 TCP)
        String getIPStatus(void);
            //获取 ESP8266 的 IP 地址
        String getLocalIP(void);
            //开启 IP MUX 多连接模式
    bool enableMUX(void);
    //关闭 IP MUX 多连接模式
    bool disableMUX(void);
        //创建 TCP 连接
    bool createTCP(String addr, uint32_t port);
    //释放 TCP 连接
    bool releaseTCP(void);
    //注册 UDP 端口号
    bool registerUDP(String addr, uint32_t port);
    //注销 UDP 端口号
    bool unregisterUDP(void);
    //创建 TCP 多模连接
    bool createTCP(uint8_t mux_id, String addr, uint32_t port);
    //释放 TCP 多模连接
    bool releaseTCP(uint8_t mux_id);
    //注册 UDP 多模端口号
    bool registerUDP(uint8_t mux_id, String addr, uint32_t port);
    //注销 UDP 多模端口号
    bool unregisterUDP(uint8_t mux_id);
    //设置 TCP 服务器超时时间
    bool setTCPServerTimeout(uint32_t timeout = 180);
    //开启 TCP 服务器
    bool startTCPServer(uint32_t port = 333);
    //关闭 TCP 服务器
    bool stopTCPServer(void);
    //设置单元传输模式
    bool setCIPMODE(uint8_t mode);
    //开启服务器
    bool startServer(uint32_t port = 333);
    //关闭服务器
    bool stopServer(void);
    //保存传输连接
    bool saveTransLink (uint8_t mode, String ip, uint32_t port);
```

//PING 命令
bool setPing(String ip);
//基于 TCP 或者 UDP 发送数据
bool send(const uint8_t * buffer, uint32_t len);
//基于 TCP 或者 UDP 多模发送数据
bool send(uint8_t mux_id, const uint8_t * buffer, uint32_t len);
//基于 TCP 或者 UDP 发送 FLASH 存储器数据
bool sendFromFlash(const uint8_t * buffer, uint32_t len);
//基于 TCP 或者 UDP 多模发送 FLASH 存储器数据
bool sendFromFlash(uint8_t mux_id, const uint8_t * buffer, uint32_t len);
//基于 TCP 或者 UDP 接收数据
uint32_t recv(uint8_t * buffer, uint32_t buffer_size, uint32_t timeout = 1000);
　//基于 TCP 或者 UDP 多模接收数据
uint32_t recv(uint8_t mux_id, uint8_t * buffer, uint32_t buffer_size, uint32_t timeout = 1000);
//基于 TCP 或者 UDP 多模接收数据,并存储 ID
uint32_t recv(uint8_t * coming_mux_id, uint8_t * buffer, uint32_t buffer_size, uint32_t timeout = 1000);
private:
//清空缓存或者 UART RX
void rx_empty(void);
//从串口接收数据,超时或者发现目标返回所有接收的数据
String recvString(String target, uint32_t timeout = 1000);
//从串口接收数据,超时、发现目标 1 或者目标 2 之一返回所有接收的数据
String recvString(String target1, String target2, uint32_t timeout = 1000);
//从串口接收数据,超时或发现目标 1、目标 2 和目标 3 之一返回所有接收的数据
String recvString(String target1, String target2, String target3, uint32_t timeout = 1000);
//串口接收数据,搜索目标成功返回 True,超时返回 False
bool recvFind(String target, uint32_t timeout = 1000);
//从串口接收数据,搜索目标并截取子字符串,成功返回 True,否则返回 False
bool recvFindAndFilter(String target, String begin, String end, String &data, uint32_t timeout = 1000);
//从串口接收数据包
uint32_t recvPkg(uint8_t * buffer, uint32_t buffer_size, uint32_t * data_len, uint32_t timeout, uint8_t * coming_mux_id);
bool eAT(void);
bool eATRST(void);
bool eATGMR(String &version);
bool eATGSLP(uint32_t time);
bool eATE(uint8_t mode);
bool eATRESTORE(void);
bool eATSETUART(uint32_t baudrate, uint8_t pattern);
bool qATCWMODE(uint8_t * mode, uint8_t pattern = 3);
bool eATCWMODE(String &list);
bool sATCWMODE(uint8_t mode, uint8_t pattern = 3);
bool qATCWJAP(String &ssid, uint8_t pattern = 3);

```cpp
    bool sATCWJAP(String ssid, String pwd, uint8_t pattern = 3);
    bool eATCWLAP(String &list);
    bool eATCWQAP(void);
    bool qATCWSAP(String &List, uint8_t pattern = 3);
    bool sATCWSAP(String ssid, String pwd, uint8_t chl, uint8_t ecn, uint8_t pattern = 3);
    bool eATCWLIF(String &list);
    bool qATCWDHCP(String &List, uint8_t pattern = 3);
    bool sATCWDHCP(uint8_t mode, uint8_t en, uint8_t pattern = 3);
    bool eATCWAUTOCONN(uint8_t en);
    bool qATCIPSTAMAC(String &mac, uint8_t pattern = 3);
    bool eATCIPSTAMAC(String mac, uint8_t pattern = 3);
    bool qATCIPSTAIP(String &ip, uint8_t pattern = 3);
    bool eATCIPSTAIP(String ip, String gateway, String netmask, uint8_t pattern = 3);
    bool qATCIPAP(String &ip, uint8_t pattern = 3);
    bool eATCIPAP(String ip, uint8_t pattern = 3);
    bool eCWSTARTSMART(uint8_t type);
    bool eCWSTOPSMART(void);
    bool eATCIPSTATUS(String &list);
    bool sATCIPSTARTSingle(String type, String addr, uint32_t port);
    bool sATCIPSTARTMultiple(uint8_t mux_id, String type, String addr, uint32_t port);
    bool sATCIPSENDSingle(const uint8_t * buffer, uint32_t len);
    bool sATCIPSENDMultiple(uint8_t mux_id, const uint8_t * buffer, uint32_t len);
    bool sATCIPSENDSingleFromFlash(const uint8_t * buffer, uint32_t len);
    bool sATCIPSENDMultipleFromFlash(uint8_t mux_id, const uint8_t * buffer, uint32_t len);
    bool sATCIPCLOSEMulitple(uint8_t mux_id);
    bool eATCIPCLOSESingle(void);
    bool eATCIFSR(String &list);
    bool sATCIPMUX(uint8_t mode);
    bool sATCIPSERVER(uint8_t mode, uint32_t port = 333);
    bool sATCIPMODE(uint8_t mode);
    bool eATSAVETRANSLINK(uint8_t mode, String ip, uint32_t port);
    bool eATPING(String ip);
    bool sATCIPSTO(uint32_t timeout);
# ifdef ESP8266_USE_SOFTWARE_SERIAL
    SoftwareSerial * m_puart; //ESP8266 软串口通信
# else
    HardwareSerial * m_puart; //ESP8266 与串口通信
# endif
};
# endif / * # ifndef __ESP8266_H__ * /
```

2. ESP8266.cpp

```cpp
# include "ESP8266.h"
# include < avr/pgmspace.h >
# define LOG_OUTPUT_DEBUG (1)
// # define LOG_OUTPUT_DEBUG_PREFIX (1)
```

```
#define logDebug(arg)\
    do {\
        if (LOG_OUTPUT_DEBUG)\
        {\
            if (LOG_OUTPUT_DEBUG_PREFIX)\
            {\
                Serial.print("[LOG Debug: ");\
                Serial.print((const char *)__FILE__);\
                Serial.print(",");\
                Serial.print((unsigned int)__LINE__);\
                Serial.print(",");\
                Serial.print((const char *)__FUNCTION__);\
                Serial.print("] ");\
            }\
            Serial.print(arg);\
        }\
    } while(0)
#ifdef ESP8266_USE_SOFTWARE_SERIAL
ESP8266::ESP8266(SoftwareSerial &uart, uint32_t baud): m_puart(&uart)
{
    m_puart->begin(baud);
    rx_empty();
}
#else
ESP8266::ESP8266(HardwareSerial &uart, uint32_t baud): m_puart(&uart)
{
    m_puart->begin(baud);
    rx_empty();
}
#endif
bool ESP8266::kick(void)
{
    return eAT();
}
bool ESP8266::restart(void)
{
    unsigned long start;
    if (eATRST()) {
        delay(2000);
        start = millis();
        while (millis() - start < 3000) {
            if (eAT()) {
                delay(1500);
                return true;
            }
            delay(100);
        }
```

```
        }
        return false;
    }
String ESP8266∷getVersion(void)
{
        String version;
        eATGMR(version);
        return version;
}
bool ESP8266∷setEcho(uint8_t mode)
{
        return eATE(mode);
}
bool ESP8266∷restore(void)
{
        return eATRESTORE();
}
bool ESP8266∷setUart(uint32_t baudrate,uint8_t pattern)
{
        return eATSETUART(baudrate,pattern);
}
bool ESP8266∷deepSleep(uint32_t time)
{
        return eATGSLP(time);
}
bool ESP8266∷setOprToStation(uint8_t pattern1,uint8_t pattern2)
{
    uint8_t mode;
    if (!qATCWMODE(&mode,pattern1)) {
        return false;
    }
    if (mode == 1) {
        return true;
    } else {
        if (sATCWMODE(1,pattern2)){
            return true;
        } else {
            return false;
        }
    }
}
String ESP8266∷getWifiModeList(void)
{
        String list;
        eATCWMODE(list);
        return list;
}
```

```cpp
bool ESP8266::setOprToSoftAP(uint8_t pattern1, uint8_t pattern2)
{
    uint8_t mode;
    if (!qATCWMODE(&mode, pattern1)) {
        return false;
    }
    if (mode == 2) {
        return true;
    } else {
        if (sATCWMODE(2, pattern2) ){
            return true;
        } else {
            return false;
        }
    }
}
bool ESP8266::setOprToStationSoftAP(uint8_t pattern1, uint8_t pattern2)
{
    uint8_t mode;
    if (!qATCWMODE(&mode, pattern1)) {
        return false;
    }
    if (mode == 3) {
        return true;
    } else {
        if (sATCWMODE(3, pattern2) ){
            return true;
        } else {
            return false;
        }
    }
}
uint8_t ESP8266::getOprMode(uint8_t pattern1)
{
    uint8_t mode;
    if (!qATCWMODE(&mode, pattern1)) {
        return 0;
    } else {
        return mode;
    }
}
String ESP8266::getNowConecAp(uint8_t pattern)
{
    String ssid;
    qATCWJAP(ssid, pattern);
    return ssid;
}
```

```
String ESP8266::getAPList(void)
{
    String list;
    eATCWLAP(list);
    return list;
}
bool ESP8266::joinAP(String ssid, String pwd,uint8_t pattern)
{
    return sATCWJAP(ssid, pwd,pattern);
}
bool ESP8266::leaveAP(void)
{
    return eATCWQAP();
}
String ESP8266::getSoftAPParam(uint8_t pattern)
{
    String list;
    qATCWSAP(list,pattern);
    return list;
}
bool ESP8266::setSoftAPParam(String ssid, String pwd, uint8_t chl, uint8_t ecn, uint8_t
pattern)
{
    return sATCWSAP(ssid, pwd, chl, ecn,pattern);
}
String ESP8266::getJoinedDeviceIP(void)
{
    String list;
    eATCWLIF(list);
    return list;
}
String ESP8266::getDHCP(uint8_t pattern)
{
    String dhcp;
    qATCWDHCP(dhcp,pattern);
    return dhcp;
}
bool ESP8266::setDHCP(uint8_t mode, uint8_t en, uint8_t pattern)
{
    return sATCWDHCP(mode, en, pattern);
}
bool ESP8266::setAutoConnect(uint8_t en)
{
    return eATCWAUTOCONN(en);
}
String ESP8266::getStationMac(uint8_t pattern)
{
```

```
        String mac;
        qATCIPSTAMAC(mac,pattern);
        return mac;
}
bool ESP8266::setStationMac(String mac,uint8_t pattern)
{
    return eATCIPSTAMAC(mac,pattern);
}
String ESP8266::getStationIp(uint8_t pattern)
{
        String ip;
        qATCIPSTAIP(ip,pattern);
        return ip;
}
bool ESP8266::setStationIp(String ip,String gateway,String netmask,uint8_t pattern)
{
    return eATCIPSTAIP(ip,gateway,netmask,pattern);
}
String ESP8266::getAPIp(uint8_t pattern)
{
        String ip;
        qATCIPAP(ip,pattern);
        return ip;
}
bool ESP8266::setAPIp(String ip,uint8_t pattern)
{
    return eATCIPAP(ip,pattern);
}
bool ESP8266::startSmartConfig(uint8_t type)
{
    return eCWSTARTSMART(type);
}
bool ESP8266::stopSmartConfig(void)
{
    return eCWSTOPSMART();
}
String ESP8266::getIPStatus(void)
{
        String list;
        eATCIPSTATUS(list);
        return list;
}
String ESP8266::getLocalIP(void)
{
        String list;
        eATCIFSR(list);
        return list;
```

```cpp
}
bool ESP8266::enableMUX(void)
{
    return sATCIPMUX(1);
}
bool ESP8266::disableMUX(void)
{
    return sATCIPMUX(0);
}
bool ESP8266::createTCP(String addr, uint32_t port)
{
    return sATCIPSTARTSingle("TCP", addr, port);
}
bool ESP8266::releaseTCP(void)
{
    return eATCIPCLOSESingle();
}
bool ESP8266::registerUDP(String addr, uint32_t port)
{
    return sATCIPSTARTSingle("UDP", addr, port);
}
bool ESP8266::unregisterUDP(void)
{
    return eATCIPCLOSESingle();
}
bool ESP8266::createTCP(uint8_t mux_id, String addr, uint32_t port)
{
    return sATCIPSTARTMultiple(mux_id, "TCP", addr, port);
}

bool ESP8266::releaseTCP(uint8_t mux_id)
{
    return sATCIPCLOSEMulitple(mux_id);
}
bool ESP8266::registerUDP(uint8_t mux_id, String addr, uint32_t port)
{
    return sATCIPSTARTMultiple(mux_id, "UDP", addr, port);
}
bool ESP8266::unregisterUDP(uint8_t mux_id)
{
    return sATCIPCLOSEMulitple(mux_id);
}
bool ESP8266::setTCPServerTimeout(uint32_t timeout)
{
    return sATCIPSTO(timeout);
}
bool ESP8266::startTCPServer(uint32_t port)
```

```
{
    if (sATCIPSERVER(1, port)) {
        return true;
    }
    return false;
}
bool ESP8266::stopTCPServer(void)
{
    sATCIPSERVER(0);
    restart();
    return false;
}
bool ESP8266::setCIPMODE(uint8_t mode)
{
    return sATCIPMODE(mode);
}
bool ESP8266::saveTransLink (uint8_t mode, String ip, uint32_t port)
{
    return eATSAVETRANSLINK(mode, ip, port);
}
bool ESP8266::setPing(String ip)
{
    return eATPING(ip);
}
bool ESP8266::startServer(uint32_t port)
{
    return startTCPServer(port);
}
bool ESP8266::stopServer(void)
{
    return stopTCPServer();
}
bool ESP8266::send(const uint8_t * buffer, uint32_t len)
{
    return sATCIPSENDSingle(buffer, len);
}
bool ESP8266::sendFromFlash(uint8_t mux_id, const uint8_t * buffer, uint32_t len)
{
    return sATCIPSENDMultipleFromFlash(mux_id, buffer, len);
}
bool ESP8266::sendFromFlash(const uint8_t * buffer, uint32_t len)
{
    return sATCIPSENDSingleFromFlash(buffer, len);
}
bool ESP8266::send(uint8_t mux_id, const uint8_t * buffer, uint32_t len)
{
    return sATCIPSENDMultiple(mux_id, buffer, len);
```

```
}
uint32_t ESP8266∷recv(uint8_t * buffer, uint32_t buffer_size, uint32_t timeout)
{
    return recvPkg(buffer, buffer_size, NULL, timeout, NULL);
}

uint32_t ESP8266∷recv(uint8_t mux_id, uint8_t * buffer, uint32_t buffer_size, uint32_t
timeout)
{
    uint8_t id;
    uint32_t ret;
    ret = recvPkg(buffer, buffer_size, NULL, timeout, &id);
    if (ret > 0 && id == mux_id) {
        return ret;
    }
    return 0;
}
uint32_t ESP8266∷recv(uint8_t * coming_mux_id, uint8_t * buffer, uint32_t buffer_size,
uint32_t timeout)
{
    return recvPkg(buffer, buffer_size, NULL, timeout, coming_mux_id);
}
uint32_t ESP8266∷recvPkg(uint8_t * buffer, uint32_t buffer_size, uint32_t * data_len,
uint32_t timeout, uint8_t * coming_mux_id)
{
    String data;
    char a;
    int32_t index_PIPDcomma = - 1;
    int32_t index_colon = - 1; / * : * /
    int32_t index_comma = - 1; / * , * /
    int32_t len = - 1;
    int8_t id = - 1;
    bool has_data = false;
    uint32_t ret;
    unsigned long start;
    uint32_t i;
    if (buffer == NULL) {
        return 0;
    }
    start = millis();
    while (millis() - start < timeout) {
        if(m_puart - > available()> 0) {
            a = m_puart - > read();
            data += a;
        }
        index_PIPDcomma = data.indexOf(" + IPD,");
        if (index_PIPDcomma != - 1) {
```

```
        index_colon = data.indexOf(':', index_PIPDcomma + 5);
        if (index_colon != -1) {
            index_comma = data.indexOf(',', index_PIPDcomma + 5);
            /* + IPD, id, len:data */
            if (index_comma != -1 && index_comma < index_colon) {
                id = data.substring(index_PIPDcomma + 5, index_comma).toInt();
                if (id < 0 || id > 4) {
                    return 0;
                }
                len = data.substring(index_comma + 1, index_colon).toInt();
                if (len <= 0) {
                    return 0;
                }
            } else { /* + IPD, len:data */
                len = data.substring(index_PIPDcomma + 5, index_colon).toInt();
                if (len <= 0) {
                    return 0;
                }
            }
            has_data = true;
            break;
        }
    }
}
if (has_data) {
    i = 0;
    ret = len > buffer_size?buffer_size : len;
    start = millis();
    while (millis() - start < 3000) {
        while(m_puart -> available() > 0 && i < ret) {
            a = m_puart -> read();
            buffer[i++] = a;
        }
        if (i == ret) {
            rx_empty();
            if (data_len) {
                * data_len = len;
            }
            if (index_comma != -1 && coming_mux_id) {
                * coming_mux_id = id;
            }
            return ret;
        }
    }
}
return 0;
}
```

```cpp
void ESP8266::rx_empty(void)
{
    while(m_puart->available()>0) {
        m_puart->read();
    }
}
String ESP8266::recvString(String target, uint32_t timeout)
{
    String data;
    char a;
    unsigned long start = millis();
    while (millis() - start < timeout) {
        while(m_puart->available()>0) {
            a = m_puart->read();
            if(a == '\0') continue;
            data += a;
        }
        if (data.indexOf(target) != -1) {
            break;
        }
    }
    return data;
}
String ESP8266::recvString(String target1, String target2, uint32_t timeout)
{
    String data;
    char a;
    unsigned long start = millis();
    while (millis() - start < timeout) {
        while(m_puart->available()>0) {
            a = m_puart->read();
            if(a == '\0') continue;
            data += a;
        }
        if (data.indexOf(target1) != -1) {
            break;
        } else if (data.indexOf(target2) != -1) {
            break;
        }
    }
    return data;
}
String ESP8266::recvString(String target1, String target2, String target3, uint32_t timeout)
{
    String data;
    char a;
    unsigned long start = millis();
```

```cpp
        while (millis() - start < timeout) {
            while(m_puart -> available()> 0) {
                a = m_puart -> read();
                if(a == '\0') continue;
                data += a;
            }
            if (data.indexOf(target1) != -1) {
                break;
            } else if (data.indexOf(target2) != -1) {
                break;
            } else if (data.indexOf(target3) != -1) {
                break;
            }
        }
    return data;
}
bool ESP8266::recvFind(String target, uint32_t timeout)
{
    String data_tmp;
    data_tmp = recvString(target, timeout);
    if (data_tmp.indexOf(target) != -1) {
        return true;
    }
    return false;
}
bool ESP8266::recvFindAndFilter(String target, String begin, String end, String &data, uint32_t
timeout)
{
    String data_tmp;
    data_tmp = recvString(target, timeout);
    if (data_tmp.indexOf(target) != -1) {
        int32_t index1 = data_tmp.indexOf(begin);
        int32_t index2 = data_tmp.indexOf(end);
        if (index1 != -1 && index2 != -1) {
            index1 += begin.length();
            data = data_tmp.substring(index1, index2);
            return true;
        }
    }
    data = data_tmp;
    return false;
}
bool ESP8266::eAT(void)
{
    rx_empty();
    m_puart -> println(F("AT"));
    return recvFind("OK");
```

```
}
bool ESP8266::eATRST(void)
{
    rx_empty();
    m_puart -> println(F("AT + RST"));
    return recvFind("OK");
}
bool ESP8266::eATGMR(String &version)
{
    rx_empty();
    delay(3000);
    m_puart -> println(F("AT + GMR"));
    return recvFindAndFilter("OK", "\r\r\n", "\r\n\r\nOK", version, 10000);
}
bool ESP8266::eATGSLP(uint32_t time)
{
    rx_empty();
    m_puart -> print(F("AT + GSLP = "));
    m_puart -> println(time);
    return recvFind("OK");
}
bool ESP8266::eATE(uint8_t mode)
{
    rx_empty();
    m_puart -> print(F("ATE"));
    m_puart -> println(mode);
    return recvFind("OK");
}
bool ESP8266::eATRESTORE(void)
{
    rx_empty();
    m_puart -> println(F("AT + RESTORE"));
    return recvFind("OK");
}
bool ESP8266::eATSETUART(uint32_t baudrate, uint8_t pattern)
{
    rx_empty();
    if(pattern > 3 || pattern < 1){
        return false;
        }
    switch(pattern){
        case 1:
            m_puart -> print(F("AT + UART = "));
            break;
        case 2:
            m_puart -> print(F("AT + UART_CUR = "));
            break;
```

```
            case 3:
                m_puart->print(F("AT+UART_DEF="));
                break;
    }
    m_puart->print(baudrate);
    m_puart->print(F(","));
    m_puart->print(8);
    m_puart->print(F(","));
    m_puart->print(1);
    m_puart->print(F(","));
    m_puart->print(0);
    m_puart->print(F(","));
    m_puart->println(0);
    if(recvFind("OK",5000)){
    m_puart->begin(baudrate);
    return true;
    }
    else{
    return false;
    }
}
bool ESP8266::qATCWMODE(uint8_t *mode,uint8_t pattern)
{
    String str_mode;
    bool ret;
    if (!mode||!pattern) {
        return false;
    }
    rx_empty();
    switch(pattern)
    {
        case 1 :
            m_puart->println(F("AT+CWMODE_DEF?"));
            break;
        case 2:
            m_puart->println(F("AT+CWMODE_CUR?"));
            break;
        default:
            m_puart->println(F("AT+CWMODE?"));
    }
    ret = recvFindAndFilter("OK", ":", "\r\n\r\nOK", str_mode);
    if (ret) {
        *mode = (uint8_t)str_mode.toInt();
        return true;
    } else {
        return false;
    }
```

```
    }
bool ESP8266::eATCWMODE(String &list)
{
    rx_empty();
    m_puart -> println(F("AT + CWMODE = ?"));
    return recvFindAndFilter("OK", " + CWMODE:(", ")\r\n\r\nOK", list);
}
bool ESP8266::sATCWMODE(uint8_t mode, uint8_t pattern)
{
    if(!pattern){
        return false;
        }
    String data;
    rx_empty();
    switch(pattern)
    {
        case 1 :
            m_puart -> print(F("AT + CWMODE_DEF = ?"));
            break;
        case 2:
            m_puart -> print(F("AT + CWMODE_CUR = ?"));
            break;
        default:
            m_puart -> print(F("AT + CWMODE = ?"));
    }
    m_puart -> println(mode);
    data = recvString("OK", "no change");
    if (data.indexOf("OK") != -1 || data.indexOf("no change") != -1) {
        return true;
    }
    return false;
}
bool ESP8266::qATCWJAP(String &ssid, uint8_t pattern)
{
    bool ret;
    if (!pattern) {
        return false;
    }
    rx_empty();
    switch(pattern)
    {
        case 1 :
            m_puart -> println(F("AT + CWJAP_DEF?"));
            break;
        case 2:
            m_puart -> println(F("AT + CWJAP_CUR?"));
            break;
```

```
            default:
                m_puart -> println(F("AT + CWJAP?"));
        }
        ssid = recvString("OK", "No AP");
        if (ssid.indexOf("OK") != -1 || ssid.indexOf("No AP") != -1) {
            return true;
        }
        return false;
}
bool ESP8266::sATCWJAP(String ssid, String pwd,uint8_t pattern)
{
        String data;
        if (!pattern) {
            return false;
        }
        rx_empty();
        switch(pattern)
        {
            case 1 :
                m_puart -> print(F("AT + CWJAP_DEF = \""));
                break;
            case 2:
                m_puart -> print(F("AT + CWJAP_CUR = \""));
                break;
            default:
                m_puart -> print(F("AT + CWJAP = \""));
        }
        m_puart -> print(ssid);
        m_puart -> print(F("\",\""));
        m_puart -> print(pwd);
        m_puart -> println(F("\""));
        data = recvString("OK", "FAIL", 10000);
        if (data.indexOf("OK") != -1) {
            return true;
        }
        return false;
}
bool ESP8266::eATCWLAP(String &list)
{
        String data;
        rx_empty();
        m_puart -> println(F("AT + CWLAP"));
        return recvFindAndFilter("OK", "\r\r\n", "\r\n\r\nOK", list, 15000);
}
bool ESP8266::eATCWQAP(void)
{
        String data;
```

```
        rx_empty();
        m_puart->println(F("AT + CWQAP"));
        return recvFind("OK");
    }
    bool ESP8266::qATCWSAP(String &List,uint8_t pattern)
    {
        if (!pattern) {
            return false;
        }
        rx_empty();
        switch(pattern)
        {
            case 1 :
                m_puart->println(F("AT + CWSAP_DEF?"));
                break;
            case 2 :
                m_puart->println(F("AT + CWSAP_CUR?"));
                break;
            default:
                m_puart->println(F("AT + CWSAP?"));
        }
        return recvFindAndFilter("OK", "\r\r\n", "\r\n\r\nOK", List,10000);
    }
    bool ESP8266::sATCWSAP(String ssid, String pwd, uint8_t chl, uint8_t ecn,uint8_t pattern)
    {
        String data;
        if (!pattern) {
            return false;
        }
        rx_empty();
        switch(pattern){
            case 1 :
                m_puart->print(F("AT + CWSAP_DEF = \""));
                break;
            case 2:
                m_puart->print(F("AT + CWSAP_CUR = \""));
                break;
            default:
                m_puart->print(F("AT + CWSAP = \""));
        }
        m_puart->print(ssid);
        m_puart->print(F("\",\""));
        m_puart->print(pwd);
        m_puart->print(F("\","));
        m_puart->print(chl);
        m_puart->print(F(","));
        m_puart->println(ecn);
```

```
        data = recvString("OK", "ERROR", 5000);
        if (data.indexOf("OK") != -1) {
            return true;
        }
        return false;
    }
    bool ESP8266::eATCWLIF(String &list)
    {
        String data;
        rx_empty();
        m_puart->println(F("AT+CWLIF"));
        return recvFindAndFilter("OK", "\r\r\n", "\r\n\r\nOK", list);
    }
    bool ESP8266::qATCWDHCP(String &List,uint8_t pattern)
    {
        if (!pattern) {
            return false;
        }
        rx_empty();
        switch(pattern)
        {
            case 1 :
                m_puart->println(F("AT+CWDHCP_DEF?"));
                break;
            case 2 :
                m_puart->println(F("AT+CWDHCP_CUR?"));
                break;
            default:
                m_puart->println(F("AT+CWDHCP?"));
        }
        return recvFindAndFilter("OK", "\r\r\n", "\r\nOK", List,10000);
    }
    bool ESP8266::sATCWDHCP(uint8_t mode, uint8_t en, uint8_t pattern)
    {
        String data;
        if (!pattern) {
            return false;
        }
        rx_empty();
        switch(pattern){
            case 1 :
                m_puart->print(F("AT+CWDHCP_DEF="));
                break;
            case 2 :
                m_puart->print(F("AT+CWDHCP_CUR="));
                break;
            default:
```

```
                    m_puart - > print(F("AT + CWDHCP = "));
        }
        m_puart - > print(mode);
        m_puart - > print(F(","));
        m_puart - > println(en);
        data = recvString("OK", "ERROR", 2000);
        if (data.indexOf("OK") != - 1) {
            return true;
        }
        return false;
    }
    bool ESP8266::eATCWAUTOCONN(uint8_t en)
    {
        rx_empty();
        if(en > 1||en < 0){
            return false;
        }
        m_puart - > print(F("AT + CWAUTOCONN = "));
        m_puart - > println(en);
        return recvFind("OK");
    }
    bool ESP8266::qATCIPSTAMAC(String &mac, uint8_t pattern)
    {
        rx_empty();
        if (!pattern) {
            return false;
        }
        switch(pattern){
            case 1 :
                m_puart - > println(F("AT + CIPSTAMAC_DEF?"));
                break;
            case 2:
                m_puart - > println(F("AT + CIPSTAMAC_CUR?"));
                break;
            default:
                m_puart - > println(F("AT + CIPSTAMAC?"));
        }
        return recvFindAndFilter("OK", "\r\r\n", "\r\n\r\nOK", mac, 2000);
    }
    bool ESP8266::eATCIPSTAMAC(String mac, uint8_t pattern)
    {
        rx_empty();
        if (!pattern) {
            return false;
        }
        switch(pattern){
            case 1 :
```

```
            m_puart - > print(F("AT + CIPSTAMAC_DEF = "));
            break;
        case 2:
            m_puart - > print(F("AT + CIPSTAMAC_CUR = "));
            break;
        default:
            m_puart - > print(F("AT + CIPSTAMAC = "));
    }
    m_puart - > print(F("\""));
    m_puart - > print(mac);
    m_puart - > println(F("\""));
    return recvFind("OK");
}
bool ESP8266::qATCIPSTAIP(String &ip, uint8_t pattern)
{
    rx_empty();
    if (!pattern) {
        return false;
    }
    switch(pattern){
        case 1 :
            m_puart - > println(F("AT + CIPSTA_DEF?"));
            break;
        case 2:
            m_puart - > println(F("AT + CIPSTA_CUR?"));
            break;
        default:
            m_puart - > println(F("AT + CIPSTA?"));
    }
    return recvFindAndFilter("OK", "\r\r\n", "\r\n\r\nOK", ip, 2000);
}
bool ESP8266::eATCIPSTAIP(String ip, String gateway, String netmask, uint8_t pattern)
{
    rx_empty();
    if (!pattern) {
        return false;
    }
    switch(pattern){
        case 1 :
            m_puart - > print(F("AT + CIPSTA_DEF = "));
            break;
        case 2:
            m_puart - > print(F("AT + CIPSTA_CUR = "));
            break;
        default:
            m_puart - > print(F("AT + CIPSTA = "));
    }
```

```
        m_puart -> print(F("\""));
        m_puart -> print(ip);
        m_puart -> print(F("\",\""));
        m_puart -> print(gateway);
        m_puart -> print(F("\",\""));
        m_puart -> print(netmask);
        m_puart -> println(F("\""));
        return recvFind("OK");
}
bool ESP8266::qATCIPAP(String &ip, uint8_t pattern)
{
    rx_empty();
    if (!pattern) {
        return false;
    }
    switch(pattern){
        case 1 :
            m_puart -> println(F("AT + CIPAP_DEF?"));
            break;
        case 2:
            m_puart -> println(F("AT + CIPAP_CUR?"));
            break;
        default:
            m_puart -> println(F("AT + CIPAP?"));
    }
    return recvFindAndFilter("OK", "\r\r\n", "\r\n\r\nOK", ip, 2000);
}
bool ESP8266::eATCIPAP(String ip, uint8_t pattern)
{
    rx_empty();
    if (!pattern) {
        return false;
    }
    switch(pattern){
        case 1 :
            m_puart -> print(F("AT + CIPAP_DEF = "));
            break;
        case 2:
            m_puart -> print(F("AT + CIPAP_CUR = "));
            break;
        default:
            m_puart -> print(F("AT + CIPAP = "));
    }
    m_puart -> print(F("\""));
    m_puart -> print(ip);
    m_puart -> println(F("\""));
    return recvFind("OK");
```

```
}
bool ESP8266::eCWSTARTSMART(uint8_t type)
{
    rx_empty();
    m_puart->print(F("AT + CWSTARTSMART = "));
    m_puart->println(type);
    return recvFind("OK");
}
bool ESP8266::eCWSTOPSMART(void)
{
    rx_empty();
    m_puart->println(F("AT + CWSTOPSMART"));
    return recvFind("OK");
}
bool ESP8266::eATCIPSTATUS(String &list)
{
    String data;
    delay(100);
    rx_empty();
    m_puart->println(F("AT + CIPSTATUS"));
    return recvFindAndFilter("OK", "\r\r\n", "\r\n\r\nOK", list);
}
bool ESP8266::sATCIPSTARTSingle(String type, String addr, uint32_t port)
{
    String data;
    rx_empty();
    m_puart->print(F("AT + CIPSTART = \""));
    m_puart->print(type);
    m_puart->print(F("\",\""));
    m_puart->print(addr);
    m_puart->print(F("\","));
    m_puart->println(port);
    data = recvString("OK", "ERROR", "ALREADY CONNECT", 10000);
    if (data.indexOf("OK") != -1 || data.indexOf("ALREADY CONNECT") != -1) {
        return true;
    }
    return false;
}
bool ESP8266::sATCIPSTARTMultiple(uint8_t mux_id, String type, String addr, uint32_t port)
{
    String data;
    rx_empty();
    m_puart->print(F("AT + CIPSTART = "));
    m_puart->print(mux_id);
    m_puart->print(F(",\""));
    m_puart->print(type);
    m_puart->print(F("\",\""));
```

```
        m_puart -> print(addr);
        m_puart -> print(F("\","));
        m_puart -> println(port);
        data = recvString("OK", "ERROR", "ALREADY CONNECT", 10000);
        if (data.indexOf("OK") != - 1 || data.indexOf("ALREADY CONNECT") != - 1) {
            return true;
        }
        return false;
    }
    bool ESP8266∷sATCIPSENDSingle(const uint8_t * buffer, uint32_t len)
    {
        rx_empty();
        m_puart -> print(F("AT + CIPSEND = "));
        m_puart -> println(len);
        if (recvFind(">", 5000)) {
            rx_empty();
            for (uint32_t i = 0; i < len; i++) {
                m_puart -> write(buffer[i]);
            }
            return recvFind("SEND OK", 10000);
        }
        return false;
    }
    bool ESP8266∷sATCIPSENDMultiple(uint8_t mux_id, const uint8_t * buffer, uint32_t len)
    {
        rx_empty();
        m_puart -> print(F("AT + CIPSEND = "));
        m_puart -> print(mux_id);
        m_puart -> print(F(","));
        m_puart -> println(len);
        if (recvFind(">", 5000)) {
            rx_empty();
            for (uint32_t i = 0; i < len; i++) {
                m_puart -> write(buffer[i]);
            }
            return recvFind("SEND OK", 10000);
        }
        return false;
    }
    bool ESP8266∷sATCIPSENDSingleFromFlash(const uint8_t * buffer, uint32_t len)
    {
        rx_empty();
        m_puart -> print(F("AT + CIPSEND = "));
        m_puart -> println(len);
        if (recvFind(">", 5000)) {
```

```
        rx_empty();
        for (uint32_t i = 0; i < len; i++) {
            m_puart -> write((char) pgm_read_byte(&buffer[i]));
        }
        return recvFind("SEND OK", 10000);
    }
    return false;
}
bool ESP8266::sATCIPSENDMultipleFromFlash(uint8_t mux_id, const uint8_t * buffer, uint32_t len)
{
    rx_empty();
    m_puart -> print(F("AT + CIPSEND = "));
    m_puart -> print(mux_id);
    m_puart -> print(F(","));
    m_puart -> println(len);
    if (recvFind(">", 5000)) {
        rx_empty();
        for (uint32_t i = 0; i < len; i++) {
            m_puart -> write((char) pgm_read_byte(&buffer[i]));
        }
        return recvFind("SEND OK", 10000);
    }
    return false;
}
bool ESP8266::sATCIPCLOSEMulitple(uint8_t mux_id)
{
    String data;
    rx_empty();
    m_puart -> print(F("AT + CIPCLOSE = "));
    m_puart -> println(mux_id);

    data = recvString("OK", "link is not", 5000);
    if (data.indexOf("OK") != - 1 || data.indexOf("link is not") != - 1) {
        return true;
    }
    return false;
}
bool ESP8266::eATCIPCLOSESingle(void)
{
    rx_empty();
    m_puart -> write(F("AT + CIPCLOSE\r\n"));
    return recvFind("OK", 5000);
}
bool ESP8266::eATCIFSR(String &list)
{
```

```cpp
    rx_empty();
    m_puart -> println(F("AT + CIFSR"));
    return recvFindAndFilter("OK", "\r\r\n", "\r\n\r\nOK", list);
}
bool ESP8266::sATCIPMUX(uint8_t mode)
{
    String data;
    rx_empty();
    m_puart -> print(F("AT + CIPMUX = "));
    m_puart -> println(mode);

    data = recvString("OK", "Link is builded");
    if (data.indexOf("OK") != - 1) {
        return true;
    }
    return false;
}
bool ESP8266::sATCIPSERVER(uint8_t mode, uint32_t port)
{
    String data;
    if (mode) {
        rx_empty();
        m_puart -> print(F("AT + CIPSERVER = 1,"));
        m_puart -> println(port);

        data = recvString("OK", "no change");
        if (data.indexOf("OK") != - 1 || data.indexOf("no change") != - 1) {
            return true;
        }
        return false;
    } else {
        rx_empty();
        m_puart -> println(F("AT + CIPSERVER = 0"));
        return recvFind("\r\r\n");
    }
}
bool ESP8266::sATCIPMODE(uint8_t mode)
{
    String data;
    if(mode > 1 || mode < 0){
        return false;
        }
    rx_empty();
    m_puart -> print(F("AT + CIPMODE = "));
    m_puart -> println(mode);
```

```
        data = recvString("OK", "Link is builded",2000);
        if (data.indexOf("OK") != -1 ) {
            return true;
        }
        return false;
}
bool ESP8266::eATSAVETRANSLINK(uint8_t mode,String ip,uint32_t port)
{
        String data;
        rx_empty();
        m_puart->print(F("AT+SAVETRANSLINK="));
        m_puart->print(mode);
        m_puart->print(F(",\""));
        m_puart->print(ip);
        m_puart->print(F("\","));
        m_puart->println(port);
        data = recvString("OK", "ERROR",2000);
        if (data.indexOf("OK") != -1 ) {
            return true;
        }
        return false;
}
bool ESP8266::eATPING(String ip)
{
        rx_empty();
        m_puart->print(F("AT+PING="));
        m_puart->print(F("\""));
        m_puart->print(ip);
        m_puart->println(F("\""));
        return recvFind("OK",2000);
}
bool ESP8266::sATCIPSTO(uint32_t timeout)
{
        rx_empty();
        m_puart->print(F("AT+CIPSTO="));
        m_puart->println(timeout);
        return recvFind("OK");
}
```

3. DHT11 库文件

```
//封装了 DHT11 读取数据的方法
#ifndef dht_h
#define dht_h
#if ARDUINO < 100
```

```
# include < WProgram. h >
# include < pins_arduino. h >
# else
# include < Arduino. h >
# endif
# define DHT_LIB_VERSION "0.1.22"
# define DHTLIB_OK 0
# define DHTLIB_ERROR_CHECKSUM - 1
# define DHTLIB_ERROR_TIMEOUT - 2
# ifndef F_CPU
# define DHTLIB_TIMEOUT 1000
# else
# define DHTLIB_TIMEOUT (F_CPU/40000)
# endif
class dht
{
public:
    dht() {};
    int read11(uint8_t pin);
    byte humidity;
    byte temperature;
private:
    uint8_t bits[5];                        //接收数据缓存
    int8_t read(uint8_t pin);
    int confirm(int pin, int us, byte level);
    byte bits2byte(byte data[8]);
    int sample(int pin, byte data[40]);
    int parse(byte data[40], byte * ptemperature, byte * phumidity) ;
    int read(int pin, byte * ptemperature, byte * phumidity, byte pdata[40]) ;
};
# endif
# include "My_DHT_Using_Opp. h"
int dht::confirm(int pin, int us, byte level) {
    int cnt = us/10 + 1;
    bool ok = false;
    for (int i = 0; i < cnt; i++) {
        if (digitalRead(pin) != level) {
            ok = true;
            break;
        }
        delayMicroseconds(10);
    }
    if (!ok) {
        return - 1;
    }
```

```
        return 0;
    }
byte dht::bits2byte(byte data[8]) {
        byte v = 0;
        for (int i = 0; i < 8; i++) {
            v += data[i]<<(7 - i);
        }
        return v;
    }
int dht::sample(int pin, byte data[40]) {
        memset(data, 0, 40);
        pinMode(pin, OUTPUT);
        digitalWrite(pin, LOW);
        delay(20);
        digitalWrite(pin, HIGH);
        delayMicroseconds(30);
        pinMode(pin, INPUT);
        if (confirm(pin, 80, LOW)) {
            return DHTLIB_ERROR_TIMEOUT;
        }
        if (confirm(pin, 80, HIGH)) {
            return DHTLIB_ERROR_TIMEOUT;
        }
        for (int j = 0; j < 40; j++) {
            if (confirm(pin, 50, LOW)) {
                return DHTLIB_ERROR_TIMEOUT;
            }
            bool ok = false;
            int tick = 0;
            for (int i = 0; i < 8; i++, tick++) {
                if (digitalRead(pin) != HIGH) {
                    ok = true;
                    break;
                }
                delayMicroseconds(10);
            }
            if (!ok) {
                return DHTLIB_ERROR_TIMEOUT;
            }
            data[j] = (tick > 3?1:0);
        }
        if (confirm(pin, 50, LOW)) {
            return DHTLIB_ERROR_TIMEOUT;
        }
        return 0;
```

```
    }
    int dht::parse(byte data[40], byte * ptemperature, byte * phumidity) {
        byte humidity = bits2byte(data);
        byte humidity2 = bits2byte(data + 8);
        byte temperature = bits2byte(data + 16);
        byte temperature2 = bits2byte(data + 24);
        byte check = bits2byte(data + 32);
        byte expect = humidity + humidity2 + temperature + temperature2;
        if (check != expect) {
            return DHTLIB_ERROR_CHECKSUM;
        }
        * ptemperature = temperature;
        * phumidity = humidity;
        return 0;
    }
    int dht::read(int pin, byte * ptemperature, byte * phumidity, byte pdata[40]) {
        int ret = 0;
        byte data[40] = {0};
        if ((ret = sample(pin, data)) != 0) {
            return ret;
        }
        byte temperature = 0;
        byte humidity = 0;
        if ((ret = parse(data, &temperature, &humidity)) != 0) {
            return ret;
        }
        if (pdata) {
            memcpy(pdata, data, 40);
        }
        if (ptemperature) {
            * ptemperature = temperature;
        }
        if (phumidity) {
            * phumidity = humidity;
        }
        return ret;
    }
    int dht::read11(uint8_t pin)
    {
        //读取数值
        temperature = 0;
        humidity = 0;
        int rv = read(pin, &temperature, &humidity, NULL);
        return rv;
    }
```

7.3 产品展示

整体外观如图 7-5 所示。

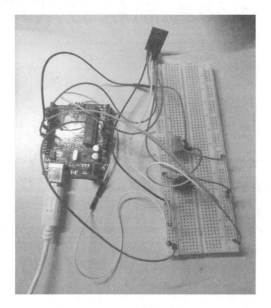

图 7-5 整体外观图

7.4 元件清单

完成本项目所用到的元件及数量如表 7-2 所示。

表 7-2 元件清单

元件/测试仪表	数 量
Arduino 开发板	1 个
L9110S 直流电机驱动模块	1 个
LED	3 个
DHT11 温湿度传感器	1 个
蜂鸣器	1 个
直流电机	1 个
面包板	1 个
导线	若干
150Ω 电阻	3 个
ESP8266 模块	1 个
计算机	1 台

第 8 章

手势控制机械爪项目设计

本项目基于 Arduino 开发板设计手势识别传感器控制机械臂的运动,实现抓取物体和捶打功能。

8.1 功能及总体设计

本项目设计核心为手势识别传感器控制机械臂的运动。手势识别模块可以识别 9 种不同方向的手势,包括上、下、左、右、前、后、顺时针、逆时针、摇摆。不同自由度的机械臂实现功能的难易程度也不同,本项目采用的是三自由度的机械爪,一个舵机控制机械爪开合,两个舵机控制机械臂上下前后摆动。

要实现上述功能需将作品分成四部分进行设计,即输入部分、处理部分、传输部分和输出部分。输入部分选用手势识别模块,固定在面包板上;处理部分主要通过 C++ 程序实现;传输部分选用了 Arduino 开发板实现;输出部分由三自由度的机械手实现。

1. 整体框架图

整体框架如图 8-1 所示。

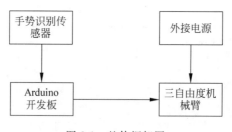

图 8-1　整体框架图

2. 系统流程图

系统流程如图 8-2 所示。

本章根据王岚、蒙迪项目设计整理而成。

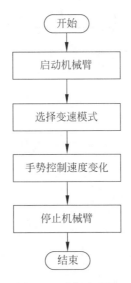

图 8-2 系统流程图

对准手势识别传感器模块的探头,手向左移动,调动机械臂做好准备。为了使机械臂以理想的速度运动,顺时针或者逆时针选择变速模式,顺时针实现的是极速变速,逆时针实现的是常速变速。选择好变速模式以后,手势方向再向左,使其运动。手向上或者向下分别实现加速和减速功能,使其达到理想的速度。在机械手的运动过程中,只要手势向右,就可以使其停止运动。

3. 总电路图

总电路如图 8-3 所示,引脚连线如表 8-1 所示。

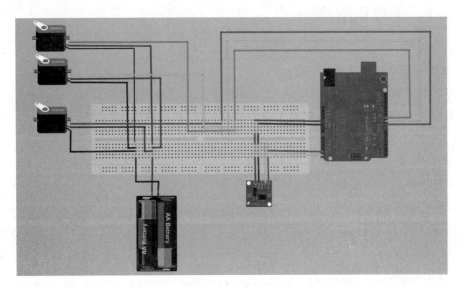

图 8-3 总电路图

表 8-1　引脚连线表

元件及引脚名		Arduino 开发板引脚
手势识别模块	GND	GND
	VCC	5V
	SCL	A5
	SDA	A4
机械手	1 号舵机 PWM 引脚	8
	2 号舵机 PWM 引脚	9
	3 号舵机 PWM 引脚	10
	1 号舵机 VCC 引脚	外加电源正极
	2 号舵机 VCC 引脚	外加电源正极
	3 号舵机 VCC 引脚	外加电源正极
	1 号舵机 GND 引脚	外加电源负极
	2 号舵机 GND 引脚	外加电源负极
	3 号舵机 GND 引脚	外加电源负极

8.2　模块介绍

本项目主要包括手势识别模块和机械爪。下面分别给出各模块的功能介绍及相关代码。

8.2.1　手势识别模块

本部分包括手势识别模块的功能介绍及相关代码。

1. 功能介绍

手势识别模块使用 I2C 方式连接,Arduino 库文件可编程控制,手势识别模块返回的信号可作为接收信号,从而实现对机器人的控制,内置的识别算法能够把双手从生硬的按键中解放出来,电路如图 8-4 所示。

2. 相关代码

根据传感器的参数可知,每个方向的探测范围角度为 60°,会有角度重合的现象。所以需要在三维空间中讨论前、后、左、右、上、下这六个方向的边界。前后的优先级最高,所以在上、下、左、右四种情况的函数下,均有判断。总的来说,就是把三维立体空间以原点为中心,分成了六个四棱锥,其中前后两个方向的探测范围角度分别为 120°,上下左右的探测范围角度为 60°。

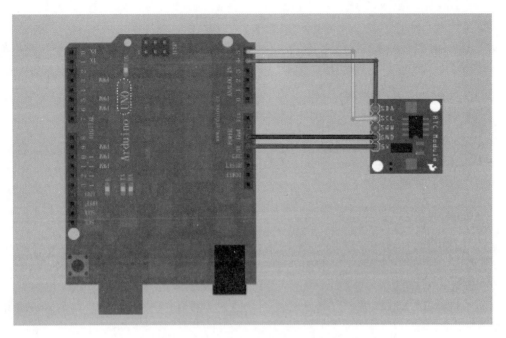

图 8-4 手势识别模块与 Arduino 开发板连接图

```
#include <Wire.h>
#include "PAJ7620.h"                              //包括所需要的库,头文件已写好加到库中
#define PAJ7620_Delay 800
void setup()
{
uint8_t error = 0;
    Serial.begin(9600);
    Serial.println("\r\nPAJ7620U2 TEST DEMO: Recognize 9 gestures.");
    error = PAJ7620Init();                        //初始化 PAJ7620
    if (error)
    {
        Serial.print("INIT ERROR,CODE:");
        Serial.println(error);
    }
    else
    {
      Serial.println("INIT OK");
    }
     Serial.println("Please input your gestures:\n");
}
void loop()
{
    uint8_t data = 0;
    PAJ7620ReadReg(0x43, 1, &data);
```

```
    switch (data)
    {
      case GES_RIGHT_FLAG:                    //讨论手势方向向右时与前后方向的边界
          delay(PAJ7620_Delay);               //延时
          PAJ7620ReadReg(0x43, 1, &data);     //获取手势方向
      if(data == GES_FORWARD_FLAG)            //若判断为向前
    {
            Serial.println("Forward");        //串口打印出 Forward
            delay(PAJ7620_Delay);             //延时
          }
        else if(data == GES_BACKWARD_FLAG)    //若判断为向后
        {
          Serial.println("Backward");         //串口打印出 Backward
          delay(PAJ7620_Delay);               //延时
        }
          else
          Serial.println("Right");            //串口打印 Right
          break;
        case GES_LEFT_FLAG:                   //讨论手势方向向左时与前后方向的边界
          delay(PAJ7620_Delay);               //延时
          PAJ7620ReadReg(0x43, 1, &data);     //获取手势方向
          if(data == GES_FORWARD_FLAG)        //若判断为向前
          {
            Serial.println("Forward");        //串口打印 Forward
            delay(PAJ7620_Delay);             //延时
          }
          else if(data == GES_BACKWARD_FLAG)  //若判断为向后
          {
            Serial.println("Backward");       //串口打印 Backward
            delay(PAJ7620_Delay);             //延时
          }
          else
              Serial.println("Left");         //串口打印 left
           break;
        case GES_UP_FLAG:                     //讨论手势方向向上时与前后方向的边界
          delay(PAJ7620_Delay);               //延时
          PAJ7620ReadReg(0x43, 1, &data);     //获取手势方向
          if(data == GES_FORWARD_FLAG)        //若判断手势方向为向前
          {
            Serial.println("Forward");        //在串口打印 Forward
            delay(PAJ7620_Delay);             //延时
          }
          else if(data == GES_BACKWARD_FLAG)  //若判断手势方向为向后
          {
            Serial.println("Backward");       //在串口打印 Backward
```

```
                delay(PAJ7620_Delay);                //延时
            }
            else
                Serial.println("Up");                //在串口打印 Up
             break;
        case GES_DOWN_FLAG:                          //讨论手势方向向下时与前后方向的边界
            delay(PAJ7620_Delay);                    //延时
            PAJ7620ReadReg(0x43, 1, &data);          //获取手势
            if(data == GES_FORWARD_FLAG)             //若判断手势方向为向前
            {
                Serial.println("Forward");           //在串口打印出 Forward
                delay(PAJ7620_Delay);                //延时
            }
            else if(data == GES_BACKWARD_FLAG)       //若判断手势方向为向后
            {
                Serial.println("Backward");          //在串口打印出 Backward
                delay(PAJ7620_Delay);                //延时
            }
            else
                Serial.println("Down");              //在串口打印出 Down
             break;
        case GES_FORWARD_FLAG:                       //手势向前
            Serial.println("Forward");               //在串口打印出 Forward
            delay(PAJ7620_Delay);                    //延时
             break;
        case GES_BACKWARD_FLAG:                      //手势向后
            Serial.println("Backward");              //在串口打印出 Backward
            delay(PAJ7620_Delay);                    //延时
             break;
        case GES_CLOCKWISE_FLAG:                     //手势为顺时针
            Serial.println("Clockwise");             //在串口打印出 Clockwise
             break;
        case GES_COUNT_CLOCKWISE_FLAG:               //手势为顺时针
            Serial.println("anti-clockwise");        //在串口打印出 anti-clockwise
             break;
        default:
            PAJ7620ReadReg(0x44, 1, &data);          //获取手势方向
            if (data == GES_WAVE_FLAG)               //若为摇摆
                Serial.println("wave");              //在串口打印出 wave
             break;
    }
    delay(100);
}
```

8.2.2　机械爪

本部分包括机械爪的功能介绍及相关代码。

1. 功能介绍

三自由度的机械爪,1个舵机控制机械爪开合,2个舵机控制机械臂上下前后摆动,可以实现抓取物体的功能和捶打功能。电路如图8-5所示。

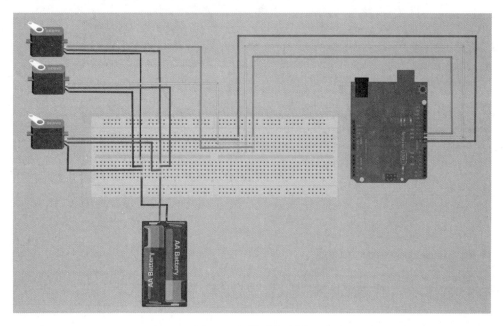

图8-5　机械爪电路图

2. 相关代码

此部分代码实现机械爪以15ms每步的速度转动,转动范围为$0°\sim180°$。

```
# include < Servo. h>
Servo servo1;                              //建立 Servo 实例
Servo servo2;
Servo servo3;
const int servo1Pin = 8;                   //舵机 1 接引脚 8
const int servo2Pin = 9;                   //舵机 2 接引脚 9
const int servo3Pin = 10;                  //舵机 3 接引脚 10
const int every1 = 15;                     //设置舵机 1 以 15ms 每步的速度转动
const int every2 = 15;                     //设置舵机 2 以 15ms 每步的速度转动
const int every3 = 15;                     //设置舵机 3 以 15ms 每步的速度转动
int servo1Target = 0;                      //设置舵机 1 的停止角度为 0°
int servo2Target = 0;                      //设置舵机 2 的停止角度为 0°
int servo3Target = 0;                      //设置舵机 3 的停止角度为 0°
int servo1Dir = 10;                        //设置舵机 1 每步转动 10°
```

```
int servo2Dir = 10;                              //设置舵机 2 每步转动 10°
int servo3Dir = 10;                              //设置舵机 3 每步转动 10°
int posOfServo1 = 90;                            //设置舵机 1 初始角度为 90°的位置
int posOfServo2 = 90;                            //设置舵机 2 初始角度为 90°的位置
int posOfServo3 = 90;                            //设置舵机 3 初始角度为 90°的位置
void setup() {
  servo1.attach(servo1Pin, 500, 2500);          //引脚 8
  servo2.attach(servo2Pin, 500, 2500);          //引脚 9
  servo2.attach(servo3Pin, 500, 2500);          //引脚 10
  Serial.begin(9600);
  servo1.write(posOfServo1);                     //舵机 1 读入初始角度为 90°
  servo2.write(posOfServo2);                     //舵机 2 读入初始角度为 90°
  servo2.write(posOfServo3);                     //舵机 3 读入初始角度为 90°
  delay(500);                                    //延时
}
void checkServo1( )                              //舵机 1 的函数
{
  static uint32_t Timer;
  if (Timer > millis())
    return;
  Timer = millis() + every1;                     //以 15ms 的速度运动一步
  if (servo1Target > posOfServo1)                //若目标角度大于初始角度
  {
    posOfServo1 += servo1Dir;                    //则初始角度加 10°
  }
else if (servo1Target == posOfServo1)            //若目标角度等于初始角度
{
    return;                                      //跳出此函数
  }
  else                                           //若目标角度小于初始角度
{
    posOfServo1 += - servo1Dir;                  //则初始角度加 10°
  }
  servo1.write(posOfServo1);                     //改变了初始角度,重新读取新的初始角度
}
void checkServo2( ) {
  static uint32_t Timer;
  if (Timer > millis())
    return;
  Timer = millis() + every2;                     //以 15ms 的速度运动一步
  if (servo2Target > posOfServo2)                //若目标角度大于初始角度
  {
    posOfServo2 += servo2Dir;                    //则初始角度加 10°
  }
else if (servo2Target == posOfServo2)            //若目标角度等于初始角度
  {
    return;                                      //则跳出此函数
```

```
    }
    else                                        //若目标角度小于初始角度
    {
        posOfServo2 += - servo2Dir;             //则初始角度加10°
    }
    servo2.write(posOfServo2);                  //改变了初始角度,重新读取新的角度
}
void checkServo3( )
{
    static uint32_t Timer;
    if (Timer > millis())
        return;
    Timer = millis() + every3;                  //以15ms的速度运动一步

    if (servo3Target > posOfServo3)             //若目标角度大于初始角度
    {
        posOfServo3 += servo3Dir;               //则初始角度加10°
    }
    else if (servo3Target == posOfServo3)       //若目标角度等于初始角度
    {
        return;                                 //则跳出此函数
    }
    else                                        //若目标角度小于初始角度
    {
        posOfServo3 += - servo3Dir;             //则初始角度加10°
    }
    servo3.write(posOfServo3);                  //改变了初始角度,重新读取新的初始角度
}
void loop( ) {
    checkServo1();                              //调用checkServo1函数
    checkServo2();                              //调用checkServo2函数
    checkServo3();                              //调用checkServo3函数
    if (posOfServo1 > 179)                      //若舵机1初始角度大于179°
        servo1Target = 0;                       //则将目标角度设为0°
    if (posOfServo1 < 1 )                       //若舵机1初始角度小于1°
        servo1Target = 180;                     //则将目标角度设为180°
if (posOfServo2 > 179)                          //若舵机2初始角度大于179°
servo2Target = 0;                               //则将目标角度设为0°
if (posOfServo2 < 1 )                           //若舵机2初始角度小于1°
servo2Target = 180;                             //则将目标角度设为180°
if (posOfServo3 > 179)                          //若舵机3初始角度大于179°
servo3Target = 0;                               //则将目标角度设为0°
if (posOfServo3 < 1 )                           //若舵机3初始角度小于1°
        servo3Target = 180;                     //则将目标角度设为180°
}
```

8.3　产品展示

整体外观如图 8-6 所示。其中,右边为输入部分,右上角是 Arduino 开发板,面包板右下角为手势识别模块,输出部分为左上角的机械爪,与左下角的外接电源相连。运动状态如图 8-7 所示。

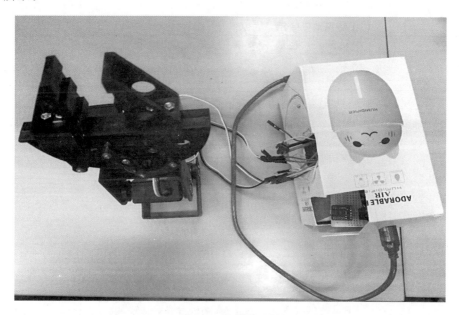

图 8-6　整体外观图

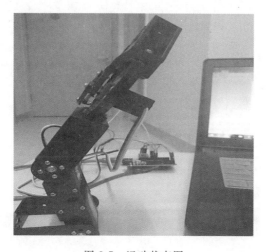

图 8-7　运动状态图

8.4 元件清单

完成本项目所用到的元件及数量如表 8-2 所示。

表 8-2 元件清单

元件/测试仪表	数 量
手势识别传感器	1个
Arduino 开发板	1个
导线	若干
机械爪	1个
面包板	1个
电源	1个

第9章 联网型烟雾报警器项目设计

本项目利用 SIM800 模块将数据传输到云端,通过网页展示传感器数据,实现数据的动态更新与即时浏览。

9.1 功能及总体设计

本项目将普通的烟雾报警器加入短信报警和接入互联网的功能,通过短信实现电子报警,即使无人在家看守,在发生火灾或可能出现火灾险情时,能够通过短信第一时间通知远程的用户,给予用户充分的时间做出反应。同时,在无火灾发生时,还能够监测家里空气质量与温度。假如,将设备置于室外,便可以化身为一套便携的环境监测,不仅能够显示空气质量与温度数值,还能够显示设备位置。

要实现上述功能需将作品分成两部分,即硬件和服务器部分进行设计。硬件由 Arduino 开发板、SIM800 模块、GPS 模块、蜂鸣器、烟雾传感器模块和温度传感器共同组成,GPS 模块和烟雾传感器模块与温度传感器模块负责数据收集的部分,SIM800 模块有 GSM 发送短信与 GPRS 接入互联网的功能,Arduino 开发板则作为控制中心,实现不同模块之间的互联和通信。通过简易的 Django 框架搭建一个 Web 服务器,上传数据和浏览请求均由 Web 服务器实现。

1. 整体框架图

整体框架如图 9-1 所示。

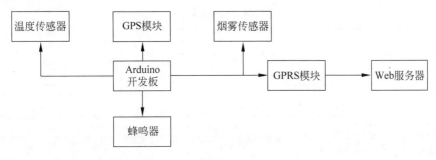

图 9-1 整体框架图

本章根据梁步顺、赵屹项目设计整理而成。

2．系统流程图

系统流程如图 9-2 所示。

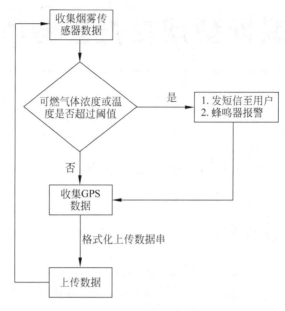

图 9-2　系统流程图

　　烟雾传感器检测空气中的可燃气体浓度,温度传感器测量温度数值,假如气体浓度或温度超过阈值,Arduino 开发板通过串口控制 SIM800 模块发送报警短信给用户,否则不发送报警短信。GPS 模块搜索信号,如果搜索到,就构建含有 GPS 数据和气体浓度与温度数据的数据串,否则只构建含有气体浓度与温度数据的字符串,构建数据字符串后,Arduino 开发板通过控制 SIM800 模块将数据上传至服务器,服务器处理并存储在数据库中,当用户发起浏览请求时,通过查询数据给用户反馈。

3．总电路图

总电路如图 9-3 所示,引脚连线如表 9-1 所示。

表 9-1　引脚连线表

元件及引脚名	Arduino 开发板引脚	
蜂鸣器	VCC	5V
	GND	GND
	IN	A5
DS18B20 温度传感器	VCC	5V
	GND	GND
	DQ	11

续表

元件及引脚名	Arduino 开发板引脚	
GPS 模块	TXD	0
	VCC	5V
	RXD	1
	GND	GND
SIM800 模块	V_MCL	5V
	VCC	9V
	GND	GND
	RXD	9
	TXD	10
MQ2 烟雾传感器	+	5V
	−	GND
	S	A2

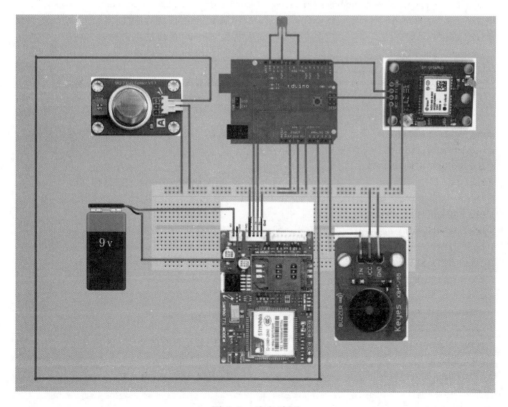

图 9-3　总电路图

9.2 模块介绍

本项目主要包括硬件模块和服务器。下面分别给出各模块的功能介绍及相关代码。

9.2.1 硬件模块

本部分包括硬件模块的功能介绍及相关代码。

1. 功能介绍

硬件模块主要功能是收集烟雾传感器测量值和 GPS 数据，生成数据包，Arduino 开发板通过软串口控制 SIM800 模块，将数据上传至服务器。

2. 相关代码

```
# include < SoftwareSerial.h >
# include < OneWire.h >
//https://github.com/PaulStoffregen/OneWire
# include < DallasTemperature.h >
//https://github.com/milesburton/Arduino - Temperature - Control - Library
# include "SIM900.h"                      //控制 sim800 模块的库文件
# include "sms.h"                         //控制 sim800 模块的库文件
# include "inetGSM.h"                     //控制 sim800 模块的库文件
//https://github.com/lsqls/sim800
//SoftwareSerial GpsSerial(5, 6);         //定义一个软串口,用于接收 GPS 数据
# define GpsSerial Serial
# define DebugSerial Serial
# define smokepin A2                      //测量 A2 引脚的电压,即烟雾传感器的数值
# define buzzerpin A5
# define ONE_WIRE_BUS 11
struct                                    //定义用于储存 GPS 信息的结构体
{
  char GPS_Buffer[80];
  bool isGetData;                         //是否获取到 GPS 数据
  bool isParseData;                       //是否解析完成
  char UTCTime[11];                       //UTC 时间
  char latitude[11];                      //纬度
  char N_S[2];                            //N/S
  char longitude[12];                     //经度
  char E_W[2];                            //E/W
  bool isUsefull;                         //定位信息是否有效
} Save_Data;
OneWire ds(10);                           //连接引脚 10
SMSGSM sms;
InetGSM inet;
int numdata;
boolean started = false;
```

```
int i = 0;
char msg[50];
char datastr[30];
float value;
char * valuestr;
float tem;
char * temstr;
char buffer[4];
char Buffer[4];
int L = 13;                                          //LED 指示引脚
const unsigned int gpsRxBufferLength = 300;
char gpsRxBuffer[gpsRxBufferLength];
unsigned int ii = 0;
OneWire oneWire(ONE_WIRE_BUS);
DallasTemperature sensors(&oneWire);
void setup()
{
  Serial.begin(9600);
  GpsSerial.begin(9600);                             //定义波特率 9600,GPS 模块输出的波特率一致
  Serial.println(F("Wating..."));
  Save_Data.isGetData = false;
  Save_Data.isParseData = false;
  Save_Data.isUsefull = false;
  Serial.println(F("GSM.."));
  if (gsm.begin(9600)) {
    Serial.println(F("READY"));
    started = true;
  }
  else Serial.println(F("IDLE"));
  pinMode(smokepin, INPUT);
  pinMode(buzzerpin, OUTPUT);
  if (started)
  {
    delay(3000);
    sendSMS("13051680866", "Module Start Work");     //模块初始化完成,向用户发送信息
   //httpg("iot.myworkroom.cn", 80, "/");
   //ggps();
    delay(1000);
  }
  sensors.begin();
};
void loop()
{
  value = getvalue();                                //获取烟雾传感器测量得到的数值
  tem = gettem();
  if (value > 100||tem > 50)
  {
```

```
        sendSMS("13051680866", "Fire!!!!!!!!!!");
        //假如测量值大于 1000 或温度超过 50,视为有火灾发生,向用户报警
        digitalWrite(buzzerpin,HIGH);
        delay(10000);
      }
      gpsRead();
      parseGpsBuffer();                         //获取 GPS 数据
      printGpsBuffer();
      delay(3000);
      valuestr = dtostrf(value, 3, 2, buffer);   //将浮点数转化为字符串
      temstr = dtostrf(tem,3,2,Buffer);
      if (Save_Data.isUsefull)
        sprintf(datastr, "/smoke/upload/%s-%s-%s-%s", valuestr, temstr, Save_Data.
longitude, Save_Data.latitude);
        //能接收 GPS 信号,构建含 GPS 数据和烟雾传感器与温度所测数据的字符串
      else
        sprintf(datastr, "/smoke/upload/%s-%s", valuestr,temstr);
        //能接收 GPS 信号,构建只含烟雾传感器与温度数据的字符串
      Serial.print(F("DataString:"));
      Serial.println(datastr);                   //在串口打上传的字符串,用于调试
      httpg("iot.myworkroom.cn", 80, datastr);   //上传数据
      //gsm.SimpleRead();                         //查看是否上传成功
      delay(3000);
    }
    void sendSMS(char * number, char * message)  //发送短信的函数
    {
      if (sms.SendSMS(number, message))
        Serial.println(F("Message Send Success"));
    }
    void ggps()                                  //测量 GPS 数据的函数
    {
      gpsRead();
      parseGpsBuffer();
    }
    void httpg(char * host, int port, char * path)
    //采用 HTTP 协议上传,参数 host 为主机地址(或域名),port 为服务器,path 为访问路径
    {
      if (inet.attachGPRS("cmnet", "", ""))      //cmnet 为移动接入点,3gnet 是联通的接入点
        Serial.println(F("GPRS Attached"));
      else Serial.println(F("gprs eorro"));
      delay(1000);
      numdata = inet.httpGET(host, port, path, msg, 50);  //用 get 请求上传数据
      if(numdata)
        Serial.println(F("Http Get Request Success"));
    }
    float getvalue()                             //获取烟雾传感器数值函数
    {
```

```
    float value = analogRead(smokepin);
    return value;
}
void errorLog(int num)                        //错误输出
{
    Serial.print(F("ERROR"));
    Serial.println(num);
    while (1)
    {
        digitalWrite(L, HIGH);
        delay(300);
        digitalWrite(L, LOW);
        delay(300);
    }
}
```

/ * parseGpsBuffer 函数用于解析 GPS 模块发送的原始数据 $ GPRMC,094606.00,A,4009.42840,N, 11616.92903,E,0.395,,070418,,,A * 7F 这是 GPS 的原始数据,我们需要对这串字符串进行处理,基本思路是使用 strstr 函数查找",",将","作为分隔符,分隔字符串,获得各项信息。
strstr 函数说明: strstr(str1,str2) str1: 被查找目标,str2: 要查找对象返回值: 若 str2 是 str1 的子串,则返回 str2 在 str1 中首次出现的地址; 如果 str2 不是 str1 的子串,则返回 NULL。 * /

```
void parseGpsBuffer()
{
    char * subString;
    char * subStringNext;
    if (Save_Data.isGetData)
    {
        Save_Data.isGetData = false;
        for (int i = 0 ; i <= 6 ; i++)
        {
            if (i == 0)
            {
                if ((subString = strstr(Save_Data.GPS_Buffer, ",")) == NULL)
                    errorLog(1);                      //解析错误
            }
            else
            {
                subString++;
                if ((subStringNext = strstr(subString, ",")) != NULL)
                {
                    char usefullBuffer[2];
                    switch (i)
                    {
case 1: memcpy(Save_Data.UTCTime, subString, subStringNext - subString); break;
                                        //获取 UTC 时间
case 2: memcpy(usefullBuffer, subString, subStringNext - subString); break;
                                        //获取相关信息
```

```
      case 3: memcpy(Save_Data.latitude, subString, subStringNext - subString); break;
                                        //获取纬度信息
      case 4: memcpy(Save_Data.N_S, subString, subStringNext - subString); break;
                                        //获取 N/S
      case 5: memcpy(Save_Data.longitude, subString, subStringNext - subString); break;
                                        //获取经度信息
      case 6: memcpy(Save_Data.E_W, subString, subStringNext - subString); break;
                                        //获取 E/W
              default: break;
            }
            subString = subStringNext;
            Save_Data.isParseData = true;
            if (usefullBuffer[0] == 'A')
              Save_Data.isUsefull = true;
            else if (usefullBuffer[0] == 'V')
              Save_Data.isUsefull = false;
          }
          else
          {
            errorLog(2);                //解析错误
          }
        }
      }
    }
}
void clrGpsRxBuffer(void)                //清空 GPS 串口缓冲区信息
{
    memset(gpsRxBuffer, 0, gpsRxBufferLength);      //清空
    ii = 0;
}
float gpsRead()                          //读取 GPS 串口的信息
{
    while (GpsSerial.available())
    {
      gpsRxBuffer[ii++] = GpsSerial.read();
      if (ii == gpsRxBufferLength)clrGpsRxBuffer();
    }
    char * GPS_BufferHead;
    char * GPS_BufferTail;
    if ((GPS_BufferHead = strstr(gpsRxBuffer, "$GPRMC,")) != NULL || (GPS_BufferHead = strstr
(gpsRxBuffer, "$GNRMC,")) != NULL )
    {
      if (((GPS_BufferTail = strstr(GPS_BufferHead, "\r\n")) != NULL) && (GPS_BufferTail > GPS_
BufferHead))
      {
        memcpy(Save_Data.GPS_Buffer, GPS_BufferHead, GPS_BufferTail - GPS_BufferHead);
        Save_Data.isGetData = true;
```

```
        clrGpsRxBuffer();
    }
  }


}
void printGpsBuffer()                       //打印 GPS 信息
{
if (!Save_Data.isParseData)
      DebugSerial.println("GPS Data is not useful!");
      //当无法接收到 GPS 信息时,打印"GPS DATA is not useful!"
}
float gettem()                              //测量温度
{
  float celsius;
  sensors.requestTemperatures();
  celsius = sensors.getTempCByIndex(0);
  return celsius;
}
```

9.2.2　服务器

本部分包括服务器的功能介绍及相关代码。

1. 功能介绍

服务器主要功能是处理硬件上传的数据,储存到数据库中,当用户发起浏览请求时,通过后端代码渲染前端页面,实现数据更新。

2. 相关代码

项目目录树如下:

```
|-- db.sqlite3
|-- iotwebsite
| |-- __init__.py
| |-- __init__.pyc
| |-- settings.py
| |-- settings.pyc
| |-- urls.py
| |-- urls.pyc
| |-- views.py
| |-- views.pyc
| |-- wsgi.py
| `-- wsgi.pyc
|-- manage.py
|-- nohup.out
|-- python
|-- serverlog
`-- smoke
```

```
| -- admin.py
| -- admin.pyc
| -- apps.py
| -- __init__.py
| -- __init__.pyc
| -- migrations
| | -- 0001_initial.py
| | -- 0001_initial.pyc
| | -- 0002_auto_20180321_1916.py
| | -- 0002_auto_20180321_1916.pyc
| | -- 0003_auto_20180330_1412.py
| | -- 0003_auto_20180330_1412.pyc
| | -- 0004_auto_20180409_1743.py
| | -- 0004_auto_20180409_1743.pyc
| | -- 0005_smoke_tem.py
| | -- 0005_smoke_tem.pyc
| | -- 0006_auto_20180606_1946.py
| | -- 0006_auto_20180606_1946.pyc
| | -- __init__.py
| `-- __init__.pyc
| -- models.py
| -- models.pyc
| -- static
| `-- smoke
| `-- gauge.min.js
| -- templates
| `-- smoke
| | -- index.html
| -- tests.py
| -- urls.py
| -- urls.pyc
| -- views.py
| -- views.pyc
```

以上为项目代码架构,smoke 为应用主体,其文件夹中 models.py 定义了需要存储数据,url.py 是 URL 配置文件,view.py 是视图文件,其他文件为 Django 框架项目文件,template 为存储网页模板。

(1) models.py

```
# -*- coding: utf-8 -*-
from __future__ import unicode_literals
from django.db import models
from django.utils import timezone
# 数据表的设计
class smoke(models.Model):
    uploadtime = models.DateTimeField(default = timezone.now())
```

＃uploadtime 上传时间
```
value = models.TextField(default = '-1')        # value 传感器数值
tem = models.TextField(default = '-1')          # tem 温度数值
longitude = models.TextField(default = '0')     # longitude 经度数值
latitude = models.TextField(default = '0')      # latitude 纬度数值
def __unicode__(self):
    return self.value
```

（2）smoke/url.py

```
# -*- coding: utf-8 -*-
from django.conf.urls import url
from . import views
# smoke 应用路径的设置
urlpatterns = [
    url(r'^$', views.index, name = 'index'), #PC 主页，查看上传数值、曲线图以及设备位置
    url(r'^upload/(. + ) - (. + ) - (. + ) - (. + )$', views.upload, name = 'upload'),
    #该 url 用于上传 GPS 数据和传感器数据
    url(r'^upload/(. + ) - (. + )$', views.uploadv, name = 'uploadv'),
    #该 url 用于上传传感器数据
]
```

（3）view.py

```
# -*- coding: utf-8 -*-
from __future__ import unicode_literals
from .models import smoke
from django.db.models import Avg
from datetime import datetime, timedelta
from django.shortcuts import render
from django.shortcuts import HttpResponse
from django.utils.safestring import mark_safe
from django.template import Context
# Create your views here.
#后端处理的代码
def index(request):  #显示主页
    lastest_record = smoke.objects.order_by('-uploadtime')[0]
    #查询数据库最近上传的数据
    #取数据库中迄今为止一周的数据，并求平均值
    now = datetime.now()
    enddate = datetime(now.year, now.month, now.day, 0, 0)
    weekago = enddate - timedelta(weeks = 1)
    smokeweekavg = smoke.objects.filter(uploadtime__range = [weekago, enddate]).aggregate(Avg('value'))['value__avg']
    temweekavg = smoke.objects.filter(uploadtime__range = [weekago, enddate]).aggregate(Avg('tem'))['tem__avg']
        #取数据库中最近的 10 条数据
records = smoke.objects.order_by('-uploadtime')[:10].values_list('value','tem','uploadtime'
```

```
)
    smokelist = [ ]
    temlist = [ ]
    uploadtimelist = [ ]
    for record in records:
        smokelist.append(record[0])
        temlist.append(record[1])
        uploadtimelist.append(record[2])
    smokelist = [x.encode('utf - 8') for x in smokelist]
    smokelist.reverse()
    smokelist = unicode(smokelist)
    temlist = [x.encode('utf - 8') for x in temlist]
    temlist.reverse()
    temlist = unicode(temlist)
uploadtimelist = [(x + timedelta(hours = 8)).strftime(" % H: % M: % S") for x in uploadtimelist]
    uploadtimelist.reverse()
    uploadtimelist = unicode(uploadtimelist)
    content = {'lastest_record':lastest_record,
            'smokeweekavg':smokeweekavg,
            'temweekavg':temweekavg,
            'smokelist':smokelist,
        'temlist':temlist,
            'uploadtimelist':uploadtimelist,
            } #将数据传送给前端模板渲染
    return render(request, 'smoke/index.html',content)
def upload(request,value,tem,longitude,latitude): #处理上传数据
    now = datetime.now()
lon = float(longitude[0:3]) + float(longitude[3:])/60.0
#将上传的 GPS 数据处理为标准的度表示法
    lat = float(latitude[0:2]) + float(latitude[2:])/60.0
info = {"uploadtime":now,"value":value,"tem":tem,'longitude':lon,'latitude':lat} #数值 - 经
度 - 纬度
    if(smoke.objects.create( ** info)):
        return HttpResponse("Upload success") #向客户端返回上传成功的信息
def uploadv(request,value,tem):
    #同 upload 功能
    now = datetime.now()
    info = {"uploadtime":now,"value":value,'tem':tem} #数值
    if(smoke.objects.create( ** info)):
        return HttpResponse("Upload success")
```

（4）index. html

```
<!doctype html >
< html >
< head >
    <title>联网型烟雾报警器</title>
```

```html
< meta http - equiv = "Content - Type" content = "text/html; charset = utf - 8" />
    < meta name = "viewport" content = "initial - scale = 1.0, user - scalable = no" />
{ % load static % }
< script src = "{ % static "smoke/gauge.min.js" % }"></script >
< script type = " text/javascript" src = " http://echarts. baidu. com/gallery/vendors/
echarts/echarts.min. js"></script >
    < script type = "text/javascript" src = " http://api. map. baidu. com/api? v = 2. 0&ak =
bhMbdU4PFSWLoaGPPMIs9ZKF8tsKaFe8"></script >
</ head >
< body >
  <! -- Injecting radial gauge -->
  < div class = "wrap">
      < canvas id = "canvas2"
              class = "left"
              data - type = "radial - gauge"
              data - width = "200"
              data - height = "200"
              data - units = "气体浓度"
              data - title = "false"
              data - value = "{{lastest_record.value}}"
              data - min - value = "0"
              data - max - value = "220"
              data - major - ticks = "0, 20, 40, 60, 80, 100, 120, 140, 160, 180, 200, 220"
              data - minor - ticks = "2"
              data - stroke - ticks = "false"
              data - highlights = '[
                  { "from": 0, "to": 50, "color": "rgba(0,255,0,.15)" },
                  { "from": 50, "to": 100, "color": "rgba(255,255,0,.15)" },
                  { "from": 100, "to": 150, "color": "rgba(255,30,0,.25)" },
                  { "from": 150, "to": 200, "color": "rgba(255,0,225,.25)" },
                  { "from": 200, "to": 220, "color": "rgba(0,0,255,.25)" }
              ]'
              data - color - plate = " # 222"
              data - color - major - ticks = " # f5f5f5"
              data - color - minor - ticks = " # ddd"
              data - color - title = " # fff"
              data - color - units = " # ccc"
              data - color - numbers = " # eee"
              data - color - needle - start = "rgba(240, 128, 128, 1)"
              data - color - needle - end = "rgba(255, 160, 122, .9)"
              data - value - box = "true"
              data - animation - rule = "bounce"
              data - animation - duration = "500"
              data - font - value = "Led"
              data - animated - value = "true"
      ></canvas >
    < div id = "container1" class = "right"></div >
```

```
        </div>
        < div class = "wrap">
        < canvas id = "canvas2"
                class = "right"
                data - type = "linear - gauge"
                data - width = "100"
                data - height = "300"
                data - border - radius = "20"
                data - borders = "0"
                data - bar - stroke - width = "20"
                data - minor - ticks = "10"
                data - major - ticks = "0,10,20,30,40,50,60,70,80,90,100"
                data - value = "{{ lastest_record.tem }}"
                data - units = "°C"
                data - color - value - box - shadow = "false"
        ></canvas >
        < div id = "container2" class = "right"></div >
        </div >
        < div id = "allmap"></div >
        < style type = "text/css">
            body, html {width: 100 % ;height: 100 % ;margin:0;font - family:"微软雅黑";}
            ♯allmap{width:100 % ;height:200px;}
            ♯ container1{height: 400px;width:70 % ;}
            ♯ container2{height: 400px;width:70 % ;margin - left:100px}
            ♯ canvas1 {display: inline;margin - left: 100px;margin - top: 100px}
            ♯ canvas2 {display: inline;margin - left: 100px;margin - top: 50px;}
            . wrap {
                    display:  - webkit - box;
            }
                .left,
                .right {
                    padding: 10px;
            }
        </style >
        < script type = "text/javascript">
var dom = document.getElementById("container1");
var myChart = echarts.init(dom);
var app = {};
option = null;
option = {
xAxis: {
    type: 'category',
    data:{ % autoescape off % }{{ uploadtimelist }}{ % endautoescape % },
},
yAxis: {
    type: 'value'
},
series: [{
    data: { % autoescape off % }{{ smokelist }}{ % endautoescape % },
```

```
          type: 'line',
          smooth: true
      }]
    };
    ;
    if (option && typeof option === "object") {
    myChart.setOption(option, true);
    }
      </script>
      < script type = "text/javascript">
    var dom = document.getElementById("container2");
    var myChart = echarts.init(dom);
    var app = {};
    option = null;
    option = {
    xAxis: {
          type: 'category',
          data:{ % autoescape off % }{{ uploadtimelist }}{ % endautoescape % },
    },
    yAxis: {
          type: 'value'
    },
    series: [{
          data: { % autoescape off % }{{ temlist }}{ % endautoescape % },
          type: 'line',
          smooth: true
      }]
    };
    ;
    if (option && typeof option === "object") {
    myChart.setOption(option, true);
    }
      </script>
      < script type = "text/javascript">
          //百度地图 API 功能
          var map = new BMap.Map("allmap");
          var point = new BMap.Point({{ lastest_record.longitude }},{{ lastest_record.latitude }});
          var marker = new BMap.Marker(point);    //创建标注
          map.addOverlay(marker);                 //将标注添加到地图中
          map.centerAndZoom(point, 15);
          var opts = {
            width : 400,                          //信息窗口宽度
            height: 50,                           //信息窗口高度
            title : "设备位置" ,                  //信息窗口标题
            enableMessage:true,                   //设置允许信息窗口发送短信
          }
          var infoWindow = new BMap.InfoWindow("经纬度({{ lastest_record.longitude }},{{ lastest_
    record.latitude }})", opts);
    //创建信息窗口对象
          marker.addEventListener("click", function(){
```

```
            map.openInfoWindow(infoWindow,point);        //开启信息窗口
        });
    </script>
</body>
</html>
```

9.3 产品展示

整体外观如图 9-4 所示。编号 1 为 Arduino 开发板，Arduino 开发板左上角分别为编号 2 的烟雾传感器，编号 3 的温度传感器，编号 4 的蜂鸣器，Arduino 开发板左下角为编号 6 的 GPS 模块，Arduino 开发板下方为编号 7 的 SIM800 模块，采用编号 8 的电池组供电，模块都连接在 Arduino 开发板上。

图 9-4 整体外观图

9.4　元件清单

完成本项目所用到的元件及数量如表 9-2 所示。

表 9-2　元件清单

元件/测试仪表	数　　量
SIM800 模块	1 个
Arduino 开发板	1 个
保护电阻	1 个
GPS 模块	1 个
导线	若干
面包板	1 个
烟雾传感器	1 个
温度传感器	1 个
蜂鸣器	1 个
9V 电池	1 个

第 10 章　智能手写数字识别项目设计

本项目基于 Arduino 平台设计识别手写数字的工具,实现身份证、学生卡等证件编号的自动输入。

10.1　功能及总体设计

本项目利用 VC0706 摄像头模块进行图像的采集,将图像传输至计算机,利用 KNN 算法实现了人工智能手写数字的识别,并用 HC-05 蓝牙模块将数字传输到 Arduino 开发板并显示。

要实现上述功能需将作品分成三部分进行设计,即输入部分、处理部分和输出部分。输入部分选用了 1 个 VC0706 摄像头、1 个 Arduino 开发板和 1 个四角开关,摄像头固定在支架上;处理部分通过 Python 程序实现;输出部分使用 LCD1602 显示屏实现。

1. 整体框架图

整体框架如图 10-1 所示。

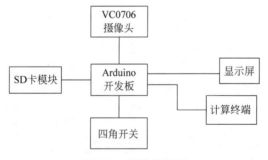

图 10-1　整体框架图

2. 系统流程图

系统流程如图 10-2 所示。

3. 总电路图

总电路如图 10-3 所示,引脚连线如表 10-1 所示。

本章根据李秉浩、王波龙项目设计整理而成。

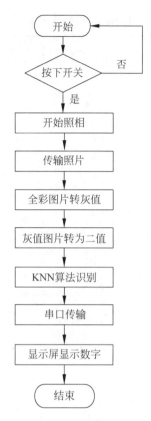

图 10-2　系统流程图

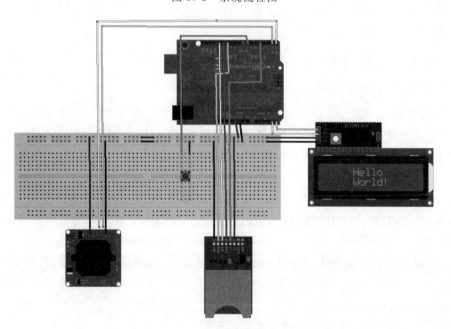

图 10-3　总电路图

表 10-1　引脚连线表

元件及引脚名		Arduino 开发板引脚
VC0706	TX	0
	RX	1
	VCC	5V
	GND	GND
SD 模块	VCC	5V
	GND	GND
	CS	4
	SCK	13
	MOSI	11
	MISO	12
LCD 1602	VCC	5V
	GND	GND
	SDA	A4
	SCL	A5
开关	左上引脚	7
	右上引脚	GND

10.2　模块介绍

本项目主要包括主程序模块、输入模块和输出模块。下面分别给出各模块的功能介绍及相关代码。

10.2.1　主程序模块

本部分包括主程序模块的功能介绍及相关代码。

1. 功能介绍

（1）采集图片部分，利用 Arduino 开发板调用摄像头，用四脚开关控制拍照，每按一次开关，摄像头拍下一张图片，并将其存储在 SD 卡中。

（2）利用串口通信，读取 SD 卡内容，将图片传到计算机文件中。

（3）利用 Python 读取文件中图片，将图片裁剪为 32×32（训练图片的大小）的形式（resize 函数），再将图片转为灰度图（rgb2gray 函数），根据每个像素点的值将图片转为二值图片。

（4）调用 minist 库文件中图片训练 KNN 网络（将训练图片分为 10 个组，用 label 进行标记，并与 test 组结果进行对照，得到训练网络识别的正确率），将图片转化成 1×1024 大小的数组，识别图片转化的数组与训练图片转化的数组进行距离计算，并将识别图片归类到与之距离最小的类别中，由此完成数字识别的过程。

（5）将识别结果传输到 Arduino 开发板，通过 LCD 显示结果。

2．相关代码

1）图像处理部分（在计算机端执行，运行时需安装、导入 skimage 和 matplotlib 库文件）

此部分代码实现功能为将任意大小、格式图片裁剪为后续代码所需的 32×32 大小的二进制图片，效果如图 10-4 所示。

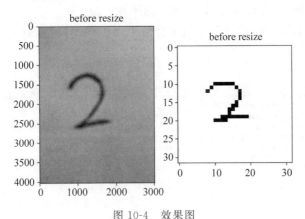

图 10-4　效果图

```python
import skimage
import os
from skimage import transform,data,io,color
import matplotlib.pyplot as plt
filename = os.path.join(skimage.data_dir,'/home/alex/IMG_20180606_212805.jpg')
#假设读取图片的路径为"/home/alex/IMG_20180606_212805.jpg"
img = io.imread(filename)
dst = transform.resize(img, (32, 32))
plt.figure('resize')
img_gray = color.rgb2gray(dst)
rows,cols = img_gray.shape
for i in range(rows):
    for j in range(cols):
        if (img_gray[i,j]<= 0.6):
            img_gray[i,j] = 0
        else:
            img_gray[i,j] = 1
plt.subplot(121)
plt.title('before resize')
plt.imshow(img,plt.cm.gray)
plt.subplot(122)
plt.title('before resize')
plt.imshow(img_gray,plt.cm.gray)
plt.show()
```

```
txtName = "/home/alex/coding.txt"
f = open(txtName, "a + ")
for i in range(rows):
    for j in range(cols):
        f.write(str(int(img_gray[i,j])))
    f.write('\n')
f.close()
```

2）图像识别部分（计算机运行，识别输入的图片）

训练数据用来训练网络，测试数据用来检验识别正确率，输入数据是识别图片，测试结果如图 10-5 所示。

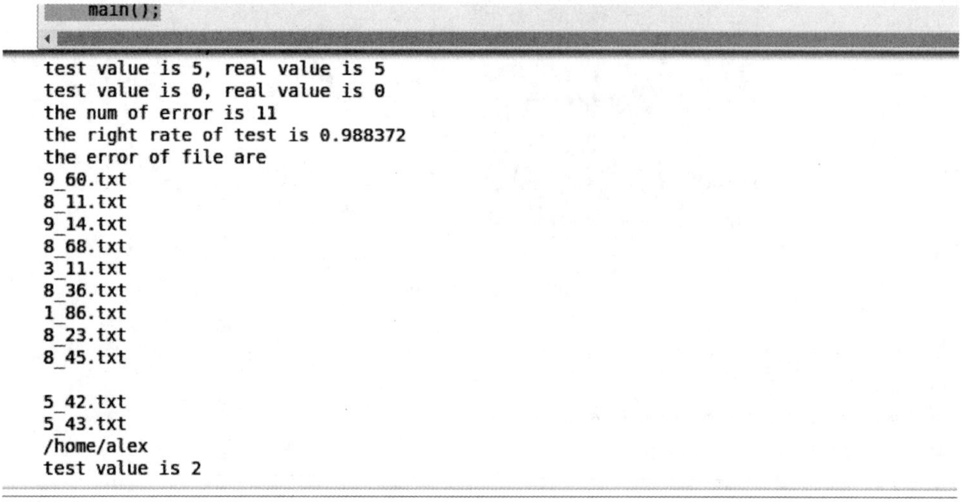

```
    main();

test value is 5, real value is 5
test value is 0, real value is 0
the num of error is 11
the right rate of test is 0.988372
the error of file are
9_60.txt
8_11.txt
9_14.txt
8_68.txt
3_11.txt
8_36.txt
1_86.txt
8_23.txt
8_45.txt

5_42.txt
5_43.txt
/home/alex
test value is 2
```

图 10-5　识别测试结果

```python
#!/usr/bin/python
from numpy import *
import os
from os import listdir
import operator
def img2vector(filename):                        #定义函数，读取图片，使图片成为 1×1024 大小的数组
    vect = zeros((1,1024))
    f = open(filename)
    for i in range(32):
        line = f.readline()
        for j in range(32):
            vect[0,32 * i + j] = int(line[j])    #读取每一行数据
    return vect
def dict2list(dic):
    keys = dic.keys()
    vals = dic.values()
    lst = [(key, val) for key, val in zip(keys, vals)]    #将两个列表内容转化成字典
```

```
        return lst
def knntest(inputvector,trainDataSet,labels,k):
    datasetsize = trainDataSet.shape[0]          #查看 trainDataSet 的列数
    diffmat = tile(inputvector,(datasetsize,1)) - trainDataSet
#tile 在行方向上重复 inputvector datasetsetsize 次
    sqdiffmat = diffmat ** 2
    sqdistance = sqdiffmat.sum(axis = 1)          #将每一行向量相加
    distance = sqdistance ** 0.5                  #计算"距离"
    sortdistance = distance.argsort()             #将距离排序
    classcout = {}
    for i in range(k):
        votelabel = labels[sortdistance[i]]
        classcout[votelabel] = classcout.get(votelabel,0) + 1
    sortclasscount = sorted(dict2list(classcout),key = operator.itemgetter(1),reverse = True)
# itemgetter 定义了一个函数获取
# 第 x 域的值
# 全函数根据 classout 的第一个阈值
# 按降序排列
    return sortclasscount[0][0]
def handwritingClassTest():
    print(os.getcwd())                           #返回当前工作目录
    handlabel = []
    trainName = listdir(r'digits/trainingDigits')    #读取训练数据文件夹内容
    trainNum = len(trainName)
    trainNumpy = zeros((trainNum,1024))
    for i in range(trainNum):
        filename = trainName[i]
        filestr = filename.split('.')[0]         #根据 filename 的"."符号进行切分
        filelabel = int(filestr.split('_')[0])
#根据 filenamede"_"符号进行切分,即图片标识的正确数字
        handlabel.append(filelabel)              #在 handlabel 中添加图片所示数字
        trainNumpy[i,:] = img2vector(r'digits/trainingDigits/%s' % filename)
#将每个图片数据存进 trainNumpy 数组中
    testfilelist = listdir(r'digits/testDigits')     #存储测试图片信息
    errornum = 0
    testnum = len(testfilelist)
    errfile = []
    for i in range(testnum):
        testfilename = testfilelist[i]
        testfilestr = testfilename.split('.')[0]
        testfilelabel = int(testfilestr.split('_')[0])
        testvector = img2vector(r'digits/testDigits/%s' % testfilename)
        result = knntest(testvector,trainNumpy,handlabel,3)
        print("test value is %d, real value is %d" % (result,testfilelabel))
        if(result!= testfilelabel):
            errornum += 1
            errfile.append(testfilename)
```

```python
        print("the num of error is % d" % errornum)
        print("the right rate of test is % f " % (1 - errornum/float(testnum)))
        print("the error of file are ")
        count = 0
        for i in range(len(errfile)):
            if(count == 9):
                print()
            print(errfile[i] + ' ')
            count += 1
def final():
    print(os.getcwd())                          #返回当前工作目录
    handlabel = []
    trainName = listdir(r'digits/trainingDigits')  #读取训练数据文件夹内容
    trainNum = len(trainName)
    trainNumpy = zeros((trainNum,1024))
    for i in range(trainNum):
        filename = trainName[i]
        filestr = filename.split('.')[0]        #根据 filename 的"."符号进行切分
        filelabel = int(filestr.split('_')[0])
        #根据 filenamede"_"符号进行切分,即图片标识的正确数字
        handlabel.append(filelabel)             #在 handlabel 中添加图片所示数字
        trainNumpy[i,:] = img2vector(r'digits/trainingDigits/ % s' % filename)
            #将每一个图片数据存进 trainNumpy 数组中
    testfilelist = listdir(r'/home/alex/test')  #存储测试图片信息
    errornum = 0
    testnum = len(testfilelist)
    errfile = []
    for i in range(testnum):
        testfilename = testfilelist[i]
        testfilestr = testfilename.split('.')[0]
        testfilelabel = int(testfilestr.split('_')[0])
        testvector = img2vector(r'digits/testDigits/ % s' % testfilename)
        result = knntest(testvector, trainNumpy, handlabel, 3)
        print("test value is % d" % (result))
def main():
    handwritingClassTest()
    final()
if __name__ == '__main__':
    main();
```

3) 拍照部分调用计算机摄像头实现

```python
#!/usr/bin/python
from numpy import *
import os
```

```
from os import listdir
import operator
import skimage
from skimage import transform,data,io,color
import matplotlib.pyplot as plt
import cv2
def camera(n):
    cap = cv2.VideoCapture(0)
    #i = 0
    #print(ord('w'))
    while(1):
        #get a frame
        ret,frame = cap.read()
        #show a frame
        cv2.imshow("capture",frame)
        #print(cv2.waitKey(1))
        if cv2.waitKey(1) & 0xFF == ord('q'):
            cv2.imwrite("/home/alex/raw/0_" + str(n) + ".png", frame)
            print('拍照存储完')
            break
            #i = i + 1
            #cap.release()
            #cv2.destroyAllWindows()
        elif cv2.waitKey(1) == ord('w'):
            print("1")
            cap.release()
            cv2.destroyAllWindows()
            break
        elif cv2.waitKey(1) == - 1:
            continue
        else:
            break
    cap.release()
    cv2.destroyAllWindows()
```

10.2.2　输入模块

本部分包括 VC0706 模块的功能介绍及相关代码。

1. 功能介绍

通过开关控制 VC0706 摄像头模块进行拍照,先将照片通过数据传输存储在 SD 卡中,再通过串口导入计算机指定位置。元件包括 VC0706 模块、SD 卡模块、Arduino 开发板和导线若干,电路如图 10-6 所示,SD 卡连线如表 10-2 所示。

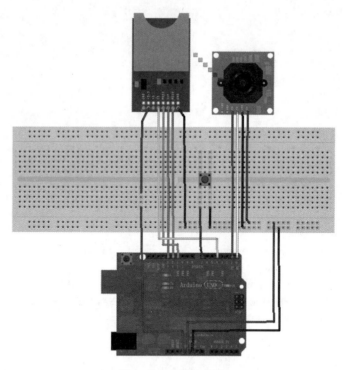

图 10-6　电路连接图

表 10-2　SD 卡的连线方式

SD 卡引脚	Arduino 开发板引脚	SD 卡引脚	Arduino 开发板引脚
CS	4	MOSI	11
SCK	13	VCC	5 V
MISO	12	GND	GND

2. 相关代码

1) Arduino 开发板摄像头拍照

```
# include "camera_VC0706.h"              //控制摄像头所需的库文件
# include < SD.h >
# include < SPI.h >
# include < SoftwareSerial.h >
# define chipSelect 10
# define Button 7                        //定义拍照按钮引脚为 7
int ButtonVal = 0;                       //变量 ButtonVal 用来存储拍照按钮状态
# if ARDUINO > = 100
//定义虚拟串口,摄像头 TX 连接 Arduino 开发板引脚 2, RX 连接 Arduino 开发板引脚 3
SoftwareSerial cameraconnection = SoftwareSerial(2, 3);
# else
```

```
NewSoftSerial cameraconnection = NewSoftSerial(2, 3);
#endif
Adafruit_VC0706 cam = Adafruit_VC0706(&cameraconnection);
void setup() {
          //使用硬件 SPI 时，SS 必须设为输出
          #if !defined(SOFTWARE_SPI)
          #if defined(__AVR_ATmega1280__) || defined(__AVR_ATmega2560__)
            if(chipSelect != 53) pinMode(53, OUTPUT);     //使用 MEGA2560 时 SS 设置
          #else
      if(chipSelect != 10) pinMode(10, OUTPUT);           //使用 Arduino 开发板时 SS 设置
          #endif
          #endif
//串口监控输出及定义
Serial.begin(9600);
  pinMode(Button, INPUT);
  Serial.println("VC0706 Camera snapshot test");
            //判断 SD 卡是否插入并初始化
            if (!SD.begin(chipSelect))
{
            Serial.println("Card failed, or not present");
            //停止
            return;
          }
  //初始化摄像头
  if (cam.begin())
{
    Serial.println("Camera Found:");
  } else
{
    Serial.println("No camera found?");
    return;
  }
  //输出摄像头版本
  char * reply = cam.getVersion();
  if (reply == 0)
{
    Serial.print("Failed to get version");
  } else
{
    Serial.println("-----------------");
    Serial.print(reply);
    Serial.println("-----------------");
  }
  //设置拍照尺寸,可设为 640 * 480、320 * 240 及 160 * 120
  //尺寸越大数据传输时间越长
  cam.setImageSize(VC0706_640x480);          //大尺寸照片
  //cam.setImageSize(VC0706_320x240);        //中尺寸照片
  //cam.setImageSize(VC0706_160x120);        //小尺寸照片
  //从摄像头读取图片大小
  uint8_t imgsize = cam.getImageSize();
```

```
    Serial.print("Image size: ");
    if (imgsize == VC0706_640x480) Serial.println("640x480");
    if (imgsize == VC0706_320x240) Serial.println("320x240");
    if (imgsize == VC0706_160x120) Serial.println("160x120");
}
void loop() {
//按拍照按钮拍一张照片
ButtonVal = digitalRead(Button);
if (ButtonVal == HIGH){
                                Serial.println("Snaping Picture...");
                                delay(20);
                                if (! cam.takePicture())
                                  Serial.println("Failed to snap!");
                                else
                                  Serial.println("Picture taken!");
                                //以 IMAGExx.JPG 为文件名创建图片文件
                                char filename[13];
                                strcpy(filename, "IMAGE00.JPG");
                                for (int i = 0; i < 99; i++) {
                                  filename[5] = '0' + i/10;
                                  filename[6] = '0' + i % 10;
                                  if (! SD.exists(filename)) {
                                    break;
                                  }
                                }
                                //打开图像文件并写入
                                File imgFile = SD.open(filename, FILE_WRITE);
                                //获取图像文件大小
                                uint16_t jpglen = cam.frameLength();
                                Serial.print("Storing ");
                                Serial.print(jpglen, DEC);
                                Serial.print(" byte image.");
                                int32_t time = millis();
                                pinMode(8, OUTPUT);
                                //读数据
                                byte wCount = 0; //计数
                                while (jpglen > 0) {
                                  //一次读取 32 bytes
                                  uint8_t * buffer;
                                  uint8_t bytesToRead = min(32, jpglen);
                                  buffer = cam.readPicture(bytesToRead);
                                  imgFile.write(buffer, bytesToRead);
                                  if(++wCount >= 64) { //每 2K 发反馈,以避免出现锁定现象
                                    Serial.print('.');
                                    wCount = 0;
                                  }
                                  Serial.print("Read ");
Serial.print(bytesToRead, DEC);
Serial.println(" bytes");
                                  jpglen -= bytesToRead;
```

```
                                }
                                imgFile.close();
                                time = millis() - time;
                                Serial.println("done!");
                                Serial.print(time); Serial.println(" ms elapsed");
                        }
                cam.begin();                    //摄像头重新初始化,清缓存
                ButtonVal = 0;                  //按钮值重新设为低电平
}
```

2) SD卡照片传输

```
# include <SD.h>
File photoFile;
const int buttonPin = 7;
const int ledPin = 5;
void setup(){
    Serial.begin(115200);
    pinMode(buttonPin, INPUT);
    pinMode(ledPin, OUTPUT);
    Serial.println("initializing sd card");
    pinMode(4, OUTPUT);                         //SD卡的CS引脚
    if (!SD.begin(4)) {
        Serial.print("sd initialzation failed");
        return;
    }
    Serial.println("sd initialization done");
}
void loop(){
    while(1){
        Serial.println("press the button to send picture");
        Serial.flush();
        while(digitalRead(buttonPin) == LOW);
        if(digitalRead(buttonPin) == HIGH){
            delay(50);
            if(digitalRead(buttonPin) == HIGH){
                delay(200);
                File photoFile = SD.open("pic02.jpg");
                if (photoFile) {
                    while (photoFile.position() < photoFile.size()) {
                        digitalWrite(ledPin, HIGH);
                        Serial.write(photoFile.read());
                    }
                    photoFile.close();
                    digitalWrite(ledPin, LOW);
                }
                else {
                    Serial.println("error sending photo");
```

```
        }
      }
      Serial.println("photo sent");
    }
  }
}
```

10.2.3 输出模块

本部分包括输出模块的功能介绍及相关代码。

1. 功能介绍

输出模块主要是将识别出的数字通过串口传输到 LCD1602 进行显示。元件包括 LCD1602 液晶显示屏、PCF8574T 转接板、Arduino 开发板、导线若干、电烙铁、焊锡、松香等。PCF8574T 转接板接线如表 10-3 所示,输出电路原理如图 10-7 所示。

表 10-3 PCF8574T 转接板接线

PCF8574T 模块引脚	Arduino 开发板引脚
GND	GND
VCC	5 V
SDA	A4
SCL	A5

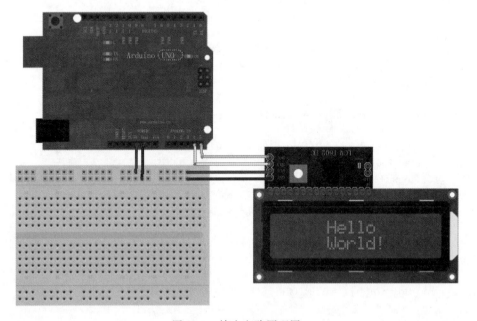

图 10-7 输出电路原理图

2．相关代码

1）使用 LCD1602 前查询 I2C 地址

```
//查询 I2C 地址
#include<Wire.h>
void setup()
{
Wire.begin();
Serial.begin(9600);
Serial.println("\nI2C Scanner");
}
void loop()
{
byte error, address;
int nDevices;
Serial.println("Scanning...");
nDevices = 0;
for(address = 1; address<127; address++)
{
Wire.beginTransmission(address);
error = Wire.endTransmission();
if (error == 0)
{
Serial.print("I2C device found at address 0x");
if (address<16)
Serial.print("0");
Serial.print(address,HEX);
Serial.println(" !");
nDevices++;
}
else if (error == 4)
{
Serial.print("Unknow error at address 0x");
if (address<16)
Serial.print("0");
Serial.println(address,HEX);
}
}
if (nDevices == 0)
```

```
Serial.println("No I2C devices found\n");
else
Serial.println("done\n");
delay(5000);                              //等待 5s 进行下一次扫描
}
```

2）输出模块实现

```
# include<Wire.h>
# include<LiquidCrystal_I2C.h>
# include<SoftwareSerial.h>
int Led = 7;
int A;
LiquidCrystal_I2C lcd(0x27,16,2);         //设置 LCD
void setup()
{
pinMode(Led,OUTPUT);
Serial.begin(9600);
}
void loop()
{
String msg;
while(Serial.available()<= 0);
if(Serial.available()> 0)
{
msg = (Serial.readString());
A = msg.toInt();
char B = char(A + 48);
Serial.println(msg);
lcd.init();
lcd.backlight();
lcd.print(msg);
delay(4000);
    }
}
```

10.3 产品展示

整体外观如图 10-8 所示。其中,左边是 SD 卡,下边是 Arduino 开发板连接在 PC 上,摄像头固定在采集的数字前。

图 10-8 整体外观图

10.4 元件清单

完成本项目所用到的元件及数量如表 10-4 所示。

表 10-4 元件清单

元件/测试仪表	数　量
VC0706 摄像头模块	1 个
Arduino 开发板	1 个
SD 卡	1 个
面包板	1 个
开关	1 个
导线	若干
LCD1602 液晶显示屏	1 个
PCF8574T 转接板	1 个

第 11 章 智能垃圾桶项目设计

本项目基于 Arduino 开发板设计一款垃圾桶,实现当垃圾桶盖上,传感器感受到人手,自动打开,经过一段延迟,垃圾桶盖关闭。

11.1　功能及总体设计

本项目主要功能是蓝牙控制桶盖的开与关。创新点在于当居住空间人流量较多,容易引起意外感应时,可以使用蓝牙模式操控垃圾桶的开盖和闭盖。

要实现上述功能需将作品分成三部分进行设计,即红外感应部分、旋转部分和衔接部分。红外感应部分选用 HC-SR501 人体感应模块,固定在桶盖上;旋转部分主要是将舵机装在桶盖及衔接处;衔接部分是将红外感应部分和旋转部分连接在一起,主要通过代码实现。

1. 整体框架图

整体框架如图 11-1 所示。

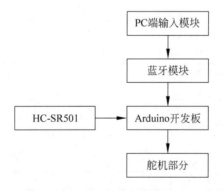

图 11-1　整体框架图

本章根据郭贷驰、孔祥羽项目设计整理而成。

2. 系统流程图

系统流程如图 11-2 所示。

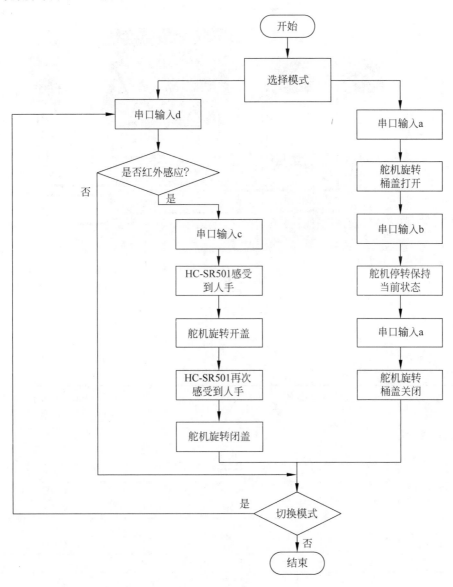

图 11-2 系统流程图

3. 总电路图

总电路如图 11-3 所示，引脚连线如表 11-1 所示。

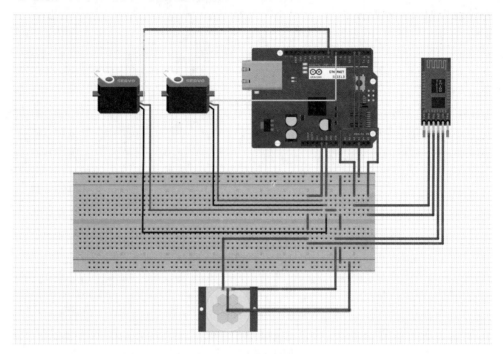

图 11-3　总电路图

表 11-1　引脚连线表

元件及引脚名		Arduino 开发板引脚
HC-SR501	VCC	5V
	GND	GND
	OUT	A3
SG90-1	VCC	5V
	GND	GND
	J2	7
SG90-2	VCC	5V
	GND	GND
	J2	8
HC-06	VCC	5V
	GND	GND
	TXD	2
	RXD	3

11.2　模块介绍

本项目主要包括感应模块和蓝牙模块。下面分别给出各模块的功能介绍及相关代码。

11.2.1　感应模块

本部分包括感应模块的功能介绍及相关代码。

1．功能介绍

通过 HC-SR501 感应到人手带来的红外感应信号,将高电平信号传输到 Arduino 开发板,再通过信号的转换来驱动舵机旋转开盖,元件包括 HC-SR501、Arduino 开发板、2 个舵机和导线若干,如图 11-4 所示。

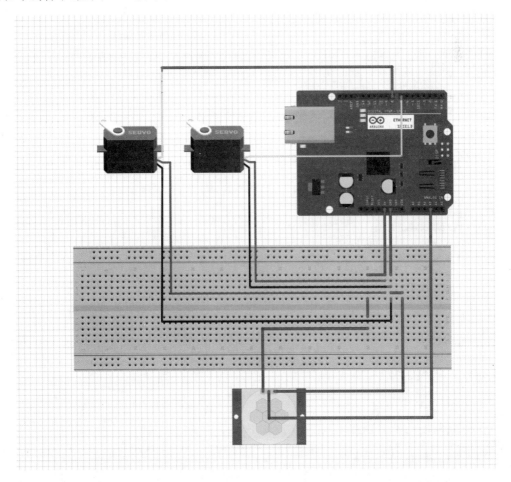

图 11-4　HC-SR501 与 Arduino 开发板连线图

2．相关代码

```
# include < Servo. h >
# include < Wire. h >
Servo sv5;                                        //建立 Servo 对象
Servo sv9;
const int sv5Pin = 8;                             //sv5 连接引脚 8
const int sv9Pin = 9;                             //sv9 连接引脚 9
const int every555 = 15;
const int every999 = 15;
int judge = 0;
unsigned long last555 = 0;
unsigned long last999 = 0;                         //上一次停止时间
int dir5 = 1;                                      //每次角度
int dir9 = - 1;
int pos555 = 90;                                   //初始角度
int pos999 = 90;
int val = 0;                                       //由 HC-SR501 读得的数值
int select = 0;
void setup()
{
    sv9. attach( sv9Pin);                          //引脚 9
    sv5. attach( sv5Pin);                          //引脚 8
    Serial. begin(9600);
    sv9. write(pos999);                            //初始化角度为 90°
    sv5. write(pos555);
delay(568);
}
void loop()
{
judge = analogRead(A3);
    Serial. println(judge);
    if( judge > 100)
    {
        check5555( );
        check9999( );
    }
}
void check5555( ) {
    if(millis( ) – last555 < every555) return;
    last555 = millis( );
    pos555 += dir5;
    sv5. write(pos555);
    if(dir5 == 1){
        if(pos555 > 129) dir5 = - 1;
    }else{
        if(pos555 < 1) dir5 = 1;
    }
}
void check9999( ) {
    if(millis( ) – last999 < every999) return;
```

```
        last999 = millis( );
        pos999 += dir9;
        sv9.write(pos999);
        if(dir9 == 1){
            if(pos999 > 179) dir9 = - 1;
        }else{
            if(pos999 < 51) dir9 = 1;
        }
}
```

11.2.2　蓝牙模块

本部分包括 HC-06 模块的功能介绍及相关代码。

1. 功能介绍

HC-06 分为两部分,第一部分是模式选择(如从串口监视器输入 c,代表进入了红外感应状态);第二部分是蓝牙直接控制舵机的旋转,若第一部分中选择使用蓝牙状态,可通过在串口监视器中输入 a 或 b 来直接控制舵机的旋转或停止。元件包括 HC-06、Arduino 开发板、舵机和导线若干,电路如图 11-5 所示。

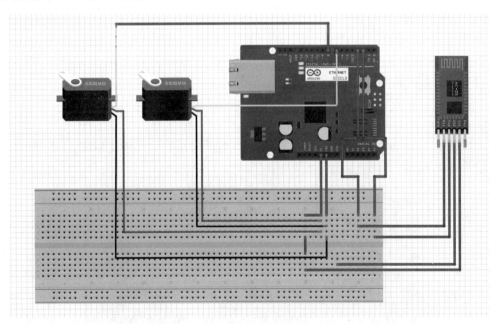

图 11-5　HC-06 与 Arduino 开发板连线图

2. 相关代码

```
# include < SoftwareSerial. h >
int select = 0;
SoftwareSerial BT(2,3);                        //新建对象,接收引脚为 2,发送引脚为 3
void setup(){
```

```
    Serial.begin(9600);                //初始化串口通信,并将波特率设置为9600
    BT.begin(9600);                    //设置波特率
}
void loop(){
if (BT.available())
{
      val = BT.read();
      if(val == 'a')
{
      select = 'a';
      }
      if(val == 'b')
{
      select = 'b';
      }
      if(val == 'c'){
      select = 'c';
      }
      if(val == 'd'){
      select = 'd';
      }
    }
}                                       //进行模式选择
```

11.3 产品展示

整体外观如图 11-6 所示,右边为两个舵机,对应旋转部分;右下角 HC-SR501 是感应部分;下方为 Arduino 开发板;最上方是 HC-06 蓝牙模块。元件固定如图 11-7 所示,主体效果如图 11-8 所示。

图 11-6　整体外观图

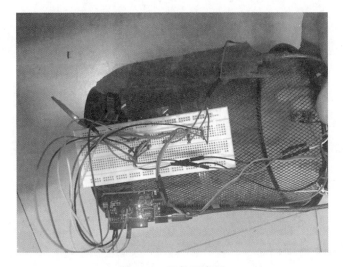

图 11-7 元件固定图

图 11-8 主体效果图

11.4 元件清单

完成本项目所用到的元件及数量如表 11-2 所示。

表 11-2 元件清单

元件/测试仪表	数 量
HC-SR501	1 个
Arduino 开发板	1 个
SG90	2 个
导线	若干
HC-06 模块	1 个
普通垃圾桶	1 个
自制桶盖	1 个

第 12 章

空中鼠项目设计

本项目基于 Arduino 平台设计一款可以摆脱平面束缚的鼠标——空中鼠。

12.1 功能及总体设计

本项目由 ADXL345 多轴加速度传感器和 Arduino 开发板构成,通过加速度传感器接收数据并传递给 Arduino 开发板控制鼠标的移动,鼠标微动用于模拟鼠标的左右按键,而自锁开关则用于控制鼠标工作与否。此时的鼠标还未经过校准,意味着鼠标无法被精准控制,于是通过电位器与传感器的连接,调整各轴的初始参数,使得使用者水平拿着鼠标不动时,屏幕上的鼠标也正好静止,将调整好的参数放到主程序上即可正常使用。

要实现上述功能需将作品分成两部分设计,即输入部分和控制部分。输入部分是将传感器的数据进行采集,控制部分是通过 Arduino 开发板完成计算机的鼠标控制。

1. 整体框架图

整体框架如图 12-1 所示。

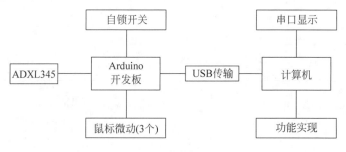

图 12-1　整体框架图

2. 系统流程图

系统流程如图 12-2 所示。

本章根据张景宁、陈靖涵项目设计整理而成。

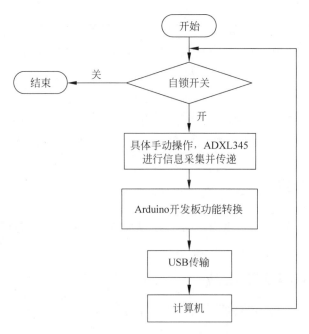

图 12-2 系统流程图

3. 总电路图

总电路如图 12-3 所示，引脚连线如表 12-1 所示。

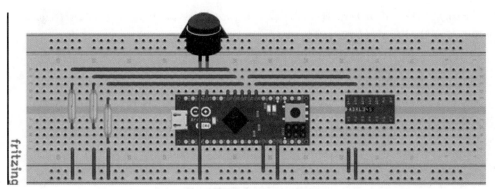

图 12-3 总电路图

表 12-1 引脚连线表

元件及引脚名		Arduino 开发板引脚
ADXL345	SDA	2
	SCL	3
	5V	VCC
	GND	GND

续表

元件及引脚名		Arduino 开发板引脚
按键	鼠标微动(左键)	5
	鼠标微动(右键)	4
	鼠标微动(连点)	6
	自锁开关	1
	所有按键负极	GND

12.2 模块介绍

本项目主要包括 ADXL345 模块和主程序模块。下面分别给出各模块的功能介绍及相关代码。

12.2.1 ADXL345 模块

本部分包括 ADXL345 模块的功能介绍及相关代码。

1. 功能介绍

ADXL345 是一款小而薄的超低功耗三轴加速度计,分辨率高(13 位),测量范围达 $\pm16g$。数字输出数据为 16 位二进制补码格式,可通过 SPI(3 线、4 线)或 I2C 数字引脚访问。ADXL345 非常适合移动设备应用。它可以在倾斜检测应用中测量静态重力加速度,还可以测量运动或冲击导致的动态加速度。其高分辨率(3.9mg/LSB),能够测量小于 $1.0°$ 的倾斜角度变化,引脚如图 12-4 所示。

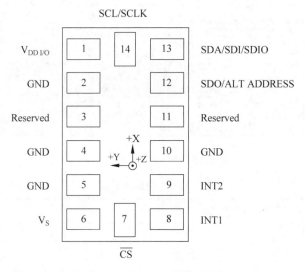

图 12-4 ADXL345 模块引脚图

2．调试过程及相关代码

准备过程：因为原始版本的 Arduino IDE 库中并不包含 mousepress.h，所以先将
mousepress.h 文件放进 Arduino for Microduino\libraries。将电路按照图 12-5 所示连接，
需要一个电位器，电位器中间引脚接 A0。

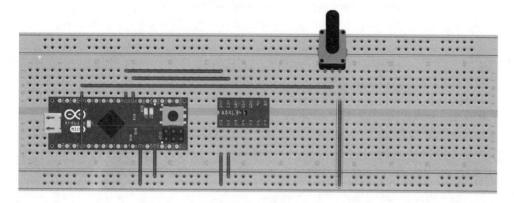

图 12-5　校准电路连接图

校准过程：程序校准。

```
//第一部分：校准函数
  void calibrationXYZ( char _axis,int _pin ){
    switch ( _axis ){
      case 'X':
        Serial.print( "X = " );
        Serial.println(X/256.00);
        if( !digitalRead( _pin )){
          A0read = map(analogRead( A0 ),0,1023,0,255);
          WireWrite( ADXAddressR, OFSX,A0read );
          Serial.print("OFS X :");
          Serial.println(WireRead( ADXAddressR, OFSX ));
        }
        break;
      case 'Y':
        Serial.print( "Y = " );
        Serial.println(Y/256.00);
        if( !digitalRead( _pin )){
          A0read = map(analogRead( A0 ),0,1023,0,255);
          WireWrite( ADXAddressR, OFSY,A0read );
          Serial.print("OFS Y :");
          Serial.println(WireRead( ADXAddressR, OFSY ));
        }
        break;
      case 'Z':
        Serial.print( "Z = " );
```

```
            Serial.println(Z/256.00);
            if( !digitalRead( _pin )){
              A0read = map(analogRead( A0 ),0,1023,0,255);
              WireWrite( ADXAddressR, OFSZ,A0read );
              Serial.print("OFS Z :");
              Serial.println(WireRead( ADXAddressR, OFSZ ));
            }
            break;
        }
    }
//第二部分: wire.h,Arduino 和 I2C 设备通信使用的(SCLK DIN RCLK)
int WireRead( int _Address,byte _DATA ){
  Wire.beginTransmission(_Address >> 1);
  Wire.write(_DATA);
  Wire.endTransmission(true);
  Wire.requestFrom(_Address >> 1,1);
  if(Wire.available()> 0){
    return Wire.read();
  }
}
int WireRead2( int _Address,byte _DATA0, byte _DATA1 ){
  Wire.beginTransmission(_Address >> 1);
  Wire.write(_DATA0);
  Wire.write(_DATA1);
  Wire.endTransmission(true);
  Wire.requestFrom(_Address >> 1,2);
  if(Wire.available()> 0){
    int data0 = Wire.read();
    int data1 = Wire.read()<< 8;
    return data1 + data0;
  }
}
void WireWrite( int _Address, byte _DATA, byte _canShu ){
  Wire.beginTransmission(_Address >> 1);
  Wire.write(_DATA);
  Wire.write(_canShu);
  Wire.endTransmission(true);
}
//第三部分: 偏移校准,需要外接一个电位器
# include < Wire.h >                          //调用 Arduino 开发板自带的 I2C 库文件
# define DEVID          0x00
# define THRESH_TAP     0x1D
# define OFSX           0x1E
# define OFSY           0x1F
# define OFSZ           0x20
# define DUR            0x21
# define Latent         0x22
```

```
#define Window              0x23
#define THRESH_ACT          0x24
#define THRESH_INACT        0x25
#define TIME_INACT          0x26
#define ACT_INACT_CTL       0x27
#define THRESH_FF           0x28
#define TIME_FF             0x29
#define TAP_AXES            0x2A
#define ACT_TAP_STATUS      0x2B
#define BW_RATE             0x2C
#define POWER_CTL           0x2D
#define INT_ENABLE          0x2E
#define INT_MAP             0x2F
#define INT_SOURCE          0x30
#define DATA_FORMAT         0x31
#define DATAX0              0x32
#define DATAX1              0x33
#define DATAY0              0x34
#define DATAY1              0x35
#define DATAZ0              0x36
#define DATAZ1              0x37
#define FIFO_CTL            0x38
#define FIFO_STATUS         0x39
#define ADXAddressR         0xA7
#define ADXAddressW         0xA6
double X,Y,Z;
unsigned long Time;
int A0read;
void setup(){
  Wire.begin();                          //初始化 I2C
  Serial.begin( 9600 );
  pinMode( 10, INPUT_PULLUP );
  pinMode( 9, INPUT_PULLUP );
  pinMode( 8, INPUT_PULLUP );
  Time = millis();
  WireWrite( ADXAddressR, POWER_CTL,B00001000 );
  WireWrite( ADXAddressR, THRESH_TAP,B00000000 );
  WireWrite( ADXAddressR, OFSX,B00000101 );
  WireWrite( ADXAddressR, OFSY,B11100001 );
  WireWrite( ADXAddressR, OFSZ,B00000000 );
  WireWrite( ADXAddressR, DUR,B00000000 );
  WireWrite( ADXAddressR, Latent,B00000000 );
  WireWrite( ADXAddressR, Window,B00000000 );
  WireWrite( ADXAddressR, THRESH_ACT,B00000000 );
  WireWrite( ADXAddressR, THRESH_INACT,B00000000 );
```

```
    WireWrite( ADXAddressR, TIME_INACT,B00000000 );
    WireWrite( ADXAddressR, ACT_INACT_CTL,B00000000 );
    WireWrite( ADXAddressR, THRESH_FF,B00000000 );
    WireWrite( ADXAddressR, TIME_FF,B00000000 );
    WireWrite( ADXAddressR, TAP_AXES,B00000000 );
    WireWrite( ADXAddressR, BW_RATE,B00001010 );
    WireWrite( ADXAddressR, INT_ENABLE,B00000000 );
    WireWrite( ADXAddressR, INT_MAP,B00000000 );
    WireWrite( ADXAddressR, DATA_FORMAT,B00001000 );
    WireWrite( ADXAddressR, FIFO_CTL,B00000000 );
}
void loop(){
// -------------- 读取数据 ---------------------- //
  X = WireRead2( ADXAddressR, DATAX0,DATAX1);
  Y = WireRead2( ADXAddressR, DATAY0,DATAY1);
  Z = WireRead2( ADXAddressR, DATAZ0,DATAZ1);
// ---------- 偏移校准 ----------------------------- //
  if( millis() - Time > 500 ){
    Serial.print("X :");
    Serial.println( X/256.00 );
    Serial.println(WireRead( ADXAddressR, OFSX ));
    Serial.print("Y :");
    Serial.println( Y/256.00 );
    Serial.println(WireRead( ADXAddressR, OFSY ));
    //calibrationXYZ()函数的第一个参数是读取哪个轴(char型)
    //第二个参数是控制用的输入引脚(int型)
    //将电位器的中间引脚接 A0
    //将要校准轴的控制引脚接 GND,然后转动电位器
    calibrationXYZ( 'X',10 );              //引脚 10 接 GND 为校准 X 轴
    calibrationXYZ( 'Y',9 );               //引脚 9 接 GND 为校准 Y 轴
    calibrationXYZ( 'Z',8 );               //引脚 8 接 GND 为校准 Z 轴
    Time = millis();
  }
  // ---------- 偏移校准 ---------- //
}
```

12.2.2　主程序模块

本部分包括 Arduino 开发板的相关代码。

```
//第一部分: 速率函数
void speedo(){
    speedoPWMX = speedoX - (speedoX/100 * 100);
    speedoPWMY = speedoY - (speedoY/100 * 100);
    if( speedoPWMX == 0 ){
```

```
      speedoxVal = speedoX/100;
    }else{
      speedoxVal = speedoX/100 + 1;
    }
    if( speedoPWMY == 0 ){
      speedoyPos = speedoY/100;
    }else{
      speedoyPos = speedoY/100 + 1;
    }
    PWMGOX = speedoPWMX/speedoxVal + (speedoxVal - 1) * 100/speedoxVal;
    PWMGOY = speedoPWMY/speedoyPos + (speedoyPos - 1) * 100/speedoyPos;
    // * 100 要放在前面,否则会计算错误,因为 int 型变量做除法时会损失精度
    PWMSTOPX = 100 - PWMGOX;
    PWMSTOPY = 100 - PWMGOY;
}
//第二部分: wire.h, Arduino 开发板和 I2C 设备通信使用的(SCLK DIN RCLK)
// ------- 用 I2C 读取 1 个寄存器 -------------- //
int WireRead( int _Address,byte _DATA ){
  Wire.beginTransmission(_Address >> 1);
  Wire.write(_DATA);
  Wire.endTransmission(true);
  Wire.requestFrom(_Address >> 1,1);
  if(Wire.available()> 0){
    return Wire.read();                        //返回一个 8 位的数据
  }
}
// ------- 用 I2C 读取 1 个寄存器 -------------- //
// ------- 用 I2C 读取 2 个寄存器,用来读取 X、Y、Z 三轴加速度 -------------- //
int WireRead2( int _Address,byte _DATA0, byte _DATA1 ){
  Wire.beginTransmission(_Address >> 1);
  Wire.write(_DATA0);
  Wire.write(_DATA1);
  Wire.endTransmission(true);
  Wire.requestFrom(_Address >> 1,2);
  if(Wire.available()> 0 && Wire.available()<= 2){
    int data0 = Wire.read();
    int data1 = Wire.read()<< 8;
    return data1 + data0;                      //返回一个 16 位的数据
  }
}
// ------- 用 I2C 读取 2 个寄存器,用来读取 X、Y、Z 三轴加速度 -------------- //
// ------- 用 I2C 写入 1 个寄存器 -------------- //
void WireWrite( int _Address, byte _DATA, byte _canShu ){
  Wire.beginTransmission(_Address >> 1);
  Wire.write(_DATA);
```

```
    Wire.write(_canShu);
    Wire.endTransmission(true);
}
//-------- 用 I2C 写入 1 个寄存器 -------------- //
//第三部分：主函数
# include < mousePress.h >
# include < mouseWheel.h >
# include < Mouse.h >
# include < Keyboard.h >
const byte LEFT_BUTTON = 5;
const byte RIGHT_BUTTON = 4;
const byte CLICK = 6;
const byte END = 10;
int clickSpeedo = 200;
MousePress myMouseLeft( LEFT_BUTTON, 1 );
MousePress myMouseRight( RIGHT_BUTTON, 2 );
MouseWheel mywheel(9,8);
/** ------------------- 使用 ADXL345 制作体感控制鼠标 ----------------- ** /
# include < Wire.h >
/* ---------------------- ADXL345 寄存器地址 --------------------- * /
# define DEVID          0x00          //只读 == 291
# define OFSX           0x1E          //B00000101
# define OFSY           0x1F          //B11100001
# define BW_RATE        0x2C          //设置为 B00001011
# define POWER_CTL      0x2D          //设置为 B00001000
# define DATA_FORMAT    0x31          //设置为 B01000000
# define DATAX0         0x32          //只读
# define DATAX1         0x33          //只读
# define DATAY0         0x34          //只读
# define DATAY1         0x35          //只读
# define DATAZ0         0x36          //只读
# define DATAZ1         0x37          //只读
# define ADXAddressR    0xA7
/* --------------------- 控制鼠标指针方向和加速度 --------------- * /
boolean up,down,left,right;
byte x = 0,y = 0,xVal = 0,yPos = 0,wheel = 0;
int x345,y345,x345old,y345old, value345X = 30,value345Y = 30;        //倾斜阈值
int inclineX = 0, inclineY = 0,
    speedoX,speedoY,                          //用来控制 Mouse.move()函数 X、Y 值
    speedoxVal,speedoyPos,
    speedoPWMX,speedoPWMY,
    PWMGOX, PWMSTOPX,
    PWMGOY, PWMSTOPY;
//int accelerationX = 1,accelerationY = 1,      //数值越大,DPI 越高,鼠标移动速度越快
//    accelerationValue = 4;                    //加速度阈值
```

```
//boolean valueAcceleration = true;              //控制 acceleration 产生加速度
//unsigned long ctrlAccelerationTime = 0;        //用来控制 acceleration 的时间变量,给鼠标产
                                                 //生加速度
boolean valuePWMX = true, valuePWMY = false;
//PWM 控制鼠标速度的一个变量,用来切换鼠标"走"和"停"
unsigned long ctrlMouseTimeX = 0, ctrlMouseTimeY = 0;
//PWM 控制鼠标速度的一个控制变量
unsigned long startTime = 0,
              clickTime = 0;
void setup() {
  Wire.begin();                                  //初始化 I2C
  Serial.begin( 9600 );
  Mouse.begin();
  Keyboard.begin();
  WireWrite( ADXAddressR, DATA_FORMAT, B00001000 );
  WireWrite( ADXAddressR, POWER_CTL, B00001000 );
  WireWrite( ADXAddressR, BW_RATE, B00001011 );
  WireWrite( ADXAddressR, OFSX, B00110010 );     //50 左手
  WireWrite( ADXAddressR, OFSY, B00000000 );     //0 左手
  ctrlMouseTimeX = micros();
  ctrlMouseTimeY = micros();
  //ctrlAccelerationTime = millis();
  clickTime = millis();
  startTime = millis();
  pinMode( END, INPUT_PULLUP );
  pinMode( CLICK, INPUT_PULLUP );
}
void loop() {
  if( micros()> 4294967295 - 10000 ){            //防止 micros()溢出
    ctrlMouseTimeX = micros();
    ctrlMouseTimeY = micros();
    Serial.println("reset");
  }else{
  if( !digitalRead(END) ){
    Mouse.end();
    delay(1000);
  }else{
//---------- 读取 ADXL345 的 X、Y 值 ---------------- //
  y345 = - WireRead2( ADXAddressR, DATAX0, DATAX1);
  x345 = WireRead2( ADXAddressR, DATAY0, DATAY1);
  if(x345 < 0)
    x345 *= 1.5;
  if(y345 > 0)
    y345 *= 1.5;
  speedoX = constrain(pow(abs(x345),2)/100,0,12700);
```

```
      speedoY = constrain(pow(abs(y345),2)/100,0,12700);
      speedo(); //通过 speedo 将倾角计算成 xval、ypos 和 PWM
//----------- 判断上下左右 --------------------- //
   if( x345 > value345X ){
     x = - speedoxVal;
   }else if( x345 < - value345X ){
     x = speedoxVal;
   }else
     x = 0;
   if( y345 > value345Y ){
     y = - speedoyPos;
   }else if( y345 < - value345Y ){
     y = speedoyPos;
   }else
     y = 0;
//左键右键连击
   myMouseLeft.press_mouse();
   myMouseRight.press_mouse();
   wheel = mywheel.read_wheel();
   if( millis() - clickTime > clickSpeedo ){
     if(!digitalRead(CLICK))
       Mouse.click();
     clickTime = millis();
   }
//---------- 串口监视器显示 ADXL345 的 X、Y 值 ---------------- //
   if( millis() - startTime > 200 ){
     Serial.print( " X = " );
     Serial.print( x345 );
     Serial.print( " Y = " );
     Serial.println( y345 );
     Serial.print( " speedoX = " );
     Serial.print( speedoX );
     Serial.print( " speedoY = " );
     Serial.println( speedoY );
     //Serial.print( " accelerationX = " );
     //Serial.print( accelerationX );
     //Serial.print( " accelerationY = " );
     //Serial.println( accelerationY );
     startTime = millis();
   }
//----------- PWM 控制鼠标速度 ---------------- //
   if( (micros() - ctrlMouseTimeX >= PWMSTOPX * 80)         //"停"
       && valuePWMX == true){
     ctrlMouseTimeX = micros();
     valuePWMX = ! valuePWMX;
```

```
      xVal = x;
    }else if ( (micros() - ctrlMouseTimeX >= PWMGOX * 80)      //"走"
               && valuePWMX == false ){
      ctrlMouseTimeX = micros();
      valuePWMX = ! valuePWMX;
      xVal = 0;
    }
    if( (micros() - ctrlMouseTimeY >= PWMSTOPY * 80)           //"停"
        && valuePWMY == true){
      ctrlMouseTimeY = micros();
      valuePWMY = ! valuePWMY;
      yPos = y;
    }else if ( (micros() - ctrlMouseTimeY >= PWMGOY * 80)      //"走"
               && valuePWMY == false ){
      ctrlMouseTimeY = micros();
      valuePWMY = ! valuePWMY;
      yPos = 0;
    }
// ---------- 最后是控制鼠标的函数 ---------- //
    Mouse.move( xVal ,yPos ,wheel );
// ------------ 计算加速度 ---------- //
//   if( millis() - ctrlAccelerationTime > 10){
//     if( valueAcceleration ){                           //每隔10ms记录一次old
//       x345old = x345;
//       y345old = y345;
//       valueAcceleration = ! valueAcceleration;
//     }else if ( valueAcceleration == false ){           //每隔10ms计算一次加速度
//       accelerationX = abs(x345 - x345old);
//       accelerationY = abs(y345 - y345old);
//       if( accelerationX < 2 )
//         accelerationX = 2;
//       if( accelerationY < 2 )
//         accelerationY = 2;
//       if( accelerationX > 5 )
//         accelerationX = 5;
//       if( accelerationY > 5 )
//         accelerationY = 5;
//       valueAcceleration = ! valueAcceleration;
//     }
//     ctrlAccelerationTime = millis();
//   }
    }
   }
}
```

12.3 产品展示

整体外观如图 12-6 所示。

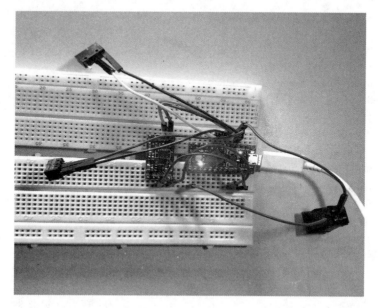

图 12-6　整体外观图

12.4 元件清单

完成本项目所用到的元件及数量如表 12-2 所示。

表 12-2　元件清单

元件/测试仪表	数　量
Arduino 开发板	1 个
ADXL345	1 个
鼠标微动	3 个
自锁开关	1 个
杜邦线	若干
面包板	2 个

第 13 章

解魔方项目设计

本项目基于 Arduino 开发板制作一款可以自己解魔方的机器人。

13.1 功能及总体设计

本项目通过串口通信将算出的解法传输到 Arduino 开发板,然后通过不同颜色 LED 的亮灭,直观呈现出魔方的还原步骤。主要操作方法是模拟人的大脑和手,对任意状态的三阶魔方生成还原步骤,人们根据计算机输出的步骤或者 LED 的提示,一步一步还原魔方。在条件允许的情况下,直接加机械臂模拟人手,实现完全自动化还原魔方机器。

要实现上述功能需将作品分成四部分设计,即输入部分、处理部分、传输部分和输出部分。输入部分由于未能解决图片格式的自动转化,故直接用 txt 文件输入魔方颜色;处理部分主要通过 C++ 程序实现,处理输入的文件,并输出解法在新的文件中;传输部分选用串口通信软件实现;输出部分使用 Arduino 开发板和 LED 实现。

1. 整体框架图

整体框架如图 13-1 所示。

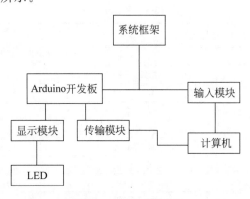

图 13-1　整体框架图

本章根据康杰、陈涵瑜项目设计整理而成。

2．系统流程图

系统流程如图 13-2 所示。

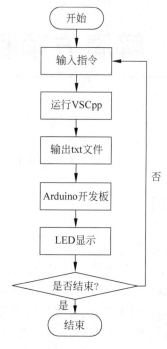

图 13-2 系统流程图

3．总电路图

总电路如图 13-3 所示，引脚连线如表 13-1 所示。LED 从左到右 1～6 表示魔方六个面的中心块颜色，7～9 分别表示顺时针转 90°/旋转 180°/逆时针转 90°。

表 13-1 引脚连线表

元件及引脚名		Arduino 开发板引脚
LED	白 1 正极	4
	红 2 正极	5
	黄 3 正极	6
	橙 4 正极	7
	绿 5 正极	8
	蓝 6 正极	9
	红 7 正极	10
	绿 8 正极	11
	蓝 9 正极	12
	LED 负极	均通过 150Ω 电阻接 GND

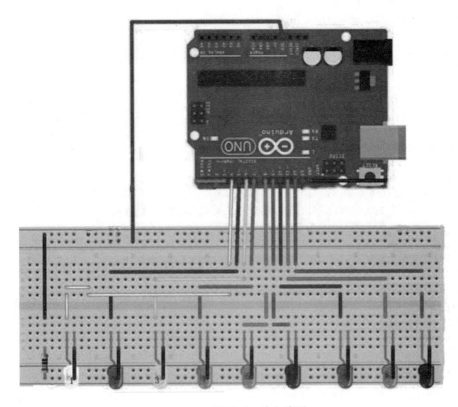

图 13-3 总电路图

13.2 模块介绍

本项目主要包括主程序模块、串口通信模块和输出模块。下面分别给出各模块的功能介绍及相关代码。

13.2.1 主程序模块

本部分包括主程序模块的功能介绍及相关代码。

1. 功能介绍

主程序模块主要是对输入的指令(魔方六个面的状态)进行处理,并生成魔方还原的步骤保存在 txt 文件中,此部分主要由 C++代码实现,编译环境为 Visual Studio,没有硬件部分。魔方还原部分是采用 Kociemba 算法,可以得到 20 步内的还原步骤。

2. 相关代码

```
# include < iostream >
# include < string >
# include < cstring >
```

```cpp
# include < vector >
# include < map >
# include < queue >
# include < algorithm >
# include < cstdio >
using namespace std;
char cube[9][12];                                     //cube[x][y] 存储 9 行 12 列的颜色展开图
const int
//展开图中 6 个面填色的起始位置,0～5 分别为 GWORYB
start_x[6] = { 3,0,3,3,6,3 },
start_y[6] = { 3,3,0,6,3,9 },
//代表颜色与位置信息的关系
edge_x[24] = { 2,3,1,3,0,3 ,1,3, 6,5,7,5,8,5, 7,5,4,4,4,4, 4,4 ,4 },
edge_y[24] = { 4,4,5,7,4,10,3,1, 4,4,5,7,4,10,3,1,5,6,3,2,9, 8,11,0 },
apex_x[24] = { 2,3,3,0,3,3, 0,3, 3,2,3,6,5, 5,6,5,5,8,5,5, 8,5 ,5 },
apex_y[24] = { 5,5,6,5,8,9, 3,11,0,3,2,3,5,6, 5,3,3,2,3,0,11,5,9 ,8 };
int func(char ch)
{
    //对应 start_x/start_y 中的颜色顺序
    if (ch == 'W')
        return 1;
    if (ch == 'G')
        return 0;
    if (ch == 'O')
        return 2;
    if (ch == 'R')
        return 3;
    if (ch == 'B')
        return 5;
    if (ch == 'Y')
        return 4;
    return 0;
}
char convert(char ch)
{
    //将展开图中的颜色转换为前后左右等位置信息
    //例如,白色为 U,形如 cube[9][12]
    if (ch == 'W')
        return 'U';
    if (ch == 'G')
        return 'F';
    if (ch == 'O')
        return 'L';
    if (ch == 'R')
        return 'R';
    if (ch == 'B')
        return 'B';
```

```
    if (ch == 'Y')
        return 'D';
    return 0;
}
typedef vector < int > vi;
int applicableMoves[] = { 0, 262143, 259263, 74943, 74898 };
int affectedCubies[][8] =
{
    { 0, 1, 2, 3, 0, 1, 2, 3 },          //U 代表上
    { 4, 7, 6, 5, 4, 5, 6, 7 },          //D 代表下
    { 0, 9, 4, 8, 0, 3, 5, 4 },          //F 代表前
    { 2, 10, 6, 11, 2, 1, 7, 6 },        //B 代表后
    { 3, 11, 7, 9, 3, 2, 6, 5 },         //L 代表左
    { 1, 8, 5, 10, 1, 0, 4, 7 },         //R 代表右
};
vi applyMove( int move, vi state)
{
    int turns = move % 3 + 1;
    int face = move/3;
    while ( turns -- )
    {
        vi oldState = state;
        for ( int i = 0; i < 8; i++)
        {
        int isCorner = i > 3;
        int target = affectedCubies[ face][ i] + isCorner * 12;
        int killer = affectedCubies[ face][ ( i & 3) == 3 ? i - 3 : i + 1] + isCorner * 12;
        int orientationDelta = ( i < 4) ? ( face > 1 && face < 4) : ( face < 2) ? 0 : 2 - ( i & 1);
        state[ target] = oldState[ killer];
        state[ target + 20] = oldState[ killer + 20] + orientationDelta;
        if (! turns)
            state[ target + 20] %= 2 + isCorner;
        }
    }
    return state;
}
int inverse( int move)
{
    return move + 2 - 2 * ( move % 3);
}
int phase;
vi id( vi state)
{
    if ( phase < 2)
        return vi( state. begin() + 20, state. begin() + 32);
    if ( phase < 3)
    {
```

```
                vi result(state.begin() + 31, state.begin() + 40);
                for (int e = 0; e < 12; e++)
                    result[0] |= (state[e]/8)<< e;
                return result;
            }
            if (phase < 4)
            {
                vi result(3);
                for (int e = 0; e < 12; e++)
                    result[0] |= ((state[e]>7) ? 2 : (state[e] & 1))<<(2 * e);
                for (int c = 0; c < 8; c++)
                    result[1] |= ((state[c + 12] - 12) & 5)<<(3 * c);
                for (int i = 12; i < 20; i++)
                    for (int j = i + 1; j < 20; j++)
                        result[2] ^= state[i]> state[j];
                return result;
            }
            return state;
        }
        int main()
        {
            //输入从文件读取,魔方按 cube[9][12]展开,每个面用 RBGYWO 的 3 * 3 矩阵表示,6 个矩阵
            freopen("CUBE_STATE.txt", "r", stdin);
            //输出到文件可直接作为 command 给 Arduino 开发板执行
            freopen("SOLUTION.txt", "w", stdout);
            memset(cube, 0, sizeof(cube));
            //储存一个面的 3 * 3 矩阵
            string tmp[3];
            for (int ii = 0; ii < 6; ii++)          //执行 6 次,读取 6 个面的 3 * 3 矩阵
            {
                for (int jj = 0; jj < 3; jj++)      //读取一个矩阵的三行
                    cin >> tmp[jj];
                //tmp[1][1]记录中心块颜色,从而确定这一面的颜色和在展开图中的相对位置
                int q = func(tmp[1][1]);
                //将 tmp 中的信息转存到 cube[9][12]展开图中
                for (int i = 0; i < 3; i++)
                    for (int j = 0; j < 3; j++)
                        cube[start_x[q] + i][start_y[q] + j] = tmp[i][j];
            }
            //argv[1 - 20]存储魔方的状态,值为上下左右等
            string argv[21];
            //后面通过 += 写入数据,务必先初始化置为空
            for (int i = 0; i < 21; i++)
                argv[i] = "";
            //代表向 argv[index]写入数据
            int index = 1;
            for (int i = 0; i < 24; i++)
```

```
{
    //把颜色信息转换成位置信息
    argv[index] += convert(cube[edge_x[i]][edge_y[i]]);
    //前12组表示棱的位置,每组两个,表示上下左右等
    if (i % 2 == 1)
        index++;
}
for (int i = 0; i < 24; i++)
{
    //把颜色信息转换成位置信息
    argv[index] += convert(cube[apex_x[i]][apex_y[i]]);
    //后8组表示角的位置,每组三个,表示上下左右前后等
    if (i % 3 == 2 && i != 23)
        index++;
}
//定义目标操作
string goal[] = { "UF", "UR", "UB", "UL", "DF", "DR", "DB", "DL", "FR", "FL", "BR", "BL",
    "UFR", "URB", "UBL", "ULF", "DRF", "DFL", "DLB", "DBR" };
//准备当前状态和目标状态
vi currentState(40), goalState(40);
for (int i = 0; i < 20; i++)
{
    //目标状态
    goalState[i] = i;
    //当前状态
    string cubie = argv[i + 1];
    while ((currentState[i] = find(goal, goal + 20, cubie) - goal) == 20)
    {
        cubie = cubie.substr(1) + cubie[0];
        currentState[i + 20]++;
    }
}
while (++phase < 5)
{
    //--- 计算当前和目标状态ID,如果相等则跳过
    vi currentId = id(currentState), goalId = id(goalState);
    if (currentId == goalId)
        continue;
    //--- 初始化队列
    queue < vi > q;
    q.push(currentState);
    q.push(goalState);
    //--- 初始化表格
    map < vi, vi > predecessor;
    map < vi, int > direction, lastMove;
    direction[currentId] = 1;
    direction[goalId] = 2;
```

```
while (1)
{
    //从队列中获取状态,计算 ID 值及方向
    vi oldState = q.front();
    q.pop();
    vi oldId = id(oldState);
    int& oldDir = direction[oldId];
    //应用所有步骤并处理新状态
    for (int move = 0; move < 18; move++)
    {
        if (applicableMoves[phase] & (1 << move))
        {
            vi newState = applyMove(move, oldState);
            vi newId = id(newState);
            int& newDir = direction[newId];
            if (newDir && newDir != oldDir)
            {
                if (oldDir > 1)
                {
                    swap(newId, oldId);
                    move = inverse(move);
                }
                vi algorithm(1, move);
                while (oldId != currentId)
                {
                    algorithm.insert(algorithm.begin(),
                    lastMove[oldId]);
                    oldId = predecessor[oldId];
                }
                while (newId != goalId)
                {
                    algorithm.push_back(inverse(lastMove[newId]));
                    newId = predecessor[newId];
                }
                for (int i = 0; i < (int)algorithm.size(); i++)
                {
            cout << "UDFBLR"[algorithm[i]/3] << algorithm[i] % 3 + 1;
            currentState = applyMove(algorithm[i], currentState);
                }
                goto nextPhasePlease;
            }
            if (!newDir)
            {
                q.push(newState);
                newDir = oldDir;
```

```
                            lastMove[newId] = move;
                            predecessor[newId] = oldId;
                        }
                    }
                }
            }
        nextPhasePlease:
            ;
        }
        return 0;
}
```

13.2.2 串口通信模块

主程序模块生成并保存在 txt 文件中代表魔方还原步骤的字符串,通过串口通信软件传输到 Arduino 开发板。编译程序使开发板软串口收到指定字符,并等待开关按下时开发板执行输出模块。串口通信软件如图 13-4 所示。

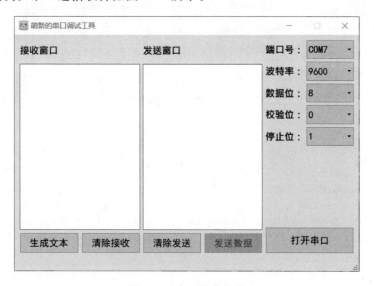

图 13-4 串口通信软件

13.2.3 输出模块

本部分包括输出模块的功能介绍及相关代码。

1. 功能介绍

输出模块主要是将还原魔方的步骤,通过 Arduino 开发板控制彩灯亮灭,并逐步展示出来,其中白、红、黄、橙、绿、蓝六色 LED 模拟魔方六个面的中心块颜色,用右边另外 3 个 LED 红、绿、蓝分别代表顺时针 $90°$、旋转 $180°$ 和逆时针 $90°$。元件包括 9 个 LED、2 个 150Ω

电阻、Arduino 开发板和导线若干,电路如图 13-5 所示。

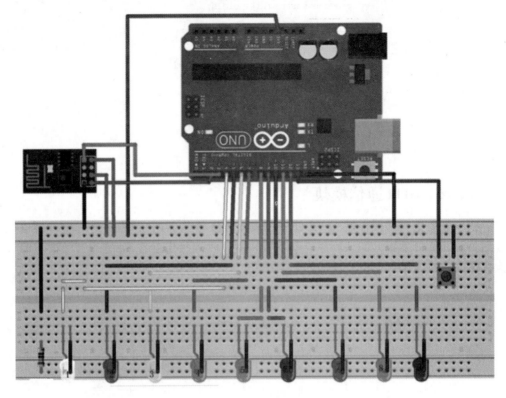

图 13-5　输出电路原理图

2. 相关代码

```
#include<SoftwareSerial.h>
SoftwareSerial mySerial(2, 3);                    //定义 ESP8266 的引脚 RX 和 TX
int LDW = 4, LDR = 5, LDY = 6, LDO = 7, LDG = 8, LDB = 9;   //定义 LED 代表魔方的 6 个面
int cw1 = 10, cw2 = 11, cw3 = 12;                 //定义 LED 代表魔方的转动方向
int button = 13;                                  //定义按钮
char data;
void setup(){
  Serial.begin(9600);                             //初始化串口通信,并将波特率设置为 9600
  while (!Serial);                                //等待串口通信
  mySerial.begin(4800);                           //初始化网络通信,并将波特率设置为 4800
  pinMode(LDW,OUTPUT);digitalWrite(LDW,LOW);      //初始化 LED
  pinMode(LDR,OUTPUT);digitalWrite(LDR,LOW);
  pinMode(LDY,OUTPUT);digitalWrite(LDY,LOW);
  pinMode(LDO,OUTPUT);digitalWrite(LDO,LOW);
  pinMode(LDG,OUTPUT);digitalWrite(LDG,LOW);
  pinMode(LDB,OUTPUT);digitalWrite(LDB,LOW);
  pinMode(cw1,OUTPUT);digitalWrite(cw1,LOW);
```

```
        pinMode(cw2,OUTPUT);digitalWrite(cw2,LOW);
        pinMode(cw3,OUTPUT);digitalWrite(cw3,LOW);
        pinMode(button,INPUT);                    //初始化开关
}
void loop(){
    if (mySerial.available()){                    //ESP8266收到信号
        data = mySerial.read();                   //读取信号
        Serial.write(data);                       //将ESP8266收到的信号发送到Arduino开发板
        if(data == 'W'){                          //当开关为低电平时输出魔方的白色面顺时针转动90°
            while(digitalRead(button) == HIGH);
            digitalWrite(LDW,LOW);
            digitalWrite(LDR,LOW);
            digitalWrite(LDY,LOW);
            digitalWrite(LDO,LOW);
            digitalWrite(LDG,LOW);
            digitalWrite(LDB,LOW);
            digitalWrite(cw1,LOW);
            digitalWrite(cw2,LOW);
            digitalWrite(cw3,LOW);
            delay(600);
            digitalWrite(LDW,HIGH);
            digitalWrite(cw1,HIGH);
        }
        else if(data == 'x'){                     //当开关为低电平时输出魔方的白色面转动180°
            while(digitalRead(button) == HIGH);
            digitalWrite(LDW,LOW);
            digitalWrite(LDR,LOW);
            digitalWrite(LDY,LOW);
            digitalWrite(LDO,LOW);
            digitalWrite(LDG,LOW);
            digitalWrite(LDB,LOW);
            digitalWrite(cw1,LOW);
            digitalWrite(cw2,LOW);
            digitalWrite(cw3,LOW);
            delay(600);
            digitalWrite(LDW,HIGH);
            digitalWrite(cw2,HIGH);
        }
        else if(data == 'w'){                     //当开关为低电平时输出魔方的白色面逆时针转动90°
            while(digitalRead(button) == HIGH);
            digitalWrite(LDW,LOW);
            digitalWrite(LDR,LOW);
            digitalWrite(LDY,LOW);
            digitalWrite(LDO,LOW);
            digitalWrite(LDG,LOW);
            digitalWrite(LDB,LOW);
            digitalWrite(cw1,LOW);
```

```
    digitalWrite(cw2,LOW);
    digitalWrite(cw3,LOW);
    delay(600);
    digitalWrite(LDW,HIGH);
    digitalWrite(cw3,HIGH);
  }
  else if(data == 'R'){              //当开关为低电平时输出魔方的红色面顺时针转动90°
    while(digitalRead(button) == HIGH);
    digitalWrite(LDW,LOW);
    digitalWrite(LDR,LOW);
    digitalWrite(LDY,LOW);
    digitalWrite(LDO,LOW);
    digitalWrite(LDG,LOW);
    digitalWrite(LDB,LOW);
    digitalWrite(cw1,LOW);
    digitalWrite(cw2,LOW);
    digitalWrite(cw3,LOW);
    delay(600);
    digitalWrite(LDR,HIGH);
    digitalWrite(cw1,HIGH);
  }
  else if(data == 's'){              //当开关为低电平时输出魔方的红色面转动180°
    while(digitalRead(button) == HIGH);
    digitalWrite(LDW,LOW);
    digitalWrite(LDR,LOW);
    digitalWrite(LDY,LOW);
    digitalWrite(LDO,LOW);
    digitalWrite(LDG,LOW);
    digitalWrite(LDB,LOW);
    digitalWrite(cw1,LOW);
    digitalWrite(cw2,LOW);
    digitalWrite(cw3,LOW);
    delay(600);
    digitalWrite(LDR,HIGH);
    digitalWrite(cw2,HIGH);
  }
  else if(data == 'r'){              //当开关为低电平时输出魔方的红色面逆时针转动90°
    while(digitalRead(button) == HIGH);
    digitalWrite(LDW,LOW);
    digitalWrite(LDR,LOW);
    digitalWrite(LDY,LOW);
    digitalWrite(LDO,LOW);
    digitalWrite(LDG,LOW);
    digitalWrite(LDB,LOW);
    digitalWrite(cw1,LOW);
    digitalWrite(cw2,LOW);
    digitalWrite(cw3,LOW);
```

```
    delay(600);
    digitalWrite(LDR,HIGH);
    digitalWrite(cw3,HIGH);
  }
  else if(data == 'Y'){                  //当开关为低电平时输出魔方的黄色面顺时针转动90°
    while(digitalRead(button) == HIGH);
    digitalWrite(LDW,LOW);
    digitalWrite(LDR,LOW);
    digitalWrite(LDY,LOW);
    digitalWrite(LDO,LOW);
    digitalWrite(LDG,LOW);
    digitalWrite(LDB,LOW);
    digitalWrite(cw1,LOW);
    digitalWrite(cw2,LOW);
    digitalWrite(cw3,LOW);
    delay(600);
    digitalWrite(LDY,HIGH);
    digitalWrite(cw1,HIGH);
  }
  else if(data == 'z'){                  //当开关为低电平时输出魔方的黄色面转动180°
    while(digitalRead(button) == HIGH);
    digitalWrite(LDW,LOW);
    digitalWrite(LDR,LOW);
    digitalWrite(LDY,LOW);
    digitalWrite(LDO,LOW);
    digitalWrite(LDG,LOW);
    digitalWrite(LDB,LOW);
    digitalWrite(cw1,LOW);
    digitalWrite(cw2,LOW);
    digitalWrite(cw3,LOW);
    delay(600);
    digitalWrite(LDY,HIGH);
    digitalWrite(cw2,HIGH);
  }
  else if(data == 'y'){                  //当开关为低电平时输出魔方的黄色面逆时针转动90°
    while(digitalRead(button) == HIGH);
    digitalWrite(LDW,LOW);
    digitalWrite(LDR,LOW);
    digitalWrite(LDY,LOW);
    digitalWrite(LDO,LOW);
    digitalWrite(LDG,LOW);
    digitalWrite(LDB,LOW);
    digitalWrite(cw1,LOW);
    digitalWrite(cw2,LOW);
    digitalWrite(cw3,LOW);
    delay(600);
    digitalWrite(LDY,HIGH);
```

```
          digitalWrite(cw3,HIGH);
      }
      else if(data == 'O'){                    //当开关为低电平时输出魔方的橙色面顺时针转动90°
          while(digitalRead(button) == HIGH);
          digitalWrite(LDW,LOW);
          digitalWrite(LDR,LOW);
          digitalWrite(LDY,LOW);
          digitalWrite(LDO,LOW);
          digitalWrite(LDG,LOW);
          digitalWrite(LDB,LOW);
          digitalWrite(cw1,LOW);
          digitalWrite(cw2,LOW);
          digitalWrite(cw3,LOW);
          delay(600);
          digitalWrite(LDO,HIGH);
          digitalWrite(cw1,HIGH);
      }
      else if(data == 'p'){                    //当开关为低电平时输出魔方的橙色面转动180°
          while(digitalRead(button) == HIGH);
          digitalWrite(LDW,LOW);
          digitalWrite(LDR,LOW);
          digitalWrite(LDY,LOW);
          digitalWrite(LDO,LOW);
          digitalWrite(LDG,LOW);
          digitalWrite(LDB,LOW);
          digitalWrite(cw1,LOW);
          digitalWrite(cw2,LOW);
          digitalWrite(cw3,LOW);
          delay(600);
          digitalWrite(LDO,HIGH);
          digitalWrite(cw2,HIGH);
      }
      else if(data == 'o'){                    //当开关为低电平时输出魔方的橙色面逆时针转动90°
          while(digitalRead(button) == HIGH);
          digitalWrite(LDW,LOW);
          digitalWrite(LDR,LOW);
          digitalWrite(LDY,LOW);
          digitalWrite(LDO,LOW);
          digitalWrite(LDG,LOW);
          digitalWrite(LDB,LOW);
          digitalWrite(cw1,LOW);
          digitalWrite(cw2,LOW);
          digitalWrite(cw3,LOW);
          delay(600);
          digitalWrite(LDO,HIGH);
          digitalWrite(cw3,HIGH);
      }
```

```
    else if(data == 'G'){                    //当开关为低电平时输出魔方的绿色面顺时针转动90°
        while(digitalRead(button) == HIGH);
        digitalWrite(LDW,LOW);
        digitalWrite(LDR,LOW);
        digitalWrite(LDY,LOW);
        digitalWrite(LDO,LOW);
        digitalWrite(LDG,LOW);
        digitalWrite(LDB,LOW);
        digitalWrite(cw1,LOW);
        digitalWrite(cw2,LOW);
        digitalWrite(cw3,LOW);
        delay(600);
        digitalWrite(LDG,HIGH);
        digitalWrite(cw1,HIGH);
    }
    else if(data == 'h'){                    //当开关为低电平时输出魔方的绿色面转动180°
        while(digitalRead(button) == HIGH);
        digitalWrite(LDW,LOW);
        digitalWrite(LDR,LOW);
        digitalWrite(LDY,LOW);
        digitalWrite(LDO,LOW);
        digitalWrite(LDG,LOW);
        digitalWrite(LDB,LOW);
        digitalWrite(cw1,LOW);
        digitalWrite(cw2,LOW);
        digitalWrite(cw3,LOW);
        delay(600);
        digitalWrite(LDG,HIGH);
        digitalWrite(cw2,HIGH);
    }
    else if(data == 'g'){                    //当开关为低电平时输出魔方的绿色面逆时针转动90°
        while(digitalRead(button) == HIGH);
        digitalWrite(LDW,LOW);
        digitalWrite(LDR,LOW);
        digitalWrite(LDY,LOW);
        digitalWrite(LDO,LOW);
        digitalWrite(LDG,LOW);
        digitalWrite(LDB,LOW);
        digitalWrite(cw1,LOW);
        digitalWrite(cw2,LOW);
        digitalWrite(cw3,LOW);
        delay(600);
        digitalWrite(LDG,HIGH);
        digitalWrite(cw3,HIGH);
    }
    else if(data == 'B'){                    //当开关为低电平时输出魔方的蓝色面顺时针转动90°
        while(digitalRead(button) == HIGH);
```

```
    digitalWrite(LDW,LOW);
    digitalWrite(LDR,LOW);
    digitalWrite(LDY,LOW);
    digitalWrite(LDO,LOW);
    digitalWrite(LDG,LOW);
    digitalWrite(LDB,LOW);
    digitalWrite(cw1,LOW);
    digitalWrite(cw2,LOW);
    digitalWrite(cw3,LOW);
    delay(600);
    digitalWrite(LDB,HIGH);
    digitalWrite(cw1,HIGH);
  }
  else if(data == 'c'){              //当开关为低电平时输出魔方的蓝色面转动180°
    while(digitalRead(button) == HIGH);
    digitalWrite(LDW,LOW);
    digitalWrite(LDR,LOW);
    digitalWrite(LDY,LOW);
    digitalWrite(LDO,LOW);
    digitalWrite(LDG,LOW);
    digitalWrite(LDB,LOW);
    digitalWrite(cw1,LOW);
    digitalWrite(cw2,LOW);
    digitalWrite(cw3,LOW);
    delay(600);
    digitalWrite(LDB,HIGH);
    digitalWrite(cw2,HIGH);
  }
  else if(data == 'b'){              //当开关为低电平时输出魔方的蓝色面逆时针转动90°
    while(digitalRead(button) == HIGH);
    digitalWrite(LDW,LOW);
    digitalWrite(LDR,LOW);
    digitalWrite(LDY,LOW);
    digitalWrite(LDO,LOW);
    digitalWrite(LDG,LOW);
    digitalWrite(LDB,LOW);
    digitalWrite(cw1,LOW);
    digitalWrite(cw2,LOW);
    digitalWrite(cw3,LOW);
    delay(600);
    digitalWrite(LDB,HIGH);
    digitalWrite(cw3,HIGH);
  }
  else if(data == '|'){              //当开关为低电平时输出全部LED常亮,还原魔方完成
    while(digitalRead(button) == HIGH);
    digitalWrite(LDW,LOW);
    digitalWrite(LDR,LOW);
```

```
        digitalWrite(LDY,LOW);
        digitalWrite(LDO,LOW);
        digitalWrite(LDG,LOW);
        digitalWrite(LDB,LOW);
        digitalWrite(cw1,LOW);
        digitalWrite(cw2,LOW);
        digitalWrite(cw3,LOW);
        delay(800);
        digitalWrite(LDW,HIGH);
        digitalWrite(LDR,HIGH);
        digitalWrite(LDY,HIGH);
        digitalWrite(LDO,HIGH);
        digitalWrite(LDG,HIGH);
        digitalWrite(LDB,HIGH);
        digitalWrite(cw1,HIGH);
        digitalWrite(cw2,HIGH);
        digitalWrite(cw3,HIGH);
      }
    }
    if (Serial.available()) {{
      mySerial.write(Serial.read());
    }
  }
```

13.3 产品展示

整体外观如图 13-6 所示。通过串口通信,计算机输出的指令传输给 Arduino 开发板,LED 根据指令每 5s 输出一个还原步骤,直到魔方恢复原状。

图 13-6　整体外观图

13.4 元件清单

完成本项目所用到的元件及其数量如表 13-2 所示。

表 13-2 元件清单

元件/测试仪表	数 量
串口通信软件	1 个
导线	若干
LED 彩灯	10 个
Arduino 开发板	1 个
开关	1 个
150Ω 电阻	2 个
面包板	1 个

第 14 章

智能计步器项目设计

本项目基于 Arduino 开发板设计一款电子式的计步器,利用加速度传感器接收运动时的变化,通过算法处理得到行走的步数。

14.1 功能及总体设计

本项目通过将人的行走过程数据化,对加速度的变化还原行走过程,每走一步,加速度传感器都会将实时数据传输至 Arduino 开发板,最终通过计算后,LCD 将步数显示出来。

要实现上述功能需将作品分成四部分进行设计,即输入部分、处理部分、传输部分和输出部分。输入部分采用三轴加速度传感器;处理部分由已知算法转换为 C++代码实现;传输部分由 Arduino 开发板实现;输出部分由 LCD1602 实现。

1. 整体框架图

整体框架如图 14-1 所示。

图 14-1　整体框架图

本章根据沈家琪、张宁项目设计整理而成。

2．系统流程图

系统流程如图 14-2 所示。

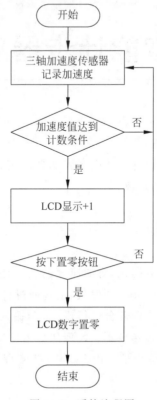

图 14-2　系统流程图

3．总电路图

总电路如图 14-3 所示，引脚连线如表 14-1 所示。LCD 屏连接的引脚从上到下分别为
VCC、GND、SCL、SDA。

表 14-1　引脚连线表

元件及引脚名		Arduino 开发板引脚
三轴加速度传感器	VCC	3.3V
	GND	GND
	X	A0
	Y	A1
	Z	A2
LCD 显示屏	VCC	5V
	GND	GND
	SCL	SCL
	SDA	SDA

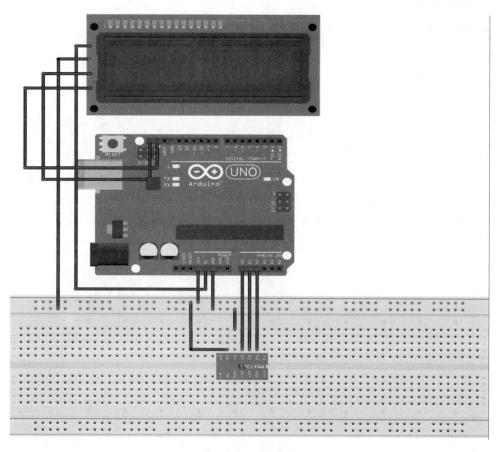

图 14-3 总电路图

14.2 模块介绍

本项目主要包括主程序模块、三轴加速度传感器和 LCD 输出模块。

14.2.1 主程序模块

本部分包括主程序模块的功能介绍及相关代码。

1. 功能介绍

主程序实现了对传感器数据进行存储与比较,通过对比每次数据的最大值 Max 与最小值 Min 模拟人的行走过程,再将此过程的数据通过 Arduino 开发板传输至 LCD 显示屏,显示当前的步数。

2．相关代码

```
//库文件"DFRobot_LCD.h"下载地址:
//https://github.com/bearwaterfall/DFRobot_LCD-master/tree/master)
# include<Wire.h>
# include "DFRobot_LCD.h"
volatile int x;
volatile int y;
volatile int z;
volatile long timer_count;
volatile long timer1_count;
volatile int step_num;
long mylist[] = {0,0,0,0,0,0};
//创建一个链表,按顺序分别为:
//X轴最大值、X轴最小值、Y轴最大值、Y轴最小值、Z轴最大值、Z轴最小值
DFRobot_LCD lcd(16,2);                    //16X2 显示
void minCheck() {
  if (x<mylist[(int)(1)])
  {
    mylist[(int)(1)] = x;
  }
  if (y<mylist[(int)(3)])
  {
    mylist[(int)(3)] = y;
  }
  if (z<mylist[(int)(5)])
  {
    mylist[(int)(5)] = z;
  }
}
void cleraList()
{
  for (int i = 1; i<=2; i = i + (1))
  {
    mylist[(int)(i-1)] = analogRead(A0);
  }
  for (int i = 3; i<=4; i = i + (1))
  {
    mylist[(int)(i-1)] = analogRead(A1);
  }
  for (int i = 5; i<=6; i = i + (1))
  {
    mylist[(int)(i-1)] = analogRead(A2);
  }
}
void maxCheck()
{
```

```
    if (x > mylist[(int)(0)])
    {
        mylist[(int)(0)] = x;
    }
    if (y > mylist[(int)(2)])
    {
        mylist[(int)(2)] = y;
    }
    if (z > mylist[(int)(4)])
    {
        mylist[(int)(4)] = z;
    }
}
void setup()
{
    x = 0;
    y = 0;
    z = 0;
    timer_count = 0;
    timer1_count = 0;
    step_num = 0;
    cleraList();
    lcd.init();
    Serial.begin(9600);
}
void loop(){
    timer1_count = millis();
    while (millis() - timer1_count <= 1200)
    {
        timer_count = millis();
        while (millis() - timer_count <= 1200)
        {
            x = analogRead(A0);
            y = analogRead(A1);
            z = analogRead(A2);
            maxCheck();
            minCheck();
        }
        x = mylist[(int)(0)] - mylist[(int)(1)];
        y = mylist[(int)(2)] - mylist[(int)(3)];
        z = mylist[(int)(4)] - mylist[(int)(5)];
        Serial.print(String("range of x") + String(String(x) + String(" ")));
        Serial.print(String("range of y") + String(String(y) + String(" ")));
        Serial.println(String("range of z") + String(String(z) + String(" ")));
        if (x > 100 && x < 300 || (y > 60 && y < 130 || z > 100 && z < 300))
        {
            step_num = step_num + 1;
```

```
    }
    cleraList();
  }
  lcd.setCursor(0, 0);
  lcd.print("step_number");
  lcd.setCursor(0, 1);
  lcd.print(String(step_num) + String(" "));
}
```

14.2.2　三轴加速度传感器

本部分包括三轴加速度传感器功能介绍及相关代码。

1. 功能介绍

识别走路过程中各轴加速度的变化规律,需要获取连续变化的传感器数值。将三轴加速度传感器所测得的加速度数值在串口监视器上显示,图 14-4 所示是走路过程中 X、Y、Z 三轴中 X 轴的加速度变化情况。

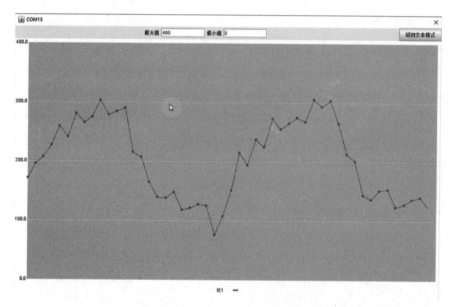

图 14-4　X 轴加速度变化

由图 14-4 可以看出,走路过程中形成的加速度图像有波峰和波谷,而且二者相差数值较大,静止过程中,虽然加速度图像也有变化,但是最大值和最小值相差较少,通过比较两种状态下的波峰和波谷数值差,能区分两种状态,避免在静止过程中仍然计步。而获取最大值和最小值的算法原理,则是将传感器获取到的数据与原来两个数据的 Max 和 Min 进行比较,若比 Max 大则更新 Max 的值,若比 Min 小则更新 Min 的值,如果在两者之间则不用操作,这样就可以得到一个周期里面波峰和波谷的具体数值,周期根据人走路的快慢而定。这里默认每步 600ms。

将 3.3V 电源连接三轴加速度传感器的 3.3V 引脚,再将三轴加速度传感器的 X、Y、Z 引脚连接开发板的 A0、A1、A2 引脚。电路连接如图 14-5 所示。

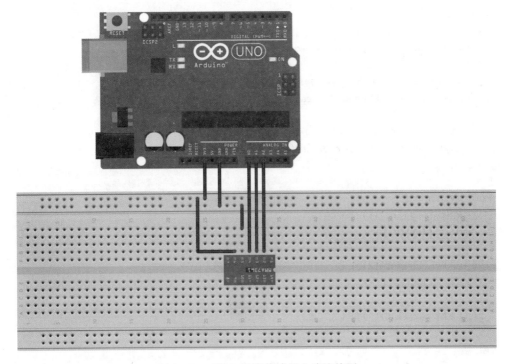

图 14-5　三轴加速度传感器电路连接图

2. 相关代码

```
volatile int x;
volatile int y;
volatile int z;
volatile long timer_count;
volatile long timer1_count;
volatile int step_num;
long mylist[] = {0,0,0,0,0,0};
//创建一个链表,按顺序分别为:
//X轴最大值、X轴最小值、Y轴最大值、Y轴最小值、Z轴最大值、Z轴最小值
void minCheck() {
  if (x < mylist[(int)(1)]) {
    mylist[(int)(1)] = x;
  }
  if (y < mylist[(int)(3)]) {
    mylist[(int)(3)] = y;
  }
```

```
      if (z < mylist[(int)(5)]) {
        mylist[(int)(5)] = z;
      }
    }
  void cleraList() {
    for (int i = 1; i <= 2; i = i + (1)) {
      mylist[(int)(i - 1)] = analogRead(A0);
    }
    for (int i = 3; i <= 4; i = i + (1)) {
      mylist[(int)(i - 1)] = analogRead(A1);
    }
    for (int i = 5; i <= 6; i = i + (1)) {
      mylist[(int)(i - 1)] = analogRead(A2);
    }
  }
  void maxCheck() {
    if (x > mylist[(int)(0)]) {
      mylist[(int)(0)] = x;
    }
    if (y > mylist[(int)(2)]) {
      mylist[(int)(2)] = y;
    }
    if (z > mylist[(int)(4)]) {
      mylist[(int)(4)] = z;
    }
  }
  void setup(){
    x = 0;
    y = 0;
    z = 0;
    timer_count = 0;
    timer1_count = 0;
    step_num = 0;
    cleraList();
    Serial.begin(9600);
  }
  void loop(){
    timer1_count = millis();
    while (millis() - timer1_count <= 5000) {
      timer_count = millis();
      while (millis() - timer_count <= 600) {
        x = analogRead(A0);
        y = analogRead(A1);
        z = analogRead(A2);
        maxCheck();
```

```
        minCheck();
    }
    x = mylist[(int)(0)] - mylist[(int)(1)];
    y = mylist[(int)(2)] - mylist[(int)(3)];
    z = mylist[(int)(4)] - mylist[(int)(5)];
    Serial.print(String("range of x") + String(String(x) + String(" ")));
    Serial.print(String("range of y") + String(String(y) + String(" ")));
    Serial.println(String("range of z") + String(String(z) + String(" ")));
    cleraList();
    }
}
```

14.2.3　LCD 输出模块

本部分包括 LCD 输出模块的功能介绍及相关代码。

1. 功能介绍

LCD1602 是一种工业字符型液晶,能够同时显示 16×2,即 32 个字符。LCD1602 液晶显示的原理是利用液晶的物理特性,通过电压对其显示区域进行控制,显示出图形。

2. 相关代码

```
# include < Wire.h >
# include "DFRobot_LCD.h"
DFRobot_LCD lcd(16,2);
void breath(unsigned char color){
    for(int i = 0; i < 255; i++){
        lcd.setPWM(color, i);
        delay(5);
    }
    delay(500);
    for(int i = 254; i >= 0; i-- ){
        lcd.setPWM(color, i);
        delay(5);
    }
    delay(500);
}
void setup() {
    lcd.init();
    lcd.setCursor(4, 0);              //第一行显示
    lcd.print("step_number");        //第二行显示
    lcd.setCursor(1, 1);             //光标的位置设置
    lcd.print("0");
}
void loop() {
    breath(REG_ONLY);
}
```

14.3　产品展示

整体外观如图 14-6 所示。

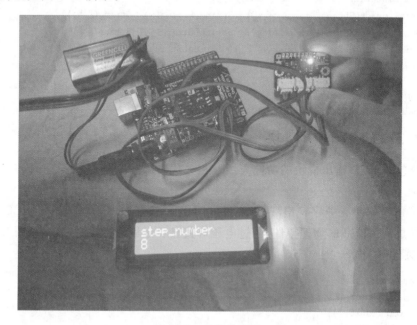

图 14-6　整体外观图

14.4　元件清单

完成本项目所用到的元件及其数量如表 14-2 所示。

表 14-2　元件清单

元件/测试仪表	数　　量
三轴加速度传感器	1 个
Arduino 开发板	1 个
LCD1602	1 个
杜邦线	若干

参 考 文 献

[1] 李永华,高英,陈青云. Arduino 软硬件协同设计实战指南[M]. 北京:清华大学出版社,2015.

[2] 刘玉田,徐勇进. 用 Arduino 进行创造[M]. 2 版. 北京:清华大学出版社,2014.

[3] 赵英杰. 完美图解 Arduino 互动设计入门[M]. 北京:科学出版社,2014.

[4] Evans M,Noble J,Hochenbaum J. Arduino 实战[M]. 况琪,译. 北京:人民邮电出版社,2014.

[5] Boxall J. 动手玩转 Arduino[M]. 翁恺,译. 北京:人民邮电出版社,2014.

[6] 刘培植. 数字电路与逻辑设计[M]. 2 版. 北京:北京邮电大学出版社,2013.

[7] Monk S. Arduino 编程从零开始[M]. 刘椮楠,译. 北京:科学出版社,2013.

[8] McRoberts M. Arduino 从基础到实践[M]. 杨继志,郭敏,译. 北京:电子工业出版社,2013.

[9] 黄文恺,伍冯洁,陈虹. Arduino 开发实战指南[M]. 北京:机械工业出版社,2014.

[10] 唐文彦. 传感器[M]. 北京:机械工业出版社,2006.

[11] 沈金鑫. Arduino 与 LabVIEW 开发实践[M]. 北京:机械工业出版社,2014.

[12] 程晨. Arduino 电子设计实战指南[M]. 北京:机械工业出版社,2013.

[13] 沙占友. 集成传感器应用[M]. 北京:中国电力出版社,2005.

[14] 李军,李冰海. 检测技术及仪表[M]. 北京:中国轻工业出版社,2008.

[15] 宋楠,韩广义. Arduino 开发从零开始学——学电子的都玩这个[M]. 北京:清华大学出版社,
     2014.

[16] 刘敏,刘泽军,宋庆国. 基于 Arduino 的简易亮光报警器的设计与实现[J]. 电子世界,2012(21):
     122-123.

图书资源支持

感谢您一直以来对清华版图书的支持和爱护。为了配合本书的使用,本书提供配套的资源,有需求的读者请扫描下方的"清华电子"微信公众号二维码,在图书专区下载,也可以拨打电话或发送电子邮件咨询。

如果您在使用本书的过程中遇到了什么问题,或者有相关图书出版计划,也请您发邮件告诉我们,以便我们更好地为您服务。

我们的联系方式:

地　　址:北京市海淀区双清路学研大厦 A 座 701

邮　　编:100084

电　　话:010－62770175－4608

资源下载:http://www.tup.com.cn

客服邮箱:tupjsj@vip.163.com

QQ:2301891038(请写明您的单位和姓名)

教学交流、课程交流

清华电子

扫一扫,获取最新目录

用微信扫一扫右边的二维码,即可关注清华大学出版社公众号"清华电子"。